中国石油天然气集团有限公司统编培训教材

天然气与管道业务分册

# 油气管道计量技术

《油气管道计量技术》编委会  编

石油工业出版社

## 内 容 提 要

本书系统介绍了油气管道计量技术方面的知识，共包括三个部分：第一部分介绍了计量技术的基础知识，涵盖了油气流量测量技术、油气计量常用的流量计及辅助仪表设备的工作原理等内容；第二部分重点介绍了油品计量知识，包括油品性质、静态及动态计量设备的工作原理、油品计量器具的检定方法等内容；第三部分重点介绍了天然气计量系统及其运行、维护、气量计算等内容。

本书适合从事油气管道计量工作的相关人员阅读。

### 图书在版编目（CIP）数据

油气管道计量技术/《油气管道计量技术》编委会编. —北京：石油工业出版社，2019.6
中国石油天然气集团有限公司统编培训教材
ISBN 978 – 7 – 5183 – 3413 – 1

I. ①油… II. ①油… III. ①油气运输-管道工程-计量-技术培训-教材　IV. ①TE973.1

中国版本图书馆 CIP 数据核字（2019）第 097265 号

出版发行：石油工业出版社
　　　　　（北京市朝阳区安华里 2 区 1 号楼　100011）
　　　　　网　　址：www. petropub. com
　　　　　编辑部：（010）64251682
　　　　　图书营销中心：（010）64523633
经　　销：全国新华书店
印　　刷：北京中石油彩色印刷有限责任公司

2019 年 6 月第 1 版　2019 年 6 月第 1 次印刷
710×1000 毫米　开本：1/16　印张：24
字数：450 千字

定价：85.00 元

# 《天然气与管道业务分册》
# 编 委 会

主 任：凌 霄

副主任：丁建林　黄泽俊　刘江宁

　　　　王立昕　张 琦　吴世勤

委 员：崔红升　刘海春　陈四祥　吴志平

　　　　西 昕　何小斌　何晓东　李庆生

　　　　江玉友　朱喜平　丛 山　张志胜

　　　　张对红　白晓彬　张 静

# 《油气管道计量技术》
# 编　委　会

# 序

　　企业发展靠人才，人才发展靠培训。当前，中国石油天然气集团有限公司（以下简称集团公司）正处在加快转变增长方式，调整产业结构，全面建设综合性国际能源公司的关键时期。做好"发展""转变""和谐"三件大事，更深更广参与全球竞争，实现全面协调可持续，特别是海外油气作业产量"半壁江山"的目标，人才是根本。培训工作作为影响集团公司人才发展水平和实力的重要因素，肩负着艰巨而繁重的战略任务和历史使命，面临着前所未有的发展机遇。健全和完善员工培训教材体系，是加强培训基础建设，推进培训战略性和国际化转型升级的重要举措，是提升公司人力资源开发整体能力的一项重要基础工作。

　　集团公司始终高度重视培训教材开发等人力资源开发基础建设工作，明确提出要"由专家制定大纲、按大纲选编教材、按教材开展培训"的目标和要求。2009 年以来，由人事部牵头，各部门和专业分公司参与，在分析优化公司现有部分专业培训教材、职业资格培训教材和培训课件的基础上，经反复研究论证，形成了比较系统、科学的教材编审目录、方案和编写计划，全面启动了《中国石油天然气集团有限公司统编培训教材》（以下简称"统编培训教材"）的开发和编审工作。"统编培训教材"以国内外知名专家学者、集团公司两级专家、现场管理技术骨干等力量为主体，充分发挥地区公司、研究院所、培训机构的作用，瞄准世界前沿及集团公司技术发展的最新进展，突出现场应用和实际操作，精心组织编写，由集团公司"统编培训教材"编审委员会审定，集团公司统一出版和发行。

　　根据集团公司员工队伍专业构成及业务布局，"统编培训教材"按"综合管理类、专业技术类、操作技能类、国际业务类"四类组织编写。综合管理类侧重中高级综合管理岗位员工的培训，具有石油石化管理特色的教材，以自编方式为主，行业适用或社会通用教材，可从社会选购，作为指定培训教材；专业技术类侧重中高级专业技术岗位员工的培训，是教材编审的主体，按照《专业培训教材开发目录及编审规划》逐套编审，循序推进，计划编审300余门；操作技能类以国家制定的操作工种技能鉴定培训教材为基础，侧重主体专业（主要工种）骨干岗位的培训；国际业务类侧重海外项目中外员工的培训。

"统编培训教材"具有以下特点：

一是前瞻性。教材充分吸收各业务领域当前及今后一个时期世界前沿理论、先进技术和领先标准，以及集团公司技术发展的最新进展，并将其转化为员工培训的知识和技能要求，具有较强的前瞻性。

二是系统性。教材由"统编培训教材"编审委员会统一编制开发规划，统一确定专业目录，统一组织编写与审定，避免内容交叉重叠，具有较强的系统性、规范性和科学性。

三是实用性。教材内容侧重现场应用和实际操作，既有应用理论，又有实际案例和操作规程要求，具有较高的实用价值。

四是权威性。由集团公司总部组织各个领域的技术和管理权威，集中编写教材，体现了教材的权威性。

五是专业性。不仅教材的组织按照业务领域，根据专业目录进行开发，且教材的内容更加注重专业特色，强调各业务领域自身发展的特色技术、特色经验和做法，也是对公司各业务领域知识和经验的一次集中梳理，符合知识管理的要求和方向。

经过多方共同努力，集团公司"统编培训教材"已按计划陆续编审出版，与各企事业单位和广大员工见面了，将成为集团公司统一组织开发和编审的中高级管理、技术、技能骨干人员培训的基本教材。"统编培训教材"的出版发行，对于完善建立起与综合性国际能源公司形象和任务相适应的系列培训教材，推进集团公司培训的标准化、国际化建设，具有划时代意义。希望各企事业单位和广大石油员工用好、用活本套教材，为持续推进人才培训工程，激发员工创新活力和创造智慧，加快建设综合性国际能源公司发挥更大作用。

《中国石油天然气集团有限公司统编培训教材》
编审委员会

# 前　言

随着社会经济的快速发展，原油和天然气的消费需求和贸易交易量也在快速增长，因而对计量准确度的要求也越来越高。为了满足中国石油天然气集团有限公司油气计量业务的需求，由中石油管道有限责任公司组织相关技术人员编写了这本培训教材。本教材主要适用对象是油气计量站场的操作人员，油气计量技术人员和管理人员也可以参阅本教材。

本教材有以下突出特点：

（1）涵盖的油气计量技术知识全面。教材中介绍了计量技术基础知识、油气计量专业基础知识、油气的物理和化学性质、常用计量器具的工作原理及运行维护方法、辅助计量设备、原油体积管和流量计检定、油品化验和油量计算、天然气计量系统构成及运行维护、天然气气量计算等内容。

（2）涵盖了原油和天然气计量全部业务知识。以往培训教材中原油计量和天然气计量都是分开编写的，本教材将原油计量和天然气计量合并编写，更加方便读者阅读。

（3）理论联系实际，更加注重实际应用。本教材中不但介绍了油气计量专业基础知识，而且介绍了计量系统的构成及其运行和维护。

（4）结合最新技术成果和技术发展方向。本教材中介绍了天然气能量测量、气体超声流量计在线诊断等内容。

本教材共包括"计量技术基础""油品计量"和"天然气流量计量"三个部分。第一部分，重点介绍计量基础知识、油气流量测量基础知识、油气计量常用流量计及辅助仪表和设备的工作原理等内容；第二部分，重点介绍油品性质、静态计量设备、动态计量设备、油品计量器具的检定、油品化验以及油量计算等内容；第三部分，重点介绍天然气计量系统及其运行和维护、气量计算等内容。

本教材由王鹏飞组织编写、审阅内容、协调各编委的工作进度；由国明昌组织确定教材内容，并对全书内容进行统稿和修改完善；由刘喆对全书内容进行统稿和编辑。本书第一部分第一章、第二章第一、三节、第三章第一、三、四节由邱惠、张福元、马婕编写，第二章第二节、第三章第二节、第三章第五节由王志学、李跟臣编写，第四章第一节由李婉婷、刘喆、王志学、王华青编写，第四章第二节由李婉婷、刘喆、王志学编写；第二部分由王志学编写；第三部分第十章第一节由邱惠、张福元编写，第十章第二节、第十一章由袁平凡编写，第十二章第一节由南玲玲、张熙然、侯庆强编写，第十二章第二节、第三节由邱惠、张福元、王华青、刘家乐编写，第十二章第四节、第五节由袁平凡、张熙然编写，第十三章由袁平凡、国明昌、刘松、梁凡编写；附录一、附录二由金硕编写。全书由王鹏飞审定。

本教材在立项与筹划过程中，许多单位积极参与，并给予大力支持、配合与鼓励，在此表示衷心的感谢。参编单位有：中石油管道有限责任公司；中石油管道有限责任公司西气东输分公司；中石油管道有限责任公司管道分公司；中石油管道有限责任公司西南管道分公司；中石油管道有限责任公司西部管道分公司；中石油管道有限责任公司北京天然气管道分公司；中油国际管道有限公司。

在本书的编写过程中，虽然经过多次研讨和修改，但书中仍难免有疏漏和不足之处，恳请广大同仁予以批评指正。

# 说 明

本教材可作为中国石油天然气集团有限公司所属油气管道站场计量技术培训的专用教材。本教材主要适用对象是油气计量站场的操作人员，油气计量技术人员和管理人员也可以参阅本教材。为方便相关人员使用本教材，在此对培训对象进行了划分，并规定了各类人员应该掌握或了解的主要内容。培训对象主要划分为以下几类：

（1）生产管理人员，主要包括油气管道各级企业计量管理人员。

（2）专业技术人员，包括油气管道计量系统设计人员、油气管道计量检定人员、油气管道站场工程师、油气管道站场技术服务人员等。

（3）现场操作人员，包括油气管道站场运行人员及维护人员、计量系统操作人员等。

各类人员应掌握或了解的主要内容：

（1）油品方面。

① 生产管理人员，要求掌握第五章、第六章、第七章、第八章、第九章，要求了解第一章、第二章第一二节、第三章、第四章；

② 专业技术人员，要求掌握第一章、第二章第一二节、第三章、第四章、第五章、第七章、第八章、第九章，要求了解第六章；

③ 现场操作人员，要求掌握第三章、第四章、第五章、第六章、第九章，要求了解第二章第二节、第八章。

（2）天然气方面。

① 生产管理人员，要求掌握第十章、十一章、第十二章、第十三章，要求了解第一章、第二章第一三节、第三章、第四章；

② 专业技术人员，要求掌握第一章、第二章第一三节、第三章、第四章、第十章、第十三章第一二三节，要求了解第十一章、第十二章；

③ 现场操作人员，要求掌握第三章、第四章、第十一章、第十二章、第十三章第四节，要求了解第二章第三节、第十章。

各单位在教材学习过程中应密切联系工作实际，结合本教材对应章节内容加深学习理解，从而提升学习效果。

# 目　录

## 第一部分　计量技术基础

## 第二部分　油品计量

# 第三部分　天然气流量计量

# 第一部分
# 计量技术基础

计量是当代社会经济发展必需的支撑条件，是信息化的基础，是现代化生产、全面提高产品质量、增强国际竞争力的重要手段。计量是一门科学技术，计量技术的发展离不开其他学科的发展。同时，计量也是为各类学科服务的工具。从科学分类上计量大致分为几何量计量、温度计量、力学计量、电学计量、无线电计量、光学计量、化学计量（标准物质）、电离辐射计量、时间频率计量及声学计量等十大类。每个门类又有不同的专业划分，如力学计量又可分为质量、压力、流量、振动、测力、硬度、黏度、密度的计量。在油气领域和国际贸易中，流量计量包括液体和气体流量计量，主要包括原油、石油产品和天然气的计量。油气计量测试工作是能源工业企业素质和管理现代化最基本的条件，依靠数据指挥生产、监控工艺、检验产品，产品质量才能真正得到保证，油气贸易才能公平公正。本部分主要介绍计量的基础知识、油气计量特点及油气计量技术等内容，是油气管道计量技术的基础理论。

# 第一章　测量与计量

　　人类社会每天都进行大量的测量，测量已成为人类获取信息的最重要途径之一。这些信息是否准确可靠，会直接或间接影响人们对事物的认识程度以及生活质量的提升。计量工作就是实现准确可靠测量的基本保证。

## 第一节　测量与计量的概念

### 一、测量

　　1. 测量的定义

　　测量就是通过实验获得并可合理赋予某量一个或多个量值的过程。通常，测量意味着量的比较并包括实体的计数。测量的前提条件包括对与测量结果预期用途相适应的量进行描述、规定测量程序、所要用于操作的测量系统应经过校准且必须依据测量程序（包括测量条件）进行操作。测量的目的在于确定被测量值的大小，而未对测量范围等加以限定。因此，该定义可用于所有可测的量。

　　2. 测量的作用

　　通过测量，将一些未知的量与已知的量进行比较，可以使人们进一步深入认识和掌握物质、物体和自然现象的本质和属性，以达到定量地认识世界和改造世界的最终目的。

### 二、计量

　　1. 计量的定义

　　计量就是实现单位统一和量值准确可靠的活动。该定义明确了计量的目的和任务是实现单位统一和量值准确可靠，其内容是为实现这一目的所进行的各项活动，这一活动具有广泛性，它不仅包括科学技术和产业领域等各方面，还涉及法律法规、行政管理等内容，而且要通过仪器设备及测量环境控制手段保证测量数据的准确可靠。计量可以追溯到标准量的测量，是有"根"的测量，除了获得量值外还要有一系列"活动"。通过计量所获得的测量结果已成为人类社会活动的重要信息源。

2. 计量的特点

计量活动以单位统一、量值准确可靠为目的，计量具有准确性、一致性、溯源性和法制性4个特点。

1）准确性

准确性是指测量结果与被测量真值的一致程度。由于实际上不存在完全准确无误的测量，由此在给出量值的同时，必须给出适宜的不确定度或可能误差范围。所谓量值的准确性，是指在一定的测量不确定度、误差极限或允许误差范围内，测量结果的准确性。也就是说，计量不仅应明确给出被测量的量值，而且还应给出该量值的不确定度（或误差范围）。更严格地说，还应注明计量结果的影响量的值或范围。否则，计量结果便不具备充分的社会实用价值。准确性是计量工作的核心，是计量的目的和归宿。

2）一致性

一致性是指在统一计量单位的基础上，无论在何时何地采用何种方法、使用何种计量器具，以及由何人测量，只要符合有关的要求，测量结果应在给定的区间内一致，即测量结果应是可重复、可再现（复现）、可比较的。否则，计量将失去其社会意义。计量的一致性，不仅限于国内，而且也适用于国际。一致性是计量工作的本质，是量值一致的重要前提。

3）溯源性

溯源性是指任何一个测量结果或测量标准的值，都能通过一条具有规定不确定度的不间断的比较链与测量基准联系起来的特性。这种特性使所有的同种量值，都可以按此条比较链通过校准向测量的源头追溯，也就是溯源到同一测量基准（国家基准或国际基准），从而使其准确性和一致性得到技术保证。任何的准确和一致都是相对的，是与当代科技水平和人们的认识能力密切相关的。也就是说，"溯源"可以使计量科技与人们的认识相对统一，从而使计量的"准确"和"一致"得到技术保证。就一国而论，所有的量值都应溯源于国家计量基准；就国际而论，则应溯源于国际计量基准或约定的计量标准。否则，量值出于多源，不仅无准确一致可言，而且势必造成技术上和应用上的混乱，以致酿成严重的后果。溯源性是计量工作的重点，是准确性和一致性的技术归宿。

4）法制性

法制性是指计量必需的法制保障方面的特性。计量本身的社会性就要求有一定的法制保障。也就是说，量值的准确一致，不仅要有一定的技术手段，而且还要有相应的法律、法规的行政管理，特别是那些对国计民生有明显影响的计量，诸如社会安全、医疗保健、环境保护以及贸易结算中的计量，必须要有法制保障。否则，量值的准确一致便不能实现，计量的作用也就无法发挥。法制性是计量工作的特色，是一致性和准确性的重要保证。

可见，计量与一般的测量不同。测量是为确定量值而进行的全部操作，通常不具备也无须具备上述的计量特点。计量属于测量，而又严于一般测量；也可以说，计量是量值准确统一的测量。当然，在实际工作或文献资料中，一般没有必要去严格区分"计量"与"测量"。国内如此，国际亦如此。狭义上讲，计量是与测量结果置信度有关的、与测量不确定度联系在一起的一种规范化的测量。

3. 计量的分类

当前国际上趋向于把计量分为科学计量、法制计量和工程计量三大类。

1）科学计量

科学计量是计量学的核心内容。它是指基础性、探索性、先行性的计量科学研究。科学计量包括计量单位与单位制的研究，计量基准与标准的研制，基本物理常数及其精密测量技术的研究，量值传递与溯源系统的研究，量值比对方法与测量不确定度的研究，测量原理、测量方法和测量仪器的研究，以及动态、在线、综合测量技术的研究等。科学计量是实现量值统一准确可靠的重要保障，可以反映出一个国家的核心竞争力。

2）法制计量

法制计量是为了保证公众安全、国民经济和社会发展，根据法制、技术和行政管理的需要，由政府或其授权机构进行强制管理的计量，包括对计量单位、计量器具、测量方法及测量实验室的法定要求。它的目的是要解决由于不准确、不诚实、不完善测量所带来的危害，维护国家和公民的利益。法制计量研究的内容包括计量立法、统一计量单位、测量方法、计量器具和测量结果的控制、法制计量检定机构及测量实验室管理等。法制计量是政府的行为和职责。

3）工程计量

工程计量也称工业计量，是指工业、工程、生产企业中的实用计量。如有关能源和材料的消耗、监测和控制，生产过程和工艺流程的监控，生产环境的监测以及产品质量与性能的检测等。工业计量的含义具有广义性，即除科学计量、法制计量以外的其他计量测试活动都可归为工程计量，是涉及应用领域的统称。工业计量已成为国家工业竞争力的重要组成部分，具有广阔的应用前景。

## 第二节　量和量值

### 一、量

#### 1. 量的概念

量是指现象、物体或物质的特性，其大小可用一个数和一个参照对象表示。计量学中的量是指可以测量的量，这种量可以是广义的，如长度、质量、温度、电流、时间等，把这类量称为广义量；也可以是特指的，如一个人的身高、一辆汽车的自重等，把这类量称为特定量。在计量学中把可以直接相互进行比较的量称为同种量，如宽度、周长等。某些同种量组合在一起称为同类量，如功、热量、能量等。

量的表达式是由一个数值和一个测量单位的特殊约定组合来表示的。

量 $A$ 可以表达为：

$$A = \{A\} \cdot [A] \tag{1-1}$$

式中　$[A]$——量 $A$ 所选用的测量单位；

　　　$\{A\}$——以测量单位 $[A]$ 表示时量 $A$ 的数值。

量的符号通常是单个拉丁字母或希腊字母，如面积的符号 $A$、力的符号 $F$ 等；必须用斜体表示，如质量 $m$、电流 $I$ 等。一个给定符号可表示不同的量。

#### 2. 基本量和导出量

基本量是指在给定量制中，约定选取的一组不能用其他量表示的量，如在国际单位制（SI）中，基本量有 7 个，即长度、质量、时间、电流、热力学温度、物质的量和发光强度。

导出量是指量制中由基本量定义的量，如国际单位制中的速度是导出量，它是由基本量长度除以时间来定义的，如力、压力、能量、电阻等都属于导出量。

## 二、量值

### 1. 量值的概念

一个量的大小可以用量值来表示。量值的全称为量的值，它是用数和参照对象一起表示的量的大小。例如，给定物体的质量为 120g。

### 2. 量值的表达

根据参照对象的类型，量值有以下 4 种表示形式：

（1）一个数乘以计量单位。例如，13m、5kg、10s、60℃ 等都属于量值，其中 13、5、10、60 为数值，m（米）、kg（千克）、s（秒）、℃（摄氏度）为测量单位。

（2）当量纲为 1，测量单位为 1 时，通常不表示。例如，铜材样品中镉的质量分数可表示为 $4\mu g/kg$ 或 $4\times10^{-9}$。

（3）一个数和一个作为参照对象的测量程序。例如，给定样品的洛氏 C 标尺硬度（50kg 负荷下）可表示为 43.5HRC（50kg）。

（4）一个数和一个标准物质。例如，在给定血浆样本中任意镥亲菌素的物质的量浓度可表示为 50 国际单位/I。

## 三、量纲

### 1. 量纲的概念

量纲是指给定量与量制中各基本量的一种依从关系，它用与基本量相应的因子的幂的乘积去掉所有数字因子后的部分表示。如：体积流量是由基本量长度和时间导出，基本单位为 $m^3/s$，量纲为 $L^3T^{-1}$。

### 2. 量纲为 1 的量

量纲为 1 的量也称无量纲量，是指在量纲表达式中与基本量相对应的因子的指数均为零的量，符号为 "1"。这些量并不是没有量纲，只不过它的量纲指数皆为零。量纲为 1 的量的测量单位和值均为数，但又比一个数表达了更多的信息。某些量纲为 1 的量是以两个同类量之比定义的，如平面角、质量分数、折射率等。实体的数也是量纲为 1 的量，如给定样本的分子数、线圈的圈数等。

## 四、量的真值和约定真值

### 1. 真值

真值是指与量的定义一致的量值。在关于测量的"误差方法"中，认为真值是唯一的，实际上是不可知的。在"不确定度方法"中认为，由于定义本身不完善，不存在单一真值，只存在与定义一致的一组真值，然而，从原理上和实际上，这一组值是不可知的。

在基本常量的这一特殊情况下，量被认为具有一个单一真值。当被测量的定义的不确定度与测量不确定度其他分量相比可忽略时，认为被测量具有一个"基本唯一"的真值。

### 2. 约定真值

约定真值是指对于给定目的，由协议赋予某量的量值，又称量的约定值，简称约定值。真值是不可能确切知道的，但是在实际计量工作中，常常要用到真值的概念，如评估测量结果的准确度等级和表示仪器的示值误差，都是对真值而言，所以"对于给定目的而言"，常用约定真值来替代真值。

误差计算中，常常用多次重复测量的经修正后的算术平均值作为该量的约定真值。

在某个机构内所设置的最高计量标准所复现的量值，可以视作该量的约定真值。一等标准器所复现的量值，对于被检的二等标准器而言，就是后者的约定真值。

# 第三节 测量结果

## 一、被测量、影响量和测量结果

### 1. 被测量

被测量是指拟测量的量。对被测量的说明要求了解量的种类，以及含有该量的现象、物体或物质状态的描述，包括有关成分及所涉及的化学实体。测量包括测量系统和实施测量的条件，它可能会改变研究中的现象、物体或物质使被测的量可能不同于定义的被测量。在这种情况下，需要进行必要的修正。

**2. 影响量**

影响量是指在直接测量中不影响实际被测量，但会影响示值与测量结果之间关系的量。也就是测量主体之外的，其变化会影响标示值与测量结果之间关系的参量。例如，用来测量天然气的超声流量计的表体温度就是影响量。

**3. 测量结果**

测量结果是指与其他有用的相关信息一起赋予被测量的一组量值。测量结果通常包含这组量值的"相关信息"，诸如某些可以比其他方式更能代表被测量的信息。它可以概率密度函数（PDF）的方式表示。测量结果通常表示为单个测得的量值和一个测量不确定度。

## 二、测量误差

**1. 测量误差概念及来源**

测量误差定义为测得的量值减去参考量值。

测量结果是量的实验表现，通常只是对测量所得被测量值的近似或估计。显然它是人们认识的结果，不仅与量值本身有关，而且与测量方法、计量器具或装置、测量环境以及测量人员等有关。因而作为测量结果与真值之差的测量误差，也是不能确定或确切获知的。随着科学技术水平和人们认识水平的提高，可以控制和尽量减小测量误差，但不可能完全消除。从理论上和实践上研究测量误差，分析其来源、表现形式及性质，正确处理测量的数据，目的是设法抵偿和减少误差，使其处于允许范围之内，从而保证测量结果具有实用价值。

关于测量误差的来源，通常从被测对象、方法误差、装置或器具误差、环境误差以及人员误差等方面考虑分析，分析时要求既不遗漏，也不重复。

**2. 测量误差分类**

测量误差的存在不可避免，但是测量误差不应与测量中产生的错误和过失相混淆。测量中的过错常称为粗大误差或过失误差，它不属于测量误差的范畴。

测量误差包含系统误差和随机误差两类不同性质的误差。它们之间存在如下关系：

测量误差＝系统误差+随机误差

1) 系统测量误差

系统测量误差简称系统误差，是指在重复测量中保持不变或按可预见方式变化的测量误差的分量。系统测量误差的参考量值是真值，或是测量不确定度可忽略不计的测量标准的测得值，或是约定量值。系统测量误差及其来源可以是已知的或未知的，对于已知的系统测量误差可采用修正补偿。

系统误差根据其随影响变化的情况，分为恒定系统误差和可变系统误差两类。根据其已知情况，分为已知系统误差和未知系统误差。

2) 随机测量误差

随机测量误差简称随机误差，是指在重复测量中以不可预见方式变化的测量误差的分量。随机测量误差的参考量值是对同一被测量由无穷多次重复测量得到的平均值。一组重复测量的随机测量误差形成一种分布，该分布可用期望和方差描述，其期望通常可假设为零。

3. 测量误差的表示

无论采取哪种约定真值作为参考量值，实际上都是存在不确定度的，因此获得的只是测量误差的估计值。测量误差的估计值是测得值偏离参考量值的程度，通常情况是指绝对误差，有时也可以用相对误差表示。

1) 绝对误差

当用 $\Delta x$ 表示绝对误差时，$\Delta x$ 是测量结果 $x$ 与被测量的参考量值 $x_0$ 之差，即：

$$\Delta x = x - x_0 \tag{1-2}$$

例如，对某台流量计进行检定时，测得被检流量计工况条件下的测量结果为 $101\text{m}^3/\text{h}$，而标准装置测得的被检流量计工况参数下的流量为 $100\text{m}^3/\text{h}$，则被检流量计在该流量点的测量误差为 $\Delta x = 101\text{m}^3/\text{h} - 100\text{m}^3/\text{h} = 1\text{m}^3/\text{h}$。这就是绝对误差。

2) 相对误差

相对误差定义为绝对误差与被测量的参考量值之比，如用 $\delta_x$ 表示，即：

$$\delta_x = \frac{\Delta x}{x_0} = \frac{x - x_0}{x_0} \tag{1-3}$$

相对误差通常以百分数或指数幂表示（例如 $0.1\%$、$1 \times 10^{-3}$），有时也用带相对单位的比值来表示（例如 $1\text{mm/m}$）。

相对误差有时比绝对误差更能表示测量结果的准确程度。例如，对两个量值分别测量，有 $L_1 = 100\text{mm}$ 和 $L_2 = 80\text{mm}$ 尺寸，其测量误差分别为 $\Delta x_1 = 0.22\text{mm}$，$\Delta x_2 = 0.20\text{mm}$，计算其相对误差分别为 $\delta_1 = 0.22/100 \times 100\% = 0.22\%$，$\delta_2 = 0.20/80 \times 100\% = 0.25\%$，可见第二个量值测量的准确度较低。

3）引用误差

引用误差也是相对误差的另一种表示形式，很多仪表的准确度指标都用引用误差表示，例如家用电能表、压力测量仪表都是用引用误差表示准确度等级。引用误差是以测量仪器某一刻度点的示值误差 $\Delta x$ 为分子，以测量范围上限或全量程 $x_{\lim}$ 为分母所得的比值，即：

$$\delta_f = \frac{\Delta x}{x_{\lim}} \qquad (1-4)$$

例如，测量范围上限为100V的电压表，在实际值为80V处的测量电压是79V，则此电压表在79V测量值的引用误差为 $\delta_f = (79V-80V)/100V \times 100\% = -1\%$。

需要注意的是，绝对误差是有单位的量值，相对误差和引用误差一般没有单位，或者是相对单位的比值。无论采用哪种形式给出测量误差，必须注明误差值的符号，当测量值大于参考量值时为正号，反之为负号。

4. 修正值

修正是补偿或减小系统误差的一种有效方法。修正的定义为对估计的系统误差的补偿。修正值等于负的系统误差估计值。修正因子是补偿系统误差而与未修正测量结果相乘的数字因子。因此修正测量结果必须首先得到测量结果的估计值，或者说研究测量误差也是为了得到测量结果的修正值的目的。当已知测量误差时可以对测量结果进行修正。修正有4种基本形式：（1）将测量结果与修正值相加；（2）对测量结果乘以修正因子；（3）画修正曲线；（4）制定修正值表。

## 三、测量结果的重复性和复现性

1. 测量结果的重复性

测量结果的重复性指在一组重复性测量条件下的测量精密度，简称重复性。

重复性测量条件为相同测量程序、相同操作者、相同测量系统、相同操作条件和相同地点，并在短时间内对同一或相类似被测对象重复测量的一组测量条件。

2. 测量结果的复现性

测量结果的复现性是指在复现性测量条件下的测量精密度，简称复现性。

复现性测量条件为不相同地点、不相同操作者、不相同测量系统，对同一或相类似被测对象重复测量的一组测量条件。

# 四、测量不确定度

测量不确定度理论是在误差理论的基础上应用和发展起来的。由于误差理论和误差分析在用于评定测量结果时，有时显得既不完备，也难于操作。因此科学家们在不断寻求一种更为完备合理、可操作性强的评定测量结果的方法。

1927 年德国物理学家海森堡（Heisenberg）提出测不准原理；1963 年美国数理统计学家埃森哈特（Eisenhart）在研究"仪器校准系统的精密度和准确度估计"时提出了采用测量不确定度的概念；1970 年美国国家标准局（NBS）推广计量保证方案（MAP）时，采用了不确定度的表示方法；1978年国际计量局（BIPM）发出不确定度征求意见书，征求各国和国际组织的意见；1980 年国际计量局提出了实验不确定度建议书 INC－1（1980）；1993 年国际计量局等 7 个国际组织（BIPM、OIML、ISO、IEC、IUPAC、IUPAP、IFCC）发布《测量不确定度表示指南》（简称 GUM）和《国际通用计量学基本词汇》（简称 VIM），由 ISO 出版。这样，就诞生了测量不确定度理论。

## 1. 测量不确定度概念

测量不确定度是指根据所用到的信息，表征赋予被测量值分散性的非负参数，通常简称不确定度。测量不确定度是与测量结果关联的一个参数，是用来描述测量结果的，用于表征合理赋予被测量的值的分散性。可见，不确定度是一个分散性参数，是可以定量表示测量结果的指标。不确定度一般由若干分量组成，称为不确定度分量。

## 2. 测量不确定度来源

测量不确定度一般来源于以下 10 个方面：

（1）被测量的定义不完整；

（2）复现被测量的测量方法不理想；

（3）取样的代表性不够，即被测样本不能代表所定义的被测量；

（4）对测量过程受环境影响的认识不周全或对环境的测量与控制不完善；

（5）对模拟式仪器的读数存在人为偏差；

（6）测量仪器的计量性能（如灵敏度、鉴别力阈、分辨力、死区及稳定性等）的局限性；

（7）测量标准或标准物质的不确定度；

（8）引用的数据或其他参量的不确定度；

（9）测量方法和测量程序的近似和假设；

（10）在相同条件下被测量在重复观测中的变化。

**3. 测量不确定度分类**

不确定度通常用标准不确定度、合成标准不确定度和扩展不确定度等几种形式表示。

**1）标准不确定度**

为了定量描述，用标准偏差的估计值（即实验标准偏差）来表示测量不确定度，因为在概率论中标准偏差是表征随机变量或概率分布分散性的特征参数。这时，称该定量为标准不确定度，即标准不确定度是指以标准偏差表示的测量不确定度，一般用符号 $u$ 表示。当该不确定度由许多来源引起，那么对每个不确定度来源评定的标准偏差，都是标准不确定度分量，用 $u_i$ 表示。

**2）合成标准不确定度**

合成标准不确定度是指当测量结果由若干其他量的值求得时，由在一个测量模型中各输入量的标准测量不确定度获得的输出量的标准不确定度，也就是说，当测量结果受多种因素影响时，形成了若干个不确定度分量，测量结果的标准不确定度就需要用各标准不确定度分量合成后所得合成标准不确定度，通常用 $u_c$ 表示。

**3）扩展不确定度**

扩展不确定度由合成标准不确定度与一个大于1的数字因子的乘积得到，即将合成标准不确定度 $u_c$ 扩展到 $k$ 倍得到，通常用符号 $U$ 表示，且 $U = ku_c$。式中，$k$ 是包含因子，是与量的概率分布类型和所选取的包含概率有关的一个数值，如果没有特殊要求，一般取 $k = 2$。扩展不确定度确定了测量结果的可能值所在的区间，测量结果可以表示为 $Y = y \pm U$，其中 $y$ 是被测量的最佳估计值。被测量的值 $Y$ 以一定的概率落在（$y-U$，$y+U$）区间内，该区间称为统计包含区间，该概率称为该区间的包含概率或置信水平，它是该区间在被测量值 $Y$ 的概率分布总面积中所包含的百分数。因此，扩展不确定度就是测量结果的统计包含区间的半宽度。具有规定的包含概率（置信水平）为 $p$ 的扩展不确定度时，可用 $U_p$ 表示。

**4. 测量不确定度评定方法**

合成标准不确定度和扩展不确定度都以标准不确定度为基础。对测量结果的标准不确定度可依据评定方法分类，分为测量不确定度的 A 类评定和测量不确定度的 B 类评定两类，简称为 A 类评定和 B 类评定。

1）测量不确定度的 A 类评定

测量不确定度的 A 类评定是对在规定测量条件下测得的量值用统计分析的方法进行的测量不确定度分量的评定。此处的规定测量条件是指重复性测量条件、期间精密度测量条件或复现性测量条件。一个量的标准不确定度 $u$ 等于由系列观测值获得的实验标准差，即 $u=s$。对被测量 $X$ 在同一条件下进行 $n$ 次独立重复测量，观测值为 $x_i$（$i=1, 2, \cdots, n$），得到算术平均值 $\bar{x}$ 及实验标准偏差 $s(x)$。单次测量结果的标准不确定度用实验标准偏差 $s(x)$ 表示，即：

$$s(x)=\sqrt{\frac{\sum_{i=1}^{n}(x-\bar{x})^2}{n-1}} \tag{1-5}$$

式中　$s(x)$——测得值 $x$ 的实验标准偏差；

　　　$x$——第 $i$ 次测量的测得值；

　　　$n$——测量次数；

　　　$\bar{x}$——$n$ 次测量的算术平均值。

$\bar{x}$ 为被测量的最佳估计值。如果用被测量的算术平均值来表示测量结果，则算术平均值的标准不确定度 $u_A(x)$ 用下式计算：

$$u_A(x)=s(\bar{x})=\frac{s(x)}{\sqrt{n}} \tag{1-6}$$

这就是标准不确定度的 A 类评定方法。此时 $u_A(x)$ 的自由度为 $v=n-1$。

2）测量不确定度的 B 类评定

测量不确定度的 B 类评定是用不同于测量不确定度 A 类评定的方法对测量不确定度分量进行的评定，即不用统计分析方法，而是基于其他方法估计概率分布或分布假设来评定标准差并得到标准不确定度。如果被测量 $X$ 的估计值为 $x$，其标准不确定度的 B 类评定是借助于影响 $x$ 可能变化的全部信息进行科学判定的。这些信息可能是：以前的测量数据、经验或资料；有关仪器和装置的一般知识、制造说明书和检定证书或其他报告所提供的数据；由手册提供的参考数据等。

进行 B 类评定时，需先根据实际情况分析，判断被测量的可能值区间 $(-a, a)$；然后根据经验将被测量值的概率分布假设为正态分布或其他分布，根据概率分布和要求的包含概率 $p$ 估计置信因子 $k$；最后获得 B 类标准不确定度 $u_B$ 为：

$$u_B=\frac{a}{k} \tag{1-7}$$

式中　$a$——被测量可能值区间的半宽度。

## 五、测量不确定度与测量误差的主要区别

测量不确定度与测量误差的区别见表1-1。

表1-1　测量误差和测量不确定度的区别对照表

| 序号 | 内容 | 测量误差 | 测量不确定度 |
|---|---|---|---|
| 1 | 定义 | 表明测量结果偏离真值，是一个确定的值。在数轴上表示为一个点 | 表明被测量之值的分散性，是一个区间。在数轴上表示为一个区间 |
| 2 | 分类 | 按出现于测量结果中的规律，分为随机误差和系统误差，它们都是接近无限次测量的理想概念 | 按是否用统计方法求得，分为A类评定和B类评定。它们都以标准不确定度表示 |
| 3 | 可操作性 | 由于真值未知，往往无法得到测量误差的值。当用约定真值代替真值时，可以得到测量误差的估计值 | 测量不确定度可以由人们根据实验、资料、经验等信息进行评定，从而可以定量确定测量不确定度的值 |
| 4 | 数值符号 | 非正即负（或零），不能用正负（±）号表示 | 是一个无符号的参数，恒取正值。当由方差求得时，取其正平方根 |
| 5 | 合成方法 | 各误差分量的代数和 | 当各分量彼此不相关时用方和根法合成，否则应考虑加入相关项 |
| 6 | 结果修正 | 已知系统误差的估计值时，可以对测量结果进行修正。修正值等于负的系统误差 | 由于测量不确定度表示一个区间，因此无法用测量不确定度对测量结果进行修正 |

## 六、测量结果处理和报告

1.测量结果最佳估计值有效位数

测量结果，即被测量的最佳估计值，其末位一般应修约到与其测量不确定度的末位对齐。也就是说，同样单位情况下，如果有小数点则小数点后的位数一样，如果是整数则末位一致。

2.测量结果不确定度有效位数

测量结果不确定度应按国家标准《有关量、单位和符号的一般原则》（GB 3101—1993）的规定进行修约，使测量结果不确定度有效数字的位数为一位或两位。测量结果的不确定度不允许进行连续修约，即测量结果的不确

定度应经一次修约后得到，而不应该经多次修约后得到。

3. 测量结果的表示方法

完整的测量结果含有两个基本量：一是被测量的最佳估计值，一般由测量值的算术平均值给出；另一个就是测量不确定度。如：$q_v = 3000\text{m}^3/\text{h}$，$U_{rel}(q_v) = 0.5\%(k=2)$，其中 $q_v$ 表示体积流量（$\text{m}^3/\text{h}$），$U_{rel}(q_v)$ 表示测量不确定度（%），$k$ 表示置信因子。

# 第四节　检定和校准

## 一、检定

1. 检定的定义

检定是指为查明和确认测量仪器符合规定要求的活动，它包括检查、加标记和（或）出具检定证书。通常认为，检定是为评定计量器具性能是否符合法定要求，确定其是否合格所进行的全部工作。检定包含以下 5 方面特点：

（1）检定的对象属于计量器具。

（2）检定具有法制性，是属法制计量管理范畴的执法行为。

（3）检定的目的是查明对象是否达到要求。

（4）检定工作的内容包括对计量器具的检查，这是为确定计量器具是否符合该器具有关要求所进行的操作。

（5）检定最终要出具结果。

计量检定是计量工作中进行量值传递或量值溯源的重要形式、实施计量法制管理的重要手段，确保量值准确一致的重要措施。

2. 检定的对象

检定的对象是计量器具，即《中华人民共和国依法管理的计量器具目录》所列的全部计量器具，包括计量标准器具和工作计量器具，可以是实物量器、测量仪器和测量系统。

3. 检定的分类

检定可分为首次检定、后续检定、周期检定、修理后的检定、进口检定、仲裁检定、强制检定和非强制检定等。

仲裁检定是指用计量基准或社会公用计量标准进行的以裁决为目的的检定活动。

强制检定是指对社会公用计量标准器具，部门和企业、事业单位使用的最高计量标准器具，以及用于贸易结算、安全防护、医疗卫生、环境监测4个方面的列入强制检定目录的工作计量器具，由县级以上政府计量行政部门指定的法定计量检定机构或者授权的计量技术机构，实行定点、定期的检定。强制检定的强制性表现在3个方面：（1）检定由政府计量行政部门强制执行；（2）检定关系固定，定点、定期送检；（3）检定必须按检定规程实施。实施强制检定的计量器具范围包括两部分：一是计量标准，即社会公用计量标准、部门和企事业单位使用的最高计量标准；二是工作计量器具，即直接用于贸易结算、安全防护、医疗卫生、环境监测方面的列入《中华人民共和国强制检定的工作计量器具目录》的工作计量器具。

非强制检定是法制检定中相对于强制检定的另一种形式，是由使用单位自己对除了强制检定计量器具以外的其他计量标准和工作计量器具依法进行的定期检定，是由计量器具使用单位自己或委托具有社会公用计量标准或授权的计量检定机构，依法进行的一种检定。非强制检定计量器具的检定周期和检定方式由使用单位依法进行管理：（1）检定周期，由使用单位根据计量器具的实际使用情况，本着科学、经济和量值准确的原则进行确定；（2）检定或由使用单位自行决定，任何单位不得干涉；（3）使用单位使用的最高计量标准及用于贸易结算、安全防护、医疗卫生、环境监测方面的工作标准，属于强制检定器具。

## 二、校准

### 1. 校准的概念

校准是指"在规定条件下，为确定由测量仪器或测量系统所指示的量值，或实物量具或参考物质所代表的量值，与对应的由测量标准所复现的量值之间关系的一组操作"。在规定条件下的一组操作，其第一步是确定由测量标准提供的量值与相应示值之间的关系，第二步则是用此信息确定由示值获得测量结果的关系，这里测量标准提供的量值与相应示值都具有测量不确定度。校准可以用文字说明、校准函数、校准图、校准曲线或校准表格的形式表示。某些情况下，可以包含示值的具有测量不确定度的修正值或修正因子。校准不应与测量系统的调整相混淆，也不应与校准的验证相混淆。

2. 校准的对象

校准的对象是测量仪器或测量系统，实物量具或参考物质。测量系统是组装起来进行特定测量的全套测量仪器和其他设备。校准方法是依据国家计量校准规范，如需进行的校准项目尚未制定国家计量校准规范，应尽可能使用公开发布的，如国际、地区或国家的标准或技术规范，也可采用经确认的如下校准方法：由知名的技术组织、有关科学书籍或期刊公布的，设备制造厂家指定的，或实验室自编的校准方法，以及计量检定规程中的相关部分。

3. 校准的适用范围

校准是量值传递与溯源的一种方式。一般来说，计量校准适用于非强制的计量器具，也适用于测量仪器和为了提高测量准确度的计量器具，如计量标准。

# 三、检定与校准的区别

检定与校准的区别见表 1-2。

表 1-2    检定和校准的区别对照表

| 序号 | 项目 | 检定 | 校准 |
| --- | --- | --- | --- |
| 1 | 定义 | 查明和确认计量器具是否符合法定要求的程序，包括检查、加标记和（或）出具证书 | 在规定条件下，为确定测量仪器或测量系统所指示的量值，或实物量具或参考物质所代表的量值，与对应的由标准所复现的量值之间关系的一组操作 |
| 2 | 法制性 | 检定具有法制性，是一种属于法制计量管理范畴的执法行为 | 不具有法制性，是一种自愿的行为 |
| 3 | 目的 | 判定计量器具是否符合计量要求，技术要求和法制管理的要求，对应于量值传递 | 确定计量器具的示值误差，确保计量器具给出准确的量值，对应与量值溯源 |
| 4 | 依据 | 检定必须依据检定规程 | 可以依据校准规范，也可参照检定规程执行，也可以双方自行协商校准方法 |
| 5 | 结论 | 必须判定计量器具是否合格 | 不判定计量器具是否合格，必要时可以给出计量器具的某一计量性能是否符合某种预期的要求 |

续表

| 序号 | 项目 | 检定 | 校准 |
|------|------|------|------|
| 6 | 检定周期 | 根据规程给出检定周期，在正常使用的情况下，在证书有效期内所给出的量值有效 | 一般不给出校准周期（也可以给出建议的校准周期）。校准结果只表明在校准时计量器具测量的量值 |
| 7 | 不确定度评定 | 应考虑被检定对象在检定证书有效期内可能产生的漂移，并将其作为一个不确定度分量 | 不考虑被校准对象今后可能产生的漂移，这一漂移将来由用户考虑 |

# 第二章　油气流量测量

## 第一节　流量测量及其特点

### 一、流量

1. 流量及其分类

流量是指单位时间内流经封闭管道或明渠有效截面的流体量，又称瞬时流量。流量以体积表示时称为体积流量，以质量表示时称为质量流量，以能量表示时称为能量流量。

体积流量的表达式为：

$$q_v = \frac{\mathrm{d}V}{\mathrm{d}t} = vA \qquad (2-1)$$

质量流量的表达式为：

$$q_m = \frac{\mathrm{d}m}{\mathrm{d}t} = \rho vA \qquad (2-2)$$

式中　$q_v$——体积流量，$m^3/s$；

$q_m$——质量流量，$kg/s$；

$V$——流体体积，$m^3$；

$m$——流体质量，$kg$；

$t$——时间，$s$；

$\rho$——流体密度，$kg/m^3$；

$v$——管道内平均流速，$m/s$；

$A$——管道横截面面积，$m^2$。

总量又称累积流量，是在一段时间内流过管道横截面的流体量，在数值上它等于流量对时间的积分，总量的表达式为：

$$V = \int_{t_1}^{t_2} q_v \mathrm{d}t \qquad\qquad (2-3)$$

$$m = \int_{t_1}^{t_2} q_m \mathrm{d}t \qquad\qquad (2-4)$$

2. 流量的特点

流量是一个动态量，无实物标准。流量测量是多参数测量，受测量介质的物性参数、流动状态、温度和压力的影响很大。由于气体的可压缩性，流量计不容易测量准确，尤其对天然气的测量，由于其组成随气源的变化引起物性参数的变化，更不容易测量准确。

## 二、管内流动基础知识

在流量测量中，常用雷诺数来表征流体的流动状态，并作为计算修正参数，如流出系数和仪表系数。雷诺数是流体流速、密度和黏度的函数，是用来表征流体流动状态的无量纲数，记作 $Re$，其计算式为：

$$Re = \frac{\rho v d}{\mu} \qquad\qquad (2-5)$$

式中　$\rho$——流体的密度，$\mathrm{kg/m^3}$；

　　　$v$——流体的流速，m/s；

　　　$d$——管道直径，m；

　　　$\mu$——流体的运动黏度，$\mathrm{N \cdot s/m^2}$。

1. 管内流体流动状态

管内流体流动有两种状态，即层流和湍流，层流和湍流是两种不同性质的流动状态，是一切流体运动普遍存在的物理现象。

层流时流体流速较低，流体质点间的黏性力起主导作用，流体质点受黏性的约束，不能随意运动。黏性力的方向与流体运动方向可能相反、可能相同，流体质点受到这种黏性力的作用，只可能沿运动方向降低或是加快速度而不会偏离其原来的运动方向，因而流体呈现层流状态，质点不发生各向混杂。一般在层流状态下 $Re$ 的数值小于2300。

湍流时流体流速较高，流体质点间黏性的制约作用减弱，惯性力逐渐取代黏性力而成为支配流动的主要因素，起主导作用。沿流动方向的黏性力对质点的束缚作用降低，质点向其他方向运动的自由度增大，因而容易偏离其原来的运动方向，形成无规则的脉动混杂甚至产生可见尺度的涡旋，这就是湍流。一般在湍流状态下 $Re$ 的数值大于2300，在层流状态与湍流状态之间通常存在一个过渡区。

## 2. 管内流速分布

流体在管内的速度分布是指流体流动时管截面上质点的速度随半径的变化关系。无论是层流或是湍流，管壁处质点速度均为零，越靠近管中心流速越大，到管中心处速度为最大，但两种流型的速度分布却不相同。

管内的流动状态不同，所呈现的流速分布也不同。层流是流体质点间相互不混杂、层次分明平滑的一种流动；湍流是流体质点间相互混杂而无层次的种流动。图 2-1 所示为层流和湍流的速度分布。

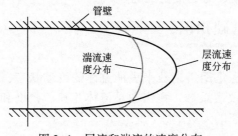

图 2-1　层流和湍流的速度分布

# 第二节　油品计量基础

## 一、油品的基本特性

### 1. 易燃性

易燃烧是石油及其产品的特点之一。石油着火危险性是以该油闪点的高低来评定的。闪点是指在规定的试验条件下，油品蒸气和空气的混合物接近火焰闪出火花并立即熄灭时的最低温度。闪点越低，说明在常温下"闪火"的可能性越大，也就是着火的可能性越大。成品油中，汽油的闪点最低，煤油次之（不低于40℃）。柴油较煤油又高些（不低于45℃）。可见汽油在常温下已具备燃烧条件，只要接触火源即能燃烧，着火危险性最大；煤油和柴油如被加热或外部有热源，也比较容易发生"闪火"，但危险程度低于汽油。

## 2. 易爆性

油蒸气和空气混合，达到一定比例时，遇火会发生爆炸。能发生爆炸的混合气体中油蒸气的最低含量称爆炸低限，最高含量称爆炸高限，从爆炸低限到爆炸高限称爆炸范围。

是否燃烧或爆炸主要决定于混合气中氧的含量。因此，有时会先燃烧后爆炸，有时会先爆炸后燃烧。防止爆炸的措施与防火的措施相同。

需要指出的是，汽油的爆炸温度极限为-36~-7℃。这个爆炸温度范围在北方冬天是经常出现的，这表明汽油罐的爆炸危险性冬天比夏天大，但是煤油在夏天时则更容易爆炸。

## 3. 易蒸发性

物质受热由液态变为气态的现象称为蒸发。石油及液体石油产品，尤其是原油和轻质成品油，具有强烈的蒸发性质。

油品蒸发速度与下列因素有关：

（1）温度：温度高蒸发快，温度低蒸发慢。

（2）蒸发面积：面积大蒸发快，面积小蒸发慢。

（3）液体表面空气流动速度：空气流动速度快，蒸发快；流动速度慢，蒸发慢。

（4）液面承受的压力：压力大，蒸发慢；压力小，蒸发快。

（5）密度：密度大，蒸发慢；密度小，蒸发快。

石油及液体石油产品的易蒸发性具有以下危害：

（1）容易引发火灾、爆炸等事故。

（2）造成轻质油损耗，发生数量短缺，降低了油品的品质。

（3）给工作人员中毒提供了必备条件，是污染环境的污染源。

## 4. 易产生静电

绝缘体与另一绝缘体或绝缘体与导体摩擦会产生静电。在收发、输转、灌装过程中，油料沿管线流动与管壁摩擦，撞击容器壁且与容器壁摩擦，以喷洒的形式与空气摩擦，都会产生静电。静电电压随摩擦的加剧而增大。如不采取疏导的措施，当电压增高到一定程度时两带电体之间就会跳火（静电放电），引起油品燃烧或爆炸。

1）影响静电电压高低的因素

静电电压越高越容易放电，电压的高低主要与下列因素有关：

（1）油在管线中的流速：流速越高，产生的电压越高。

（2）油的灌装方式：当进油口高于油面时，油在灌装过程中以喷溅形式与空气摩擦，与容器壁撞击，产生的静电电压较高；在液面下装油时，油面缓慢上升且没有液滴溅出，产生的电压较低。

（3）管道的材质：非金属管线比金属管线容易产生静电。

（4）油流经的阀、弯头、过滤网越多，产生的电压越高。

（5）大气温度与空气湿度：大气温度越高、相对湿度越低，产生的电压越高。

（6）油的含水量导电性：含水油料比不含水的纯净油料产生的电压要高几倍到几十倍。油的导电性越差，产生的电压越高。

2）防止静电放电的方法

（1）一切用于储存、输转油品的油罐、管线、装卸设备都必须有良好的接地装置，及时将静电导入地下，并应经常检查接地装置的技术状况。

（2）向容器装油时，输油鹤管的出口必须接近容器底部，减少油品与容器底的冲击和与空气的摩擦。装船时要用导线将管线出油口和油船进油口连起来。卸油时初速度不得大于1m/s，进油口被没后流速可提高，但最高不得超过7m/s。

（3）不允许穿化纤服装（防静电工作服除外）上罐或从事灌装作业。不允许用化纤布擦工具设备，不准用压缩空气清扫易燃油品的管线。

（4）严禁在油库内向塑料桶灌注易燃油品。

**5. 对人体健康有一定的毒性**

油品具有一定毒性。油品的毒害性随其化学组成、蒸发速度、所加添加剂的性质和加入量而不同。一般认为芳香烃、环烷烃、四乙铅和防锈剂毒性较大。这些有毒物质主要通过呼吸道、消化道和皮肤侵入人体，造成急性或慢性中毒。急性中毒可能造成迅速死亡。

## 二、油品的物性参数

在此仅对与油品计量相关的几个物性参数进行介绍。

**1. 膨胀性**

油品与任何物质一样，具有热胀冷缩的特点。这种随温度变化的性质称为油品的膨胀性。油品温度变化1℃时其体积的相对变化率，称为热膨胀率，其表达式为

$$\beta = \frac{1}{V} \frac{\Delta V}{\Delta T} \qquad (2-6)$$

式中　$\beta$——油品的热膨胀率，1/℃；

　　　$V$——油品原有体积，$m^3$；

$\Delta V$——油品因温度变化膨胀的体积，$m^3$；

$\Delta T$——油品温度变化值，℃。

在油品体积—温度修正时，用数学公式表示为：

$$V_t = V_{tr}\left[1+\beta(t_t-t_r)\right] \tag{2-7}$$

式中  $V_t$——油品在温度为 $t$ 时的体积，$m^3$；

$V_{tr}$——油品在基准温度下的体积，$m^3$；

$\beta$——油品的体积温度系数（即油品的热澎胀率），$1/℃$；

$t_t$——油品计量时的温度，℃；

$t_r$——基准温度，℃。

特别指出的是，$\beta$ 值与油品密度大小有关，一般来说密度值越大，$\beta$ 值越小；反之，密度值越小，$\beta$ 值越大。油品的体积温度系数见表 2-1。

**表 2-1  油品的体积温度系数表**

| 密度（20℃），$kg/m^3$ | $\beta$ 值 | 备注 |
|---|---|---|
| 730.8~755.9 | 0.0011 | 查 GB/T 1885—1998 |
| 826.6~868.5 | 0.0008 | 《石油计量表》 |

### 2. 油品的压缩性

当作用在油品上的压力增加时，油品所占有的体积将会缩小，这种特性称为油品的压缩性。当油品温度不变，所受压力变化引起的体积变化率，称为油品的压缩系数：

$$F = -\frac{1}{V}\frac{\Delta V}{\Delta p} \tag{2-8}$$

式中  $F$——油品的压缩系数，$1/MPa$；

$V$——压力为 $p$ 时油品的体积，$m^3$；

$\Delta V$——压力增加 $\Delta p$ 时油品体积的变化量，$m^3$。

在对油品进行体积—压力修正时，用下式计算：

$$V_p = V_{pr}\left[1-F(p_p-p_e)\right] \tag{2-9}$$

式中  $V_p$——油品在压力为 $p_p$ 时的体积，$m^3$；

$V_{pr}$——油品在基准压力下的体积，$m^3$；

$F$——油品的压缩系数，$1/MPa$；

$p_p$——油品计量时的压力，MPa；

$p_e$——油品计量温度下的平衡压力（表压），MPa。当油品计量温度下的饱和蒸气压不大于大气压力时，$p_e = 0$，否则为油品计量温度下的饱和蒸气压。

特别指出的是，$F$ 值与油品密度大小有关，一般来说密度值越大，$F$ 值越小；反之，密度值越小，$F$ 值越大。油品的压缩系数可用式（2-10）计算。

$$F = e^x \times 10^{-6} \tag{2-10}$$

$$x = -1.62080 + [21.592t + 0.5 \times (\pm 1.0)] \times 10^{-5} +$$

$$[87096.0/\rho_{15}^2 + 0.5 \times (\pm 1.0)] \times 10^{-5} +$$

$$[420.92t/\rho_{15}^2 + 0.5 \times (\pm 1.0)] \times 10^{-5}$$

式中　$t$——油品计量时的温度，℃；

$\rho_{15}$——油品在 15℃ 时的密度，kg/m³；

$(\pm 1.0)$——当 $t \geqslant 0$ 时为 +1.0，当 $t < 0$ 时为 -1.0。

3. 密度

在规定的压力和温度条件下，密度等于流体的质量除以它的体积，即：

$$\rho = \frac{m}{V} \tag{2-11}$$

式中　$\rho$——油品的密度，kg/m³；

$m$——油品的质量，kg；

$V$——油品的体积，m³。

流体的密度会随温度和压力的变化而变化。

1）标准密度

标准密度指在 20℃ 下，单位体积石油含有的质量。

2）视密度

视密度是用石油密度计在温度 $t$（非 20℃）下测得的密度（密度计读数）。

3）石油密度温度系数

在标准温度下，石油温度变化 1℃ 时，其密度的变化量称为石油密度温度系数，表达式为：

$$\rho_t = \rho_{20} - \gamma(t - 20) \tag{2-12}$$

式中　$\rho_t$——任一温度下的密度，kg/m³；

$\rho_{20}$——标准密度，kg/m³；

$\gamma$——石油密度温度系数（表 2-2），kg/(m³·℃)；

$t$——任一温度，℃。

表 2-2　γ 值表

| $\rho_{20}$，kg/$m^3$ | $\gamma$，kg/（$m^3 \cdot \text{℃}$） |
|---|---|
| 719.4~725.5 | 0.85 |
| 725.6~731.7 | 0.84 |
| 829.2~837.0 | 0.69 |
| 837.1~845.0 | 0.68 |
| 845.1~853.3 | 0.67 |
| 853.4~861.8 | 0.66 |
| 861.9~870.4 | 0.65 |

由一个条件到其他温差 $t_1$ 和 $t_2$ 不大于 5℃和压差 $p_1$ 和 $p_2$ 不大于 5MPa 的情况下，允许使用下式重新核算石油密度：

$$\rho_{t_2p_2} = \frac{\rho_{t_1p_1}}{[1+\alpha_{t_1}(t_2-t_1)][1+\gamma_{t_1}(p_1-p_2)]} \qquad (2-13)$$

式中　$\rho_{t_1p_1}$——在温度为 $t_1$ 和表压力为 $p_1$ 条件下的石油密度，kg/$m^3$；

$\rho_{t_2p_2}$——在温度为 $t_2$ 和表压力为 $p_2$ 条件下的石油密度，kg/$m^3$；

$\alpha_{t_1}$——在 $t_1$ 条件下石油的体积膨胀系数，$\text{℃}^{-1}$；

$\gamma_{t_1}$——在温度为 $t_1$ 的条件下石油的压缩系数，$\text{MPa}^{-1}$。

流体的压力由各种测压仪表测定。常用测压仪表有弹簧式压力表、压力变送器等。

4. 黏度

流体的黏性是指在流体运动时，流体内部各微团或流层之间由于具有相对运动而产生内摩擦力以阻止流体做相对运动的性质。任何实际流体都是具有黏性的，其黏性的大小可以通过不同流体抵抗相对运动能力的不同体现出来。流体的黏度会随流体温度的变化而变化，通常温度上升，液体的黏度下降，而气体的黏度上升。流体黏度常用的有动力黏度和运动黏度。

1）动力黏度

动力黏度也称绝对黏度。它表示液体在一定条件下做相对运动时，由剪切应力所产生的内部阻力的量度，用符号 $\mu$ 表示，其值为所加于流动流体的剪切力和剪切速率之比。法定计量单位为"帕·秒（Pa·s）"，即将两块面积为 1$m^2$ 的板浸于流体中，两板距离为 1m，若加 1N 的切应力，使两板之间的相对速率为 1m/s，则此流体的黏度为 1Pa·s。非法定单位为"厘泊（cP）"或"泊（P）"，1P=100cP，1cP=$10^{-3}$Pa·s=1mPa·s。

2）运动黏度

运动黏度等于流体的动力黏度 $\mu$ 与同温度下该流体密度 $\rho$ 之比，通常用小写字母 $v$ 表示。运动黏度法定计量单位为 $m^2/s$，非法定单位为"斯（St）"或"厘斯（cSt）"。$1cSt = 0.01St = 10^{-6}m^2/s = 1mm^2/s$。

5. 饱和蒸气压

在一定温度下，与液体或固体处于相平衡的蒸气所具有的压力称为饱和蒸气压。同一物质在不同温度下有不同的蒸气压，并随着温度的升高而增大。饱和蒸气压是液体的一项重要物理性质，如液体的沸点、液体混合物的相对挥发度等都与之有关。面积大蒸发快，面积小蒸发慢。

## 三、油品贸易交接计量

1. 油品计量的特点

（1）油品是一种易燃、易爆液体，因此，对交接计量中所用的计量设备、仪表的安装和操作都有安全和防爆要求。

（2）原油计量中由于密度、含水等在线设备受油品黏度影响较大，参与计量的密度、含水参数需要人工化验确认。成品油计量随着质量流量计的广泛使用逐渐向自动化、智能化、远程化计量方式发展。

（3）油品计量方式为体积计量或质量计量，通过人工计算最终获得真空中油品的净质量作为交接量。

（4）计量器具的检定方式、量值溯源采用实流在线检定，即以实际油品、在实际现场工况等条件下进行动态量值溯源。

（5）油品计量具有计量准确度高（测量不确定度优于 0.35%）、计量数量大的特点，一个计量系统通常是由多台并联安装的流量计和过滤器、消气器、配套仪表、在线检定体积管及配套设施组成，自动化程度较高的计量系统保证了油品动态计量的连续准确和计量数据的实时传输。

2. 油品交接计量的法制性

油品交接计量确定进出管道油品的数量，其结果作为油品贸易结算的依据。油品贸易计量属于法治计量范畴，计量器具应按检定规程进行检定。

3. 油品交接计量的标准参比条件

标准参比条件是在油品计量时的标准压力和标准温度条件。按《石油液体和气体计量的标准参比条件》（GB/T 17291—1998）规定，我国油品交接计量的标准参比条件是 101.325kPa 和 20℃。如果液态烃在 20℃ 条件下的蒸汽压大于大气压力，则标准参比压力应该等于20℃下的平衡压力。也可采用合同压力和合同温度作为参比条件。

### 4. 油品交接计量的方式

根据油品是否流动，油品交接计量分为动态计量和静态计量两种计量方式。动态计量是油品在流动状态下，使用流量计计量油品的数量；静态计量是油品在静止状态下，使用油罐等计量器具计量油品的数量。

## 第三节　天然气计量基础

## 一、天然气

天然气是指从气田或油田中采出的以甲烷为主要成分的混合气体。

### 1. 管输天然气组成及其要求

天然气的组分主要有烃类化合物、非烃类含硫化合物和其他次要组分。

天然气按高位发热量、总硫、硫化氢和二氧化碳含量分为一类和二类。天然气质量要求应符合表2-3的规定。在天然气交接点的压力和温度条件下，天然气中应不存在液态水和液态烃；天然气中固体颗粒应不影响天然气的输送和利用；进入长输管道的天然气应符合一类气的质量要求。作为民用燃气的天然气，应具有可以察觉的臭味。民用燃气的加臭应符合《城镇燃气技术规范》（GB 50494—2009）的规定。作为燃气的天然气，应符合《进入长输管网天然气互换性一般要求》（GB/Z 33440—2016）对于燃气互换性的要求。

表2-3　天然气质量要求

| 项目 | 一类 | 二类 | 三类 |
|---|---|---|---|
| 高位发热量[1]，$MJ/m^3$　≥ | 36.0 | 31.4 | 31.4 |
| 总硫（以硫计）[1]，$mg/m^3$　≤ | 60 | 200 | 350 |
| 硫化氢[1]，$mg/m^3$　≤ | 6 | 20 | 350 |
| 二氧化碳含量,%　≤ | 2.0 | 3.0 | — |
| 水露点[2][3]，℃ | 在交接点压力下，水露点应比输送条件下最低环境温度低5℃ | | |

① 本标准中气体体积的标准参比条件是101.325kPa，20℃。
② 在输送条件下，当管道管顶地温度为0℃时，水露点应不高于-5℃。
③ 进入输气管道的天然气，水露点的压力应是最高输送压力。

进入长输管道的天然气，对高位发热量、总硫、硫化氢和二氧化碳引入过渡期的要求，见表2-4，其中天然气贸易交接执行《天然气》（GB 17820—2012）一类气的按质量指标1过渡，执行《天然气》（GB/T 17820—2012）二类气的按质量指标2过渡，过渡期至2020年12月31日。

表2-4　过渡期进入长输管道天然气的质量要求

| 项目 | 质量指标1 | 质量指标2 |
|---|---|---|
| 高位发热量，MJ/m³　≥ | 36.0 | 31.4 |
| 总硫（以硫计），mg/m³　≤ | 60 | 200 |
| 硫化氢，mg/m³　≤ | 6 | 20 |
| 二氧化碳摩尔分数，%　≤ | 2.0 | 3.0 |

2. 天然气特性

（1）天然气是一种易燃易爆气体，和空气混合后，温度只要达到550℃就燃烧，$1m^3$天然气完全燃烧需要大约$10m^3$空气助燃。在空气中，天然气的浓度只要达到5%~15%就会存在爆炸的风险。

（2）天然气无色，密度比空气小，不溶于水。$1m^3$天然气的重量只有同体积空气的55%左右，$1m^3$油田伴生气的重量，只有同体积空气的75%左右。

（3）天然气的主要成分是甲烷，本身无毒，但如果含较多硫化氢，则对人有毒害作用。如果天然气燃烧不完全，也会产生一氧化碳等有毒气体。

（4）天然气的发热量较高，$1m^3$天然气燃烧后发出的热量是同体积的人工煤气（如焦炉煤气）的两倍多，即35.6~41.9MJ/m³，约为8500~10000kcal/m³。

（5）天然气可液化，液化后其体积将缩小为气态的1/600。

（6）一般油田伴生气略带汽油味，含有硫化氢的天然气略带臭鸡蛋味。天然气的主要成分是甲烷，甲烷本身是无毒的，但空气中的甲烷含量达到10%以上时，人就会因氧气不足而呼吸困难，眩晕虚弱而失去知觉、昏迷甚至死亡。

## 二、天然气物性参数

常用的天然气物性参数有相对分子质量、密度、黏度、压缩因子、水露点、烃露点和发热量等。在天然气计量中使用的物性参数都有计算标准。天然气发热量、密度和相对密度按《天然气发热量、密度、相对密度和沃泊指数的计算方法》（GB/T 11062—2014）规定的方法计算。天然气的压缩因子按《天然气压缩因子的计算　第 2 部分：用摩尔组成进行计算》（GB/T 17747.3—2011）规定的方法计算。黏度和等熵指数按《用标准孔板流量计测量天然气流量》（GB/T 21446—2008）规定的方法计算。部分参数的定义与油品的相同，在此不再赘述。

1. 平均摩尔质量

由于天然气是多组分的混合气体，不可能写出一个分子式，也就不能像纯物质那样由分子式算出其恒定的相对分子质量或摩尔质量，所以只能给出天然气的平均摩尔质量。

天然气平均摩尔质量按下式计算：

$$M = \sum y_i M_i \tag{2-14}$$

式中　$M$——天然气的平均摩尔质量，kg/mol；

$y_i$、$M_i$——天然气中 $i$ 组分的摩尔分数和摩尔质量。

2. 相对密度

天然气的相对密度定义为在相同的规定压力和温度条件下，天然气的密度除以具有标准组成的干空气的密度，通常用符号 $d$ 表示，是一个无量纲的量。在 0℃、101.325kPa 及在 20℃、101.325kPa 下，标准组成的干空气的真实气体密度分别是 1.292923kg/m³ 和 1.204449kg/m³。

3. 黏度

黏度的定义和分类见第二章第二节中油品物性参数部分，此处不再赘述。

在油气计量中，黏度主要用于计算雷诺数。天然气黏度一般可使用纯甲烷的黏度，使用国家标准《用标准孔板流量计测量天然气流量》（GB/T 21446—2008）规定的方法进行计算。

4. 压缩因子

气体的压缩因子定义为在规定的压力和温度条件下，给定质量气体的实际（真实）体积除以在相同条件下按理想气体定律计算出的该气体的体积，通常用符号 $Z$ 表示，是一个无量纲的量，其计算式为：

$$Z = \frac{V_{真实}}{V_{理想}} \tag{2-15}$$

由于理想气体做了两个近似，即忽略气体分子本身的体积和分子间的相互作用力，所以实际气体都会偏离理想气体。偏离的程度取决于气体本身的性质以及温度和压力等状态参数，也就是 $Z$ 的大小反映出真实气体对理想气体的偏差程度，理想气体的压缩因子等于1。天然气压缩因子用于不同状态参数下体积量的换算。

5. 水露点

天然气水露点温度指天然气在水汽含量和气压都不改变的条件下，冷却到饱和时的温度，是用来测湿度的参数。露点温度越低，空气的干燥程度越高。露点是指在该环境温度和相对湿度的条件下，物体表面刚刚开始发生结露的温度，该温度即为该环境条件下的露点。

天然气的水露点是管道安全运行控制指标之一。天然气的水露点是天然气质量国家标准《天然气》（GB 17820—2018）的指标之一，也是管道安全运行控制指标之一。天然气的水露点可使用国家标准《天然气水露点的测定 冷却镜面凝析湿度计法》（GB/T 17283—2014）直接测定，也可使用国家标准《天然气中水含量的测定　电子分析法》（GB/T 27896—2018）测定水含量，再使用国家标准《天然气水含量与水露点之间的换算》（GB/T 22634—2008）换算成水露点。

6. 烃露点

烃露点是指在规定压力下，气态烃开始形成液态烃的温度。根据国家标准《输气管道工程设计规范》（GB 50251—2015），烃露点为气体在一定压力下析出第一滴液态烃时的温度。烃类混合气体的露点与其组分、压力有关。

在天然气长输管道中，随着技术的进步，输送压力较高。高压力、一定温度条件下，管道中的天然气有可能析出液态烃，因此《输气管道工程设计规范》（GB 50251—2015）规定：进入输气管道的气体必须清除机械杂质；烃露点应低于最低输送环境温度等。

天然气的烃露点是天然气质量国家标准《天然气》（GB 17820—2018）的指标之一，也是管道安全运行控制指标之一，可用国家标准《天然气烃露点的测定 冷却镜面目测法》（GB/T 27895—2011）测定。

7. 发热量

发热量是指单位体积或质量的天然气燃烧时所产生的热量。天然气的发热量变化很大，依其成分不同而定。天然气发热量有高位和低位发热量之分。

高位发热量是指规定量的天然气在空气中完全燃烧时所释放的热量。在燃烧反应时，压力保持恒定，所有燃烧产物的温度降至与规定的反应物温度相同的温度，除燃烧中生成的水在规定温度下全部冷凝为液态外，其余所有燃烧产物均为气体。

低位发热量是指规定量的天然气在空气中完全燃烧时所释放的热量。在燃烧反应时，压力保持恒定，所有燃烧产物的温度降至与规定的反应物温度相同的温度，所有燃烧产物均为气体。

天然气高位发热量是天然气质量国家标准《天然气》（GB 17820—2018）的指标之一，也是能量计量方式中计算天然气能量的参数之一，按《天然气发热量、密度、相对密度和沃泊指数的计算方法》（GB/T 11062—2014）规定的方法计算。

## 三、天然气交接计量

随着经济的飞速发展，天然气作为一种优质能源和化工原料，其计量受到广泛关注。人们越来越重视天然气贸易计量，在国际间更是如此。因此，人们对天然气计量在管理观念上正发生根本性转变，不仅对现场计量器具的使用及计量人员进行管理，并从事后计量纠纷调解向事前的仪表采购选型、安装使用、过程控制、质量监督、数据管理、实流检定的管理转变和发展。

1. 天然气交接计量的特点

（1）天然气是多种组分构成的气体混合物，各组分的含量因产地和时间的不同而变化。天然气交接计量时应考虑天然气组分的变化。

（2）天然气是一种易燃易爆气体，因此对天然气交接计量中所用的计量设备、仪表的安装和操作都有安全和防爆要求。

（3）天然气交接计量方式向自动化、智能化、远程化计量方式发展。天然气计量已逐步向在线、实时、智能靠近，同时依靠网络技术实现远程化通信、控制和管理，如计量交接电子化和计量远程诊断及预警等。

（4）天然气交接计量方式有体积计量、质量计量和能量计量。我国天然气贸易计量方式将逐步与国际接轨，从体积计量向能量计量发展。

（5）天然气计量器具的检定方式和量值溯源从静态单参数向动态多参数溯源发展。过去流量计检定方式通常采用检定静态单参数方法，如标准孔板依靠几何检定法检定孔板的 7 个几何静态单参数来保证流量计的准确。随着实流检定技术的成熟，天然气流量量值溯源已采用实流检定，即以实际天然气为介质、在接近实际现场工况条件下对压力、温度、气质组分和流量等参数总量进行动态量值溯源。天然气交接计量量值传递及溯源是一个多参数溯源，用于高压天然气交接计量的流量计应进行实流检定或校准。

（6）仪表选型从单一仪表向多元化仪表发展。过去流量仪表选型比较单一，近几年随着对流量计的研究和开发，不同的流量计有不同的特点和适应范围。流量仪表选型由此呈现从单一仪表向多元化仪表方向发展，如天然气超声流量计、涡轮流量计和质量流量计广泛应用于交接计量。

（7）单一数据管理向计量系统管理方向发展。计算机技术的发展给天然气计量系统管理创造了良好的条件。天然气交接计量管理对影响测量结果的各个方面、各个环节进行全过程的、动态的、科学的管理。

2. 天然气交接计量的参比条件

按《天然气标准参比条件》（GB/T 19205—2008）规定，天然气交接计量使用的标准参比条件是 101.325kPa、20℃（293.15K），也可以采用合同规定的其他压力和温度作为标准参比条件。

3. 天然气交接计量的方式

天然气交接计量的方式有体积计量、质量计量和能量计量 3 种贸易计量方式（结算单位）。

1）体积计量

体积流量以标准参比条件下的体积作为商品天然气贸易结算的单位，其计算公式为：

$$V_n = V_f \frac{p_f T_n Z_n}{p_n T_f Z_f} \tag{2-16}$$

式中　$V_n$、$V_f$——天然气在标准参比条件和工况条件下的体积，$m^3$；

　　　　$p_n$、$p_f$——标准参比条件和工况条件下的气体绝对压力，MPa；

　　　　$T_n$、$T_f$——标准参比条件和工况条件下的气体热力学温度，K；

　　　　$Z_n$、$Z_f$——天然气在标准参比条件和工况条件下的压缩因子。

2）质量计量

质量流量以质量作为商品天然气贸易结算的单位，一般用于液化天然气的贸易计量。天然气质量计算公式为：

$$m = V\rho \tag{2-17}$$

式中　$m$——天然气的质量，kg；

　　　　$V$——计量条件下天然气的体积，$m^3$；

　　　　$\rho$——计量条件下天然气的密度，$m^3/kg$。

3）能量计量

能量流量以标准参比条件下的能量作为商品天然气贸易结算的单位。能量 $E_n$ 可以通过体积或通过质量与发热量 $H_{sn}$ 的乘积计算得到。

按体积计算的公式为：

$$E_n = V_n H_{snv} \tag{2-18}$$

按质量计算的公式为：

$$E_n = m H_{snm} \tag{2-19}$$

式中 $H_{snv}$——单位体积的发热量，$MJ/m^3$；

$H_{snm}$——单位质量的发热量，$MJ/kg$。

# 第三章　油气计量常用流量计

用于测量流量的器具称为流量计。随着流量测量仪表及测量技术的发展，大多数流量计都同时具备测量流体瞬时流量和积算流体总量的功能，因此，习惯上又把瞬时流量和累积式流量计统称为流量计。

流量计的种类很多，分类方法也不尽相同，通常以工作原理来划分流量计的类别。在相同原理下的各种流量计，则以其结构上的不同，主要是测量机构的不同来命名。按测量方法和结构分类，可分为速度式、容积式、差压式和质量式流量计等。速度式流量计可分为超声流量计、涡轮流量计、旋进旋涡流量计和涡街流量计等。容积式流量计可分为刮板流量计、双转子流量计、腰轮流量计和椭圆齿轮流量计等。差压式流量计可分为孔板流量计、喷嘴流量计和均速管流量计等。

## 第一节　速度式流量计

通过直接测量封闭管道中满管流流动速度来得到流量的流量计统称为速度式流量计。速度式流量计的种类很多，包括超声流量计、涡轮流量计、旋进旋涡流量计、涡街流量计、分流旋翼式流量计、激光多普勒流量计、插入式流量计等。下面主要介绍油气计量中常用的超声波流量计、涡轮流量计、旋进旋涡流量计和涡街流量计。

### 一、超声流量计

1. 结构

超声流量计主要由流量计表体、超声换能器及其安装部件、信号处理单元和（或）流量计算机组成。

2. 工作原理

超声流量计以测量声波在流动介质中传播的时间与流量的关系为原理。通常认为声波在流体中的实际传播速度是由介质静止状态下声波的传播速度

（$C$）和流体轴向平均流速（$V_\mathrm{m}$）在声波传播方向上的分量组成，如图3-1所示。

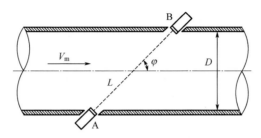

图3-1　超声流量计工作原理

A、B—上、下游超声换能器；$L$—上、下游换能器之间的距离；$D$—流量计内径；
$V_\mathrm{m}$—流体沿管径方向的流速；$\varphi$—超声换能器与管径方向的安装角度

在管壁两边安装一对斜角为 $\varphi$ 的超声换能器，两个换能器同时或定时向对方发射和接收对方的超声信号。此时顺流和逆流的接收时间由式3-1和式3-2计算：

$$t_{ab} = \frac{L}{C + V_\mathrm{m}\cos\varphi} \tag{3-1}$$

$$t_{ba} = \frac{L}{C - V_\mathrm{m}\cos\varphi} \tag{3-2}$$

式中　$t_{ab}$——超声波从上游换能器传至下游换能器所需要的时间，s；

　　　$t_{ba}$——超声波从下游换能器传至上游换能器所需要的时间，s；

　　　$L$——上、下游换能器之间的距离，m；

　　　$C$——超声波声速，m/s；

　　　$V_\mathrm{m}$——流体沿管道轴线方向的流速，m/s；

　　　$\varphi$——超声换能器与管道轴线方向的安装角度，（°）。

由上述两式推导出流体流速和流量的计算公式如下：

$$V_\mathrm{m} = \frac{L}{2\cos\varphi}\left(\frac{1}{t_{ab}} - \frac{1}{t_{ba}}\right) \tag{3-3}$$

$$q = V_\mathrm{m}A \tag{3-4}$$

式中　$q$——流体在管道中的工况流量，m$^3$/h；

　　　$A$——管道横截面积，m$^2$。

由此可见，超声流量计的测量准确度取决于声道长度 $L$ 和时间测量准确度。

**3. 性能特点**

（1）测量准确度高，量程比大，一般都是 1：20，可达到 1：100。

（2）无可动部件，可直接进行清管作业。

（3）受压力变化影响小，在最低使用压力下校准后，就可在全范围内使用。

（4）为高科技产品，各厂家的产品都有其独特的专利技术，智能化软件可以进行自诊断并处理一些影响准确度的干扰，一次性投资高。

（5）多声道，能适用多种流态。

（6）对有超声干扰的场合要慎用。

## 二、涡轮流量计

**1. 结构**

涡轮流量计主要由壳体（表体）、导向体、涡轮（叶轮）、轴与轴承、信号检测器、信号接收与显示装置等组成，如图 3-2 所示：

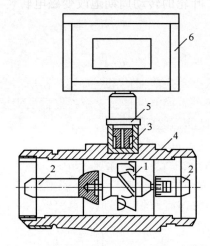

图 3-2　气体涡轮流量计的结构示意图

1—涡轮（叶轮）；2—导向体；3—信号检测器；4—轴与承轴；5—壳体；6—信号接收与显示装置

（1）壳体（表体）：承受被测流体的压力，固定安装检测部件和连接管道，壳体采用不导磁不锈钢或硬铝合金制造。

（2）导向体：对流体起导向整流以及支撑叶轮的作用，通常选用不导磁不锈钢或硬铝合金制造。

（3）涡轮（叶轮）：流量计的检测元件，由高导磁不锈钢材料（如2Cr13、4Cr13 和导磁不锈钢）制成的，其上的数片螺旋形叶片被置于摩擦力很小轴承上，保持和壳体同轴心。叶轮有直板叶片、螺旋叶片和丁字形叶片等几种，叶轮的动平衡直接影响仪表性能和使用寿命。

（4）轴与轴承：支撑叶轮旋转。

（5）信号检测器：国内一般采用磁阻式，它由永久磁钢及外部缠绕的感应线圈组成。当流体通过使涡轮旋转的叶片在永久磁钢正下方时磁阻最小，两叶片空隙在磁钢下方时磁阻最大，涡轮旋转，不断地改变磁路的磁通量，使线圈中产生变化的感应电势，送入放大整形电路，变成脉冲信号。

（6）信号接收与显示装置：信号接收与显示器内系数校正器、加法器和频电转换器等组成，其作用是将从前置放大器送来的脉冲信号变换成累积流量和瞬时流量并显示。

2. 工作原理

涡轮流量计的工作原理是在管道中安装一个自由转动、轴与管道同心的叶轮。当被测气体流过传感器时，在气流作用下，叶轮受力旋转，其转速与管道平均流速成正比，叶轮的转动周期地改变磁电转换器的磁阻值。检测线圈中磁通随之发生周期性变化，产生周期性的感应电势（即电脉冲信号），经放大器放大后，送至显示仪表显示。在流量范围内，管道中流体的流速大小与叶轮转速成正比。经多级齿轮减速后传送到多位计数器上，显示出被测气体的体积量。

涡轮流量计的输出信号脉冲频率与通过涡轮流量计的体积流量成正比。当测得传感器输出的信号脉冲频率或某一时间内的脉冲数后，分别除以仪表系数，就可得到体积流量或流体总量，即：

$$q_v = \frac{f}{K} \tag{3-5}$$

$$V = \frac{N}{K} \tag{3-6}$$

式中　$q_v$——体积流量，$m^3/s$；

$f$——脉冲信号频率，Hz。

$K$——流量计的仪表系数，$1/m^3$；

$V$——流体总量，$m^3$；

$N$——脉冲数。

3. 性能特点

（1）准确度高，普通流量计的准确度为 1.0 级或 1.5 级，特殊专用型为

0.5级或0.2级。

（2）重复性好，短期重复性可达0.05%~0.2%，正是由于具有良好的重复性，如经常校准或在线校准可得极高的精确度，在贸易结算中是优先选用的流量计。

（3）输出脉冲频率信号，适于总量计量及与计算机连接，无零点漂移，抗干扰能力强。

（4）可获得很高的频率信号，信号分辨力强。

（5）量程比宽，中大口径可达40∶1至10∶1，小口径为6∶1或5∶1。

（6）结构紧凑轻巧，安装维护方便，流通能力大。

（7）适用高压测量，仪表表体上不必开孔，易制成高压型仪表。

（8）难以长期保持校准特性，需要定期检定。对于贸易计量和高准确度测量的场合，最好对流量计进行在线实流校准以保持其特性。

（9）气体密度对仪表特性有较大影响。气体流量计易受密度影响，由于密度与温度、压力关系密切，在现场温度、压力波动是难免的，要根据它们对准确度影响的程度采取补偿措施，才能保持较高的计量准确度。

（10）流量计受来流流速分布畸变和旋转流的影响较大，传感器上下游侧需设置直管段，如安装空间有限制，可加装流动调整器（整流器）以缩短直管段长度。

（11）不适于脉动流和混相流的测量。

（12）对被测气体的清洁度要求较高，若气质较脏，则应安装过滤器。

# 三、旋进旋涡流量计

## 1. 结构

旋进旋涡流量计主要由壳体、旋涡发生器、流量传感器、积算单元和除旋器组成。智能流量计还包括压力传感器和温度传感器，如图3-3所示。

## 2. 工作原理

当沿着轴向流动的气流进入流量计入口时，旋涡发生器强制使气流产生旋涡流，旋涡流在文丘利管中旋进，到达收缩段时突然节流使旋涡流加速，当旋涡流进入扩张段后，因回流作用强制产生二次旋涡流，此时旋涡流的旋转频率与介质流速成函数关系。通过流量计的流体体积正是基于这种原理来测量的，流量可通过下式计算：

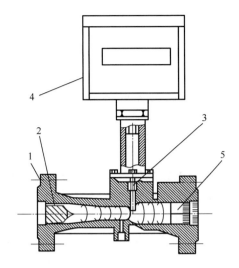

图 3-3　旋进旋涡流量计结构图
1—壳体；2—旋涡发生器；3—流量传感器；4—积算单元；5—除旋器

$$q_v = \frac{f}{K} \tag{3-7}$$

式中　$q_v$——体积流量，$m^3/s$；

　　　$f$——脉冲信号频率，Hz；

　　　$K$——流量仪表系数，$1/m^3$。

3.性能特点

（1）内置式压力、温度、流量传感器，安全性能高，结构紧凑，外形美观。

（2）就地显示温度、压力、瞬时流量和累积流量。

（3）采用新型信号处理放大器和独特的滤波技术，有效地剔除了压力波动和管道振动所产生的干扰信号，大大提高了流量计的抗干扰能力，使小流量具有出色的稳定性。

（4）特有时间显示及实时数据存储的功能，无论什么情况都能保证内部数据不会丢失，可永久性保存。

（5）整机功耗极低，能凭内电池长期供电运行，是理想的无须外电源就地显示仪表。

（6）防盗功能可靠，具有密码保护，防止参数改动。

（7）流量计表头可 180° 随意旋转，安装方便。

# 四、涡街流量计

## 1. 结构

涡街流量计由传感器和转换器两部分组成，传感器包括旋涡发生体（阻流体）、检测元件、仪表表体等；转换器包括前置放大器、滤波整形电路、D/A 转换电路、输出接口电路、端子、支架和防护罩等，如图 3-4 所示。

旋涡发生体是检测器的主要部件，它与仪表的流量特性（仪表系数、线性度、范围度等）和阻力特性（压力损失）密切相关；检测元件用于检测旋涡信号。

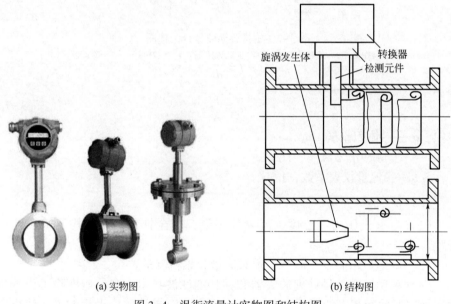

(a) 实物图　　　　　　　　　　　　　　　(b) 结构图

图 3-4　涡街流量计实物图和结构图

## 2. 工作原理

在流体中设置三角柱型旋涡发生体，则从旋涡发生体两侧交替地产生有规则的旋涡，这种旋涡称为卡门旋涡，旋涡列在旋涡发生体下游非对称地排列，如图 3-5 所示。

涡街流量计是根据卡门涡街原理测量流体流量的流量计，并可作为流量变送器应用于自动化控制系统中。

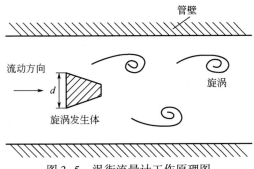

图 3-5 涡街流量计工作原理图

涡街流量计是应用流体振荡原理来测量流量的，流体在管道中经过涡街流量变送器时，在三角柱的旋涡发生体后上下交替产生正比于流速的两列旋涡，旋涡的释放频率与流过旋涡发生体的流体平均速度及旋涡发生体特征宽度有关，可用下式表示：

$$f = \frac{St v}{d} \tag{3-8}$$

式中　$f$——旋涡的释放频率，Hz；

$St$——斯特劳哈尔数，它的数值范围为 $0.14 \sim 0.27$；

$v$——流过旋涡发生体的流体平均速度，m/s；

$d$——旋涡发生体特征宽度，m。

$St$ 是雷诺数 $Re$ 的函数，有 $St = f\left(\dfrac{1}{Re}\right)$。当 $Re$ 在 $10^2 \sim 10^5$ 范围内，$St$ 值约为 0.2。在测量中，要尽量满足流体的雷诺数为 $10^2 \sim 10^5$，此时旋涡频率 $f = \dfrac{0.2v}{d}$。

由此，通过测量旋涡频率就可以计算出流过旋涡发生体的流体平均速度 $v$，再由式 $q = vA$ 可以求出流量 $q$，其中 $A$ 为流体流过旋涡发生体处流量计的截面积。

3. 性能特点

（1）抗振性能特别好，无零点漂移，可靠性高。

（2）智能涡街流量计的传感器的通用性很强，能产生强大而稳定的涡街信号。

（3）结构简单牢固，无可动部件，可靠性高，使用维护方便。

（4）检测元件不与介质接触，性能稳定，使用寿命长传感器采用检测探头与旋涡发生体分开安装，而且耐高温的压电晶体密封在检测探头内，不与被测介质接触，所以具有结构简单、通用性好和稳定性高的特点。

（5）输出与流量成正比的脉冲信号或模拟信号，无零点漂移，精度高，方便与计算机联网。

（6）测量范围宽，量程比可达 1∶10。

（7）流量计输出的信号与流速成线性关系，即与体积流量成正比，用体积流量乘以流体的密度即可得到质量流量。

（8）压力损失小。

（9）在一定的雷诺数范围内，流量特性不受流体压力、温度、黏度、密度、成分的影响，仅与旋涡发生体的形状和尺寸有关。

（10）应用范围广，蒸汽、气体、液体流量均可测量。

# 第二节　容积式流量计

容积式流量计又称正排量流量计（positive displacement flowmeter），简称 PD 流量计，在流量仪表中属于直接测量仪表。它利用机械测量元件把流体连续不断地分割成单个已知的体积部分，根据计量室逐次、重复地充满和排放该体积部分流体的次数来测量流量体积总量。PD 流量计一般不具有时间基准，为得到瞬时流量值需要另外附加测量时间的装置。目前国内城市油品计量应用最多的容积式流量计是刮板流量计，少量应用的还有双转子流量计和腰轮流量计；天然气计量应用最多的容积式流量计是腰轮流量计。下面主要对刮板流量计、双转子流量计和腰轮流量计进行介绍。

## 一、刮板流量计

1. 结构

刮板流量计有凸轮式和凹线式两种形式，一般都由流量计主体、连接部分和表头（指示器）组成，如图 3-6 和图 3-7 所示。

1）凸轮式刮板流量计的结构

（1）流量计的主体部分。凸轮式刮板流量计的主体部分主要由转子、凸轮、刮板、连杆、滚柱及壳体组成，见图 3-8。

（2）密封连接部分。要将转子轴的转数传送到表头，必须有一个密封性

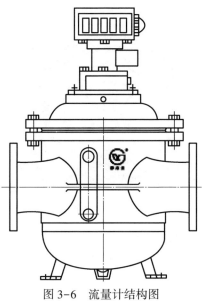

图 3-6 流量计结构图

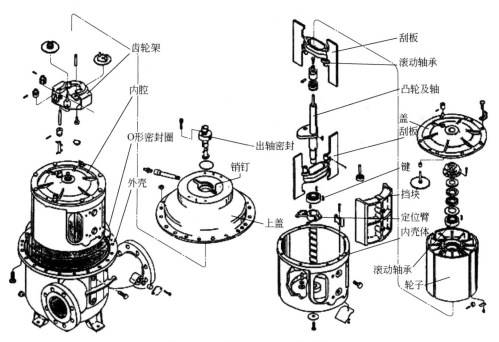

图 3-7 流量计主体部分结构图

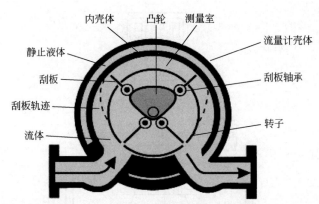

图 3-8　凸轮式刮板流量计结构示意图

能好，又能准确无误地将轴的转动可靠的传送到表头的连接部分。连接部分有 3 种结构形式：磁性联轴器、机械密封式和 O 形密封圈式的连接，如图 3-7 中的出轴密封。

（3）表头（指示器）。流量计计量的液体量由表头指示，可以指示瞬时量、总的累积量和某一时间间隔的累积量（图 3-9）。凸轮式刮板流量计的壳体内腔是圆形空筒，转子是一个转动的空心薄壁圆筒。当刮板是两对时，在转子圆筒壁上沿径向开有互成 90° 角的 4 个槽；当 3 对刮板时，则为互成 60° 角的 6 个槽（最多也就是 6 个槽）。刮板在槽内滑动，能伸出也能缩回。4 个刮板由两根连杆连接，互成 90° 角；3 对刮板则由 3 根连杆连接，互成 60° 角，在空间交叉，互不相碰。在刮板与凸轮之间有一个轴承，4 个或 6 个轴承均在一个不动的、具有一定形状的凸轮上滚动，从而使刮板时而从转子内伸出，时而又缩回到转子内。

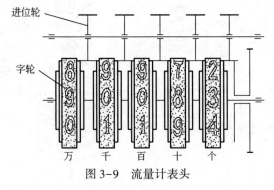

图 3-9　流量计表头

2）凹线式刮板流量计的结构

凹线式刮板流量计的主体部分主要由转子、刮板、连杆和壳体组成。壳体内腔是曲线形的、由大圆弧、小圆弧以及两条互相对称的凹线组成，运动的轨迹就是壳体内腔的形线——凹线，如图3-10所示。

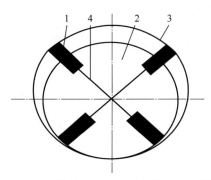

图3-10 凹线式刮板流量计结构示意图

1—刮板；2—转子；3—壳体；4—连杆

2. 工作原理

当被计量的液体经过流量计时，推动刮板和转子旋转，与此同时，刮板沿着一种特殊的轨迹呈放射状的伸出和缩回。但是，每两个相对的刮板端面之间的距离是一定值，所以在刮板连续转动时，在两个相邻的刮板、转子、壳体内腔，以及上下盖板之间就形成了一个容积固定的计量空间。转子每转一圈，就可以排出4个（或6个）同样闭合的体积——精确的计量空间的液体量，只要记录转子转动的圈数就可测量出被测介质的体积量。不论哪种形式的刮板流量计，其动作原理都是相同的。下面以凸轮式刮板流量计为例，加以说明（图3-11）。

图3-11（a）所示的是还没有被计量的液体（黑色区域）流入流量计，流量计转子和刮板顺时针转动，刮板A和刮板D完全伸出转子，形成计量腔，刮板C和刮板B缩回转子内。图3-11（b）所示的是流量计转子和刮板已顺时针转动45°，刮板A完全伸出，刮板D部分缩回，刮板C完全缩回，刮板B部分伸出转子。图3-11（c）所示的是流量计转子和刮板已顺时针转动90°，刮板A仍保持完全伸出，刮板B已完全伸出，在刮板A和刮板B之间形成的计量腔测得一份已知体积。图3-11（d）所示的是流量计转子和刮板顺时针转动90°后，所测得的那一份已知体积的液体被排出流量计，刮板C和刮板B之间正在形成第二个计量腔，刮板A已部分缩回，刮板D准备伸出。

在流量计转子和刮板顺时针转动180°后，已计量了两个计量腔的液

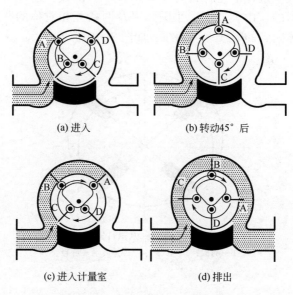

图 3-11　刮板流量计工作原理图

体体积，第三个计量腔正在形成。随着液体的流动，上述过程不断地循环着。

3. 性能特点

（1）由于刮板流量计的特殊运动轨迹，使被测液体在通过流量计时完全不受干扰，不产生涡流，呈流线形流动状态，这一特点对提高精度、减少压力损失创造了良好的条件。

（2）计量精度高，最大允许误差可达±0.2%。

（3）结构设计上保证机械摩擦小，所以压力损失小，在最大流量下压力损失一般不超过 0.03MPa。

（4）适应性强。对不同黏度以及带有少量细颗粒的液体，均能保证计量精度。

（5）振动和噪声很小。

（6）因多数流量计采用了双壳体，所以检修时不受管线热膨胀和应力的影响，有利于检查和维修。同时，由于采用了双壳体，环境温度对计量影响减小。

（7）其缺点是结构复杂，制造精度要求高，价格也相对较高。

# 二、双转子流量计

## 1. 结构

流量计主要由主体、连接部分和表头（指示器）组成，双转子流量计结构如图 3-12 所示，转子结构如图 3-13 所示。

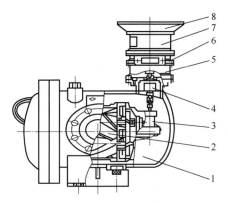

图 3-12　双转子流量计结构图

图 3-13　转子结构图

1—壳体；2—计量箱；3—变速换向组件；4—联轴器；
5—调速器；6—外部调节器；7—发讯器；8—计数器

## 2. 工作原理

双转子流量计的计量室由内壳体和一对螺旋转子及上下盖板等组成，它们之间形成若干个已知体积的空腔作为流量计的计量单元。流量计的转子靠其进、出口处的微小压差推动旋转，并不断地将进口的液体经空腔计量后送到出口，转子将转动次数经密封联轴器及传动系统传递给计数机构，直接指示出流经流量计的液体总量，如图 3-14 所示。

进入　　　　　　　测量　　　　　　　排出
图 3-14　双转子流量计工作原理图

## 3. 性能特点

（1）具有计量精度高，最大允许误差可达±0.2%。

（2）运转平稳、无脉动、噪声低、使用寿命长。

（3）对黏度变化适应性强等特点。

（4）缺点是维修不方便、压损较大、对测量介质所含杂质要求严格。

# 三、腰轮流量计

## 1．结构

腰轮流量计主要由主体、密封连接部分和表头（指示器）组成，如图 3-15 所示。

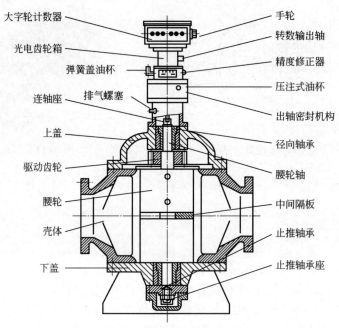

图 3-15　腰轮流量计结构简图

1）主体部分

腰轮流量计的主体部分由壳体、腰轮转子、驱动齿轮、隔板和上下（或左右）盖组成。腰轮转子安装在壳体内，用上下（或左右）盖将壳体与外界和有关部分密封隔离开。腰轮的组成有两种：一种是 1 对腰轮（图 3-16），称为普通腰轮轮流量计；另一种是 2 对互成 45°的组合腰轮（图 3-17），称为 45°角组合腰轮流量计。45°角组合腰轮可减少流量计的震动和噪声。

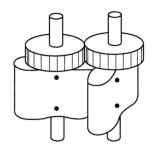

图 3-16　1 对腰轮转子的结构图

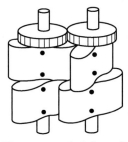

图 3-17　2 对互成 45°角
组合腰轮转子的结构图

2）密封连接部分

要将腰轮轴的转数传送到表头，必须有一个密封性能好，又能准确无误地将轴的转动可靠的传送到表头的连接部分。连接部分有 3 种结构形式：磁性联轴器、机械密封式和 O 形密封圈式的连接。

3）表头（指示器）

流量计计量的流体量由表头指示，可以指示流体的瞬时流量、累积流量和某一时间间隔内的累积量，因此表头上有相应的装置记录和指示这些量。

2. 工作原理

腰轮流量计对液体的计量，是通过它的计量室和腰轮来实现的，每当腰轮转动一圈，便排出 4 个计量室的体积量，该体积量在流量计设计时就确定了，只要记录腰轮转动的圈数就得到被计量介质的体积量，腰轮是靠液体通过流量计产生的压差转动的。

流量计工作过程具体分析如下：

图 3-18（a）中，由腰轮 1 的外侧壁、壳体的内侧壁以及腰轮两端盖板之间，形成一个封闭空间（即计量室），空间内的流体即为由测量元件将连续流体分隔成的单个体积。

从流入口流入流体时，下面的腰轮虽然受到流入流体的压力，但不产生旋转力；而上面的腰轮受到流入流体的压力后沿箭头方向旋转。由于与两个腰轮同轴安装的两个齿轮互相啮合，因此两腰轮各自以 $O_1$ 和 $O_2$ 为轴按箭头方向旋转。当旋转变成图 3-18（b）的状态时，两个腰轮上都产生了沿箭头方向的旋转力，使之旋转到图 3-18（c）的状态。此时与图 3-18（a）的状态相反，下面的腰轮产生旋转力，使之旋转到图 3-18（d）的状态。继续旋转，又变成了图 3-18（a）的状态，从而腰轮连续不断地进行转动。两个腰轮各旋转一圈，完成从（a）到下一个（a）以前的运转过程，便排出 4 个计量室的体积量，并将流体从流入口送到流出口。只要知道计量室的空间的容积和腰轮转动的转数，就可以得到被计量流体的体积量。

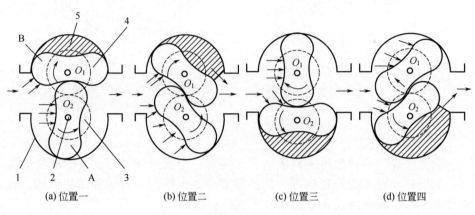

(a) 位置一   (b) 位置二   (c) 位置三   (d) 位置四

图 3-18 腰轮流量计工作原理图

假设计量室的容积为 $V_1$，流体流过时腰轮的转数为 $N$，则在 $N$ 次动作的时间内流过流量计流体体积 $V$ 为：$V = NV_1$。

3. 性能特点

（1）结构简单，制造方便，使用寿命长。

（2）采用摆线形 45° 角组合式和圆包络 45° 角组合式腰轮转子，在大流量下也无振动。

（3）计量精度高，最大允许误差可达 ±0.2%。

（4）适用性强，对于不同黏度以及带有少量细颗粒的液体，均能保证计量精度。

（5）在最大流量下压力损失一般不超过 0.04MPa。

# 第三节 差压式流量计

差压式流量计（也称节流式流量计）是基于流体流动的节流原理，利用流体流经节流装置时产生的压力差而实现流量测量的。通常由将被测流量转换成压差信号的节流装置和将此压差转换成对应的流量值显示出来的差压计以及显示仪表所组成，即包括一次装置（检测件）和二次装置（差压转换器和流量显示仪表）。节流装置主要由节流件、取压装置、连接法兰和测量管组成，具体包括：

（1）节流件——标准孔板、标准喷嘴、长径喷嘴、1/4 圆孔板、双重孔板、偏心孔板、圆缺孔板、锥形入口孔板等。

（2）取压装置——环室、取压法兰、夹持环、导压管等。

（3）连接法兰、紧固件。

（4）测量管。

差压式流量计按节流装置形式进行分类，可分为孔板流量计、喷嘴流量计、均速管流量计等。其中孔板流量计包括标准孔板流量计、1/4 圆孔板流量计、偏心孔板流量计等，喷嘴流量计包括标准喷嘴流量计、长颈喷嘴流量计，下面对标准孔板流量计和标准喷嘴流量计进行介绍。

# 一、标准孔板流量计

## 1. 结构

标准孔板流量计是一种在天然气流量测量中历史悠久、技术成熟、使用广泛的差压式流量计。标准孔板流量计由节流装置、信号引线和二次仪表系统组成，结构如图 3-19 所示。

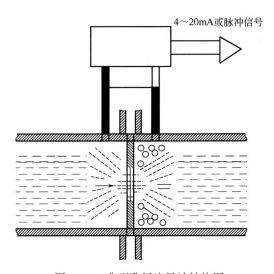

4~20mA或脉冲信号

图 3-19　典型孔板流量计结构图

标准孔板取压方式主要有角接取压（又分为钻孔取压和环室取压两种）、法兰取压和径距取压（$D \sim D/2$ 取压）3 种，如图 3-20 所示，其特点及适用范围如下：

（1）角接取压有钻孔取压和环室取压两种方式，有利于缩短直管段，测量准确度较高。其中钻孔取压适用于管径为 $DN400 \sim DN3000$，环室取压适用于管径为 $DN50 \sim DN400$。

（2）法兰取压具有加工简单、易安装、易清理等特点，但准确度低于角接取压，适合管径为 $DN50 \sim DN1000$。

（3）径距取压点固定，适合雷诺数大的场合，适用于管径为 $DN50 \sim DN1000$。

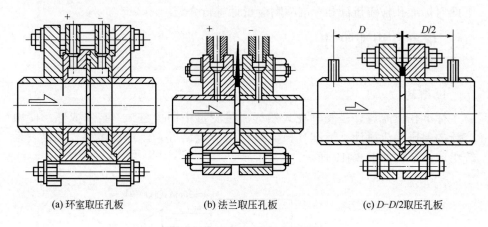

(a) 环室取压孔板     (b) 法兰取压孔板     (c) $D-D/2$ 取压孔板

图 3-20　孔板取压方式示意图

环室取压的均压效果更好一些，测量准确度较高；法兰取压较简单，容易装配，但准确度较角接取压低一些；径距取压在压差较小时不易测量，因此很少采用，但径距取压适用于大管道的过热蒸汽测量。

2. 工作原理

天然气流经节流装置时，流束在孔板处形成局部收缩，从而使流速增加，静压力降低，在孔板前后产生静压力差（差压），气流的流速越大，孔板前后产生的差压也越大，从而可通过测量差压来衡量天然气流过节流装置的流量大小。这种测量流量的方法是以能量守恒定律和流动连续性方程为基础的，孔板流量计通用计算公式为：

$$q_m = \frac{C}{\sqrt{1-\beta^4}} \varepsilon \frac{\pi}{4} d^2 \sqrt{2\Delta p \rho_1} \tag{3-9}$$

其中

$$\beta = \frac{d}{D} \tag{3-10}$$

式中　$q_m$——质量流量，kg/s；

　　　$C$——流出系数；

　　　$\beta$——直径之比；

　　　$\varepsilon$——可膨胀系数；

　　　$d$——工作条件下孔板开孔直径，mm；

　　　$\Delta p$——节流装置输出的差压，Pa；

　　　$\rho_1$——被测流体在孔板上游侧的工况密度，kg/m³；

　　　$D$——工作条件下孔板上游管道直径，mm。

孔板流量计标准参比条件下体积流量计算公式为：

$$q_{vn} = 3600 \frac{q_m}{\rho_n} \tag{3-11}$$

式中　$q_{vn}$——标准参比条件下体积流量，m³/h；

　　　$\rho_n$——标准参比条件下天然气密度，kg/m³。

3. 性能特点

（1）节流装置结构易于复制，简单、牢固，性能稳定可靠，使用期限长，价格低廉。

（2）孔板流量计的设计、计算、加工和使用都依据国家标准《用标准孔板流量计测量天然气流量》（GB/T 21446—2008）。

（3）孔板流量计应用范围广，全部单相流皆可测量，部分混相流也可应用。

（4）标准孔板节流装置无须实流校准，通过干检即可使用。

（5）一体型孔板流量计安装更简单，无须引压管，可直接接差压变送器和压力变送器。

（6）孔板流量计量程范围小，但智能孔板流量计的量程可自编程调整，达到10∶1。

（7）智能孔板流量计可同时显示累积流量、瞬时流量、压力、温度。

（8）孔板流量计可配有多种通信接口。

（9）配有孔板阀的孔板流量计可在线进行检查。

## 二、标准喷嘴流量计

### 1. 结构

标准喷嘴流量计的结构与标准孔板流量计基本相同，唯一差别的是节流装置为标准喷嘴，而非标准孔板。临界流文丘里喷嘴俗称音速喷嘴，又称临界流喷嘴，主要应用于流量标准的传递、气体流量测量和流量系统最大流量的限制。标准喷嘴由垂直于轴线的入口平面部分、圆弧形曲面和所构成的入口收缩部分、圆筒形喉部和为防止边缘损伤所需的保护槽组成，其取压方式上游采用角接取压，下游可按角接取压设置，也可设置与较远的下游处。喷嘴结构如 3-21 所示。

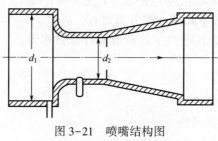

图 3-21　喷嘴结构图

$d_1$—管道直径；$d_2$—喷嘴喉部直径

### 2. 工作原理

标准喷嘴流量计的工作原理与标准孔板相同，在此不再赘述。

### 3. 性能特点

标准喷嘴流量计的性能特点与孔板流量计基本相同，唯一差别的是标准喷嘴适用于测量管内径为 $50\sim500\,\mathrm{mm}$、直径比为 $0.3\sim0.8$、雷诺数为 $2\times10^4\sim1\times10^7$ 的场合；当进行实流检定校准后，不确定度可达到 $0.5\%$；比标准孔板流量计更耐磨，比涡轮和容积式流量计更抗冲击，投资比超声、涡轮、质量式和容积式流量计更少。

# 第四节　质量式流量计

测量管道内流体质量流量的测量仪表称为质量式流量计（以下简称为质

量流量计），可分为直接式、间接式质量流量计，也可分为推导式、热式、差压式和科里奥利质量流量计。目前油气计量应用最多的是科里奥利质量流量计，下面以科里奥利质量流量计为例进行介绍。

# 一、结构

科里奥利质量流量计结构多种多样，一般由传感器和流量变送器组成，如图3-22所示。其中传感器是由测量管、振动驱动器、信号检测线器、前置放大器、支撑结构和壳体等组成。流量传感器是一种基于科里奥利效应的谐振式传感器，传感器的敏感元件是测量管，是处于谐振状态的空心金属管，又称测量管。测量管的结构形式较多，有U形、双微弯型、单直管型、双直管型、Ω型、S型和双J型等。成品油长输管道上常用的双U形管传感器结构如图3-23所示。

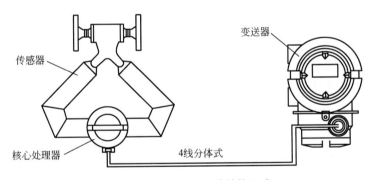

图 3-22　质量式流量计结构组成

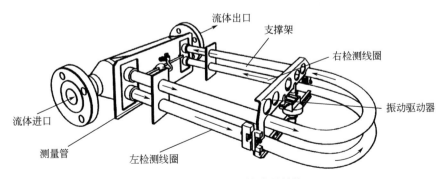

图 3-23　双 U 形管传感器结构

### 1. 振动管

振动管即测量管，是被测流体流经的管路。测量管由两根平行放置的U形管构成，被牢固地焊接到管线的连接管上。连接管上下游分别有与工艺管线接口的法兰，中部有电缆接线盒。流体通过专门的分流弯头分别进入两根测量管，分流弯头的作用是使流入两根测量管的流量相等。两根测量管形状相同、振荡的固有频率相同，但相位相差180°，从而由于流体产生的科氏力所引起的扭转力矩大小相等、方向相反，使整个测量管系统处于受力平衡状态。一般测量管的材质为超低碳不锈钢、哈氏合金钢等，根据测量介质不同采用适当的材质。

### 2. 振动驱动器

振动驱动器驱动振动管振动的装置。它和信号检测器、放大处理电路构成一套正反馈自激振荡系统。电磁驱动器的永久磁铁安装在双测量管的其中一根上，而线圈则安装在另一根上。

### 3. 信号检测器

信号检测器是用来检测和监控科里奥利效应的测量传感器，通常有光电式检测器和电磁式检测器两种。信号检测器分别安装在测量管进、出口两侧，其组成类似于电磁驱动器，由分别位于两根测量管上的线圈和磁铁组成，但它们是无源的，只向变送器发送正弦波信号。

### 4. 前置放大器

前置放大器是振动驱动器提供振动放大信号的器件，用于驱动振动管振荡。

### 5. 温度补偿器

温度补偿器（RTD）是用来测量管温度的铂电阻，它安装在传感器进口侧的测量管外壁上，虽然测得的温度与介质实际温度有所差异，但比较接近。温度信号主要是用于对质量流量和密度测量中由测量管材质的弹性模量随温度变化所引起的温度结构误差进行补偿和修正，以提高测量准确度。

### 6. 支撑结构

支撑结构是振动管的支撑件，常用不修钢材料铸造而成，它把振动管和安装法兰连接成一个整体。

### 7. 壳体

壳体是对振动管、信号检测器和振动驱动装置进行保护的部件。传感器的其他部分用不锈钢壳体牢固地密封起来，内部充以氮气，一则可保护内部元器件，二则可防止外部气体进入在测量管外壁冷凝结霜而降低测量准确度。通常情况下，流量传感器均采用单壳体保护。

8.流量变送器

流量变送器是以微处理器为核心的电子系统。它用来向传感器提供驱动力，驱动传感器的线圈，使流量管振动，并将传感器的信号转换为质量流量信号和其他一些有意义的参数信号；同时具有根据压力、温度参数对质量流量和密度测量进行补偿和修正的功能。

流量变送器一般输出标准电流信号和频率信号，可通过手持通讯器或 PC 接口进行组态，可按一定的通信协议，实现与上位机的 DCS 系统的交换与远传通信。变送器上的显示面板可以组态显示所有的各种参数，还具有故障报警和自诊断功能。

## 二、工作原理

当位于一旋转管内的质点相对于旋转管作离心或向心的运动时，将产生一个作用于旋转管体的惯性力。而质点的旋转运动是通过有流体流动的振动管的振动产生的，由此产生的惯性力与流经振动管的流体质量流量成比例。如图 3-24 所示，当质量为 $m$ 的质点以速度 $v$ 在围绕固定点 $P$ 并以角速度 $\omega$ 旋转的管道内移动时，这个质点将获得两个加速度分量：

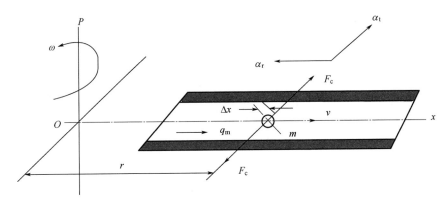

图 3-24　科里奥利质量流量计原理图

（1）法向加速度 $\alpha_r$，即向心力加速度，其量值等于 $\omega^2 r$，方向朝向 $P$。

（2）切向加速度 $\alpha_t$，即科里奥利加速度，其量值等于 $2\omega v$，方向与 $\alpha_r$ 垂直。由于复合运动，在质点的 $\alpha_t$ 方向上作用着科里奥利力 $F_c = 2\omega v$，管道对质点作用着一个反向力 $-F_c = -2\omega v$。

当密度为 $\rho$ 的流体在旋转管道中以恒定速度 $v$ 流动时，任何一段长度 $\Delta x$ 的管道都将受到一个 $\Delta F_c$ 的切向科里奥利力，其表达式为：

$$\Delta F_c = 2\omega v\rho A \Delta x \tag{3-12}$$

式中　$\Delta F_c$——流体质点的科里奥利力，N；

　　　$\omega$——旋转的角速度，rad/s；

　　　$v$——流体速度，m/s；

　　　$\rho$——质点的密度，kg/m³；

　　　$A$——管道的流通内截面积，m²；

　　　$\Delta x$——质点的长度，m。

由于质量流量计流量 $q_m = \rho v A$，所以：

$$q_m = \frac{\Delta F_c}{2\omega \Delta x} \tag{3-13}$$

式中　$q_m$——质量流量，kg/s。

在测量过程中，有无质量流量，质量流量计检测线圈检测到的信号如图 3-25 所示。

因此，直接或间接测量在旋转管道中流动流体产生的科里奥利力就可以测的得质量流量，这就是科里奥利质量流量计的基本工作原理。

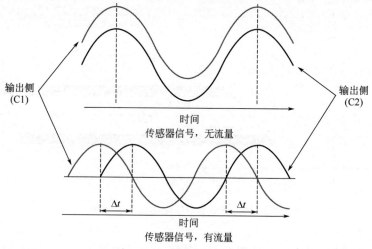

图 3-25　检测线圈检测到的信号图

## 三、性能特点

（1）直接测量管道内流体的质量流量。

（2）测量准确度高、重复性好。

（3）可在较大量程比范围内，对流体质量流量实现高准确度直接测量。

（4）工作稳定可靠。流量计管道内部无障碍物和活动部件，因而可靠性高、寿命长、维修量小；使用方便、安全。

（5）适应的流体介质面宽。除一般黏度的均匀流体外，还可测量高黏度、非牛顿型流体；不仅可以测量单一溶液的流体参数，还可以测量混合较均匀的多相流；无论介质是层流还是紊流，都不影响其测量准确度。

（6）广泛的应用领域。可在石油化工、制药、造纸、食品、能源等多种领域实施计量和监控。

（7）防腐性能好。能适用各种常见的腐蚀性流体介质。

（8）多种实时在线测控功能。

（9）除质量流量外，还可直接测量流体的密度和温度。智能化的流量变送器，可提供多种参数的显示和控制功能，是一种集多功能为一体的流量测控仪表。

（10）可扩展性好。可根据需要专门设计和制造特殊规格型号和特殊功能的质量流量计；还可进行远程监控操作等。

（11）两相分离计量的另一种形式的计量设备由两相分离器、质量流量计和气体流量计组成。质量流量计测量分离出的液量，并计算出其中的含水率，从而测量出油井的油、气、水产量。这种计算装置投资较少、操作简便，在我国油田中获得了较多的应用。

## 第五节　各类油气流量计性能对比

油气管道常用的流量计有刮板流量计、涡轮流量计、质量流量计、超声流量计、孔板流量计、旋进旋涡流量计等，各类流量计的性能及相关要求比较详见表3-1。

# 表3-1 各类流量计的性能及相关要求比较表

| 性能特性 | 刮板流量计 | 液体涡轮流量计 | 科里奥利质量流量计 | 超声流量计 | 气体涡轮流量计 | 孔板流量计 | 腰轮流量计 | 旋进旋涡流量计 |
|---|---|---|---|---|---|---|---|---|
| 量程比 | 5:1 | 5:1~10:1 | 10:1 | 30:1~100:1 | 10:1~50:1 | 3:1或5:1（差压单量程）；10:1（差压双量程） | 5:1~150:1 | 10:1~15:1 |
| 准确度 | 高 | 高 | 高 | 高 | 高 | 低 | 高/中等 | 中等 |
| 适合公称通径, mm | 50~400 | 50~300 | 25~150 | ≥80 | 25~500 | 50~1000 | 25~300 | 20~50 |
| 介质洁净度要求 | 较高 | 较高 | 中等 | 较低 | 较高 | 中等 | 高 | 中等 |
| 压力损失 | 中等 | 较小 | 中等 | 较小 | 中等 | 较大 | 较大 | 较大 |
| 受环境温度影响 | 较小 | 中等 | 中等 | 较小 | 较小 | 较小 | 较大 | 较小 |
| 脉动流对计量影响 | 不受影响 | 影响较大 | 不受影响 | 不受影响 | 影响较大 | 有一定的影响 | 不受影响 | 影响较大 |
| 过载流动 | 可短时间过载 | 可短时间过载 | 可过载 | 可过载 | 可短时间过载 | 可过载至孔板允许压差 | 可短时间过载 | 可短时间过载 |
| 适用介质 | 适用所有黏度油品及高含蜡原油 | 适用低黏度、低含蜡油品 | 适用低黏度、低含蜡油品及天然气 | 天然气 | 天然气 | 天然气 | 油品及天然气 | 天然气 |
| 压力和流量突变 | 突然突变会造成转子损坏 | 突然突变会造成转子损坏 | 可能会造成流量计故障（如流量传感器损坏） | 压力突变可能会造成超声换能器损坏 | 可造成影响流量计故障叶片损坏 | 压力突变会造成二次仪表或一次表的损坏 | 突然突变会造成转子损坏 | 流量计故障（如叶片损坏）可能会造成影响 |
| 典型前后直管段要求 | 前后直管段不作要求 | 前10D（流量计直径）后5D | 前后直管段不作要求 | 前30D（加装流动调整器）后10D | 前10D后5D | 前30D（加流动调整器）后7D | 前4D后2D | 前10D后5D |

注：D为流量计的直径，mm。

# 第四章  计量辅助仪表和设备

计量辅助仪表和设备是确保计量系统整体准确度的重要组成部分。常见计量系统中计量辅助仪表主要包含压力变送器、温度变送器、流量计算机、色谱分析仪等，常见的计量配套设备还包含阀门、整流器、直管段等。

## 第一节  计量辅助仪表

### 一、压力和差压变送器

1. 压力

垂直并且均匀作用在单位面积上的力定义为流体的压力，即 $p=F/A$。在国际单位制中，作用力 $F$ 的单位是牛顿（N），作用面积 $A$ 的单位是平方米（$m^2$），压力 $p$ 的单位是牛顿/平方米，即帕斯卡（Pa）。

在实际生活和生产中，压力的表现形式有以下 4 种：

（1）大气压力。大气压力是地球表面上空气柱的重量所产生的压力，用符号 $p_b$ 表示。大气压力值随气象情况、海拔高度和地理纬度等不同而改变。

（2）表压力。测压仪表测量的以大气压力为零起算的压力，用符号 $p_g$ 表示。表压力是通常工程中实用压力。

（3）绝对压力。不附带任何条件起算的全压力，即液体、气体和蒸汽所处空间的全部压力。它等于大气压力和表压力之和，用符号 $p_a$ 表示：$p_a = p_g+p_b$。

（4）疏空压力。当绝对压力小于大气压力时，大气压力与绝对压力之差称为疏空压力，又叫真空压力、真空度、负压力，用符号 $p_p$ 表示：$p_p = p_b-p_a$。

大气压力、表压力、绝对压力、真空度关系如图 4-1 所示。

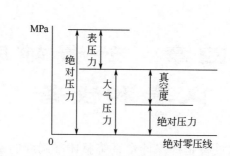

图 4-1  大气压力、绝对压力、表压力、真空度关系图

**2. 压力变送器**

压力变送器是一种将压力变量转换为可传送的标准化输出信号仪表，其输出信号与压力变量之间有一给定的连续函数关系，主要用于过程压力参数的测量和控制。差压变送器主要用于流量的测量。

通常压力变送器采用直流电源供电，提供多种输出信号选择，主要为 0~10mA、4~20mA 或 1~5V 的直流电信号和 232 或 485 数字输出。根据所测量压力的类型，主要分为表压、绝压、差压 3 种。

目前，流量计配套压力测量仪表多采用根据电容式压力变送器或差压变送器。

1）结构

常见压力变送器主要结构为传感器模块和电子元件外壳，如图 4-2 所示。

2）工作原理

电容式差压变送器中被测介质的两处压力通入高、低两个压力室，作用在敏感元件的两侧隔离膜片上，通过隔离片和元件内的填充液传送到测量膜片两侧。当两侧压力不一致时，致使测量膜片产生位移，其位移量和压力差成正比，故两侧电容量就不等，通过振荡和解调环节，转换成与压力成正比

图 4-2  压力变送器

的信号。

差压变送器是将一个空间用敏感元件分割成两个腔室，分别向两个腔室引入压力时，传感器在两方压力共同作用下产生位移，位移量和两个腔室压力差（差压）成正比，将这种位移转换成可以反映差压大小的标准信号输出。

电容式压力变送器和的工作原理和差压变送器相同，所不同的是低压室

压力是大气压或真空。

3）性能特点

压力变送器的性能特点是：工作可靠、性能稳定；专用集成电路，器件少，可靠性高，维护简单、轻松、体积小、重量轻，安装调试极为方便；抗干扰能力强，传输距离远；高准确度，高稳定性。

## 二、温度和温度变送器

1. 温度

温度是表示物体冷热程度的物理量，微观上来讲是物体分子热运动的剧烈程度。温度只能通过物体随温度变化的某些特性来间接测量，而用来量度物体温度数值的标尺叫温标。它规定了温度的读数起点（零点）和测量温度的基本单位。目前国际上用得较多的温标有华氏温标（℉）、摄氏温标（℃）、热力学温标（K）。

摄氏温度和华氏温度的关系为：

$$F = \frac{9}{5}t + 32 \tag{4-1}$$

摄氏温度和开尔文温度的关系为：

$$K = t + 273.15 \tag{4-2}$$

式中　$F$——华氏温度，℉；

　　　$K$——热力学温度，K；

　　　$t$——摄氏温度，℃。

2. 温度变送器

温度测量主要是根据固体、液体或气体热膨胀，或根据使用的热诱导电动势推知温度的热电测量，或根据热敏电阻器测量的电阻变化来测量温度。

通常温度变送器采用直流电源供电，提供多种输出信号选择，主要为4~20mA电流信号、0~5V或0~10V电压信号及RS485数字信号输出。常用的温度变送器准确度等级有0.1级、0.2级、0.5级、1.0级、2.0级和2.5级等。

目前，流量计配套温度测量仪表多采用根据热敏电阻器测量的电阻变化来测量温度。

1）结构

一体化温度变送器一般由测温单元（铂电阻）及相应电子单元组成，如

图 4-3 所示。

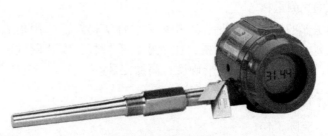

图 4-3　温度变送器

2）工作原理

铂电阻温度传感器是利用金属铂在温度变化时自身电阻值也随之改变的特性来测量温度的，显示仪表将会指示出铂电阻值所对应的温度值。当被测介质中存在温度梯度时，所测量的温度是感温元件所在范围内介质层中的平均温度。铂电阻由纯铂丝绕制而成，其使用温度范围为-200~850℃。工业用铂电阻，我国规定有分度号为 $P_{t10}$、$P_{t100}$ 两种，其 0℃ 时的电阻分别为 10Ω 和 100Ω。$P_{t10}$ 铂电阻的电阻丝较粗，主要用于 600℃ 以上的温度测量。铂电阻纯度要求为 $R_{100}/R_0 = 1.3925$。铂是一种比较理想的热电阻材料。铂电阻具有测量精度高、稳定性好、抗氧化、电阻率大的优点；缺点是电阻温度系数小、热阻特性非线性，不宜在高温下用于还原性介质。

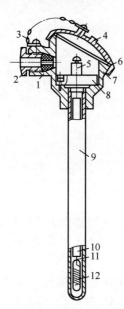

图 4-4　普通热电阻的结构
1—引线出线孔；2—引线孔螺母；
3—链条；4—盖；5—接线柱；
6—密封圈；7—接线盒；
8—接线座；9—保护套管；
10—绝缘管；11—引出线；
12—电阻体

绝大多数的材料的电阻性能都会随温度的升高而增大，将电阻接入电路中，通过平衡电路将测温单元（铂电阻）微小的电阻变化转化成标准的电流（或电压）输出，从而便得到了与温度变化成一定关系输出的电流（或电压）信号。就可以通过测量电流（或电压）信号，推测出温度的数值来测量温度。普通热电阻的结构如图 4-4 所示。

3）性能特点

铂电阻物理化学性能稳定、易提纯、复制性好、有良好的工艺性，有较高的电阻率，是理想的热电阻材料，电阻—温度特性的对应性比较稳定（直线度好），可测量的温度范围比较宽，测量精度高，性能稳定。

# 三、色谱分析仪

色谱分析技术是一种多组分混合物的分离、分析技术。气相色谱分析仪是一个载气连续运行、气密的气体流路系统，可分为在线色谱分析仪和离线色谱分析仪。实际工作中要分析的样品往往是复杂的多组分混合物，对含有未知组分的样品，首先必须将其分离，然后才能对有关组分进行进一步的分析。

目前，色谱分析仪主要用于天然气计量过程分析天然气气体组分，计算发热量及密度等物性参数。

1. 结构

在线色谱分析仪系统通常由采样系统、分析设备、GC 控制器和显示面板及打印设备等组成，其中分析设备（分析仪）由样气标气处理系统、检测器、数据处理系统及相应的管路附件等组成，其结构如图 4-5 所示。

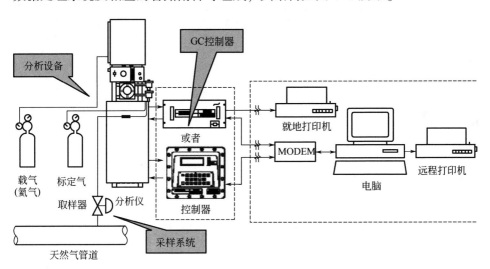

图 4-5　在线色谱分析仪系统结构图

2. 工作原理

气相色谱法的原理是在气相色谱仪上，采用色谱柱对气体混合物进行分离，再用检测器对被分离的组分进行检测。待测样品通过进样器由气相色谱的载气携带进入到色谱柱中，由于色谱柱内填充的物质对试样中各组分的分配系数或吸附能力不同，各组分在柱内的流动速度不同，到达检测器的时间不同，这样将多组分的混合样品分离成单个组分依次到达检测器，检测器检测各组分，得到单个组分的响应值，各组分的响应值与已知含量的标准物质在相同色谱条件下的响应值比较，得到各组分的含量，如图4-6所示。

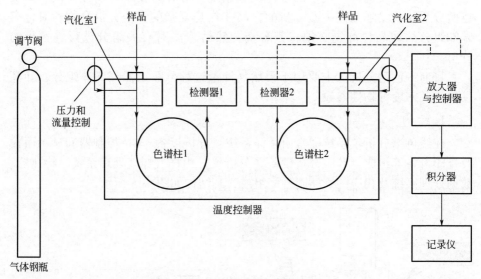

图 4-6　气相色谱分析仪流程图

色谱分析仪对多组分混合物分离效能高，灵敏度高，检测周期短，数据传输简便。

# 四、油品低含水分析仪

油品低含水分析仪常用于管输油品含水率的监测，根据测量原理的不同，油品低含水分析仪分为：电容法含水分析仪、微波法低含水分析仪、射线型油品低含水分析仪、短波吸收法油品含水分析仪。下面介绍电容法含水分析仪。

1. 结构

电容法含水分析仪由同轴电容传感器和检测仪表组成。同轴电容传感器和含水分析仪结构如图4-7和图4-8所示。

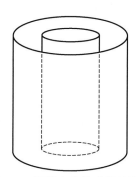

图 4-7　同轴电容传感器结构图

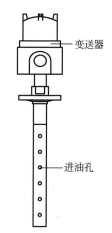

　　　　变送器

　　　　进油孔

图 4-8　含水分析仪结构图

### 2. 工作原理

利用油品和水的介电常数差异较大的特性，油品的介电常数随着油田的不同而不同，但一般在 1.86~2.24 之间变化，水的介电常数一般为 80，油品含水以后，介电常数会增大。含水油品介电常数可用下式表示：

$$K = K_H \left( 1 + \dfrac{3W}{\dfrac{K_0 + 2K_H}{K_0 - K_H} W} \right) \qquad (4-3)$$

式中　$K$——含水油品介电常数；

　　　$K_H$——不含水油品介电常数；

　　　$K_0$——油品中所含水的介电常数；

　　　$W$——油品中的含水率。

当油品在两个同轴电极之间流过时，介电常数的变化会引起电容传感器电容值发生变化，检测仪表检测出电容的变化值，同时采用 RTD 测量介质温度并进行温度补偿，由微型处理器运用数学算法把测得的电容值转换成含水量，传至显示仪表，显示出含水率。电容值与介电常数关系由下式确定：

$$C_M = C_N K + C_S \qquad (4-4)$$

式中　$C_M$——测得的电容值，F；

　　　$C_N$——测量电容器本身的实际电容值，F；

　　　$K$——含水油品的介电常数；

　　　$C_S$——测量电容器相应的固有电容值，F。

# 五、水露点分析仪

天然气的水露点测量有两种方法：一种是直接测量水露点；另一种是使用电化学或物理手段测量水含量，通过对应的水含量来计算水露点。水露点测量主要采用冷却镜面凝析湿度计法（简称冷镜法），水含量测量主要采用阻容法、激光法和晶振法。

### 1. 冷镜法

冷镜法用于直接测量天然气水露点。其分析仪表可以按不同的方式设计，主要的区别在于凝析镜面的特性、冷却镜面和控制镜面温度的方法、测定镜面温度和检测凝析物的方法。镜子及相应部件通常在一个样品气通过的小测定室内，在高压下，此测定室应具有相应的机械强度和密封性。推荐使用容易拆下的镜子，便于清洗。如测定过程中有烃露出现，则应引起足够的注意并采取相应的措施。测定过程可人工或自动进行。

降低和调节镜面温度的方法，包括溶剂蒸发法致冷、绝热膨胀法致冷、致冷剂间接致冷、热点（帕尔贴）效应致冷。其中溶剂蒸发法致冷和绝热膨胀法致冷要求操作人员进行连续的观察，适用于人工露点测定仪。

### 1）结构

用冷镜法测量水露点的分析仪主要包括制冷系统、显示系统、镜面等。典型冷镜法露点仪结构如图 4-9 所示。

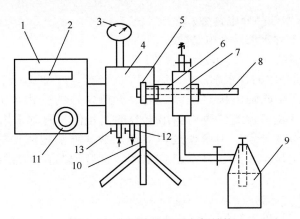

图 4-9　典型冷镜法露点仪结构

1—数字显示器；2—温度显示屏；3—压力表；4—样品池；5—镜面；6—导冷杆；7—制冷室；
8—温度计探头；9—制冷容器；10—三脚支架；11—观察孔；12—出口阀；13—入口阀

2）工作原理

被测气体在恒定压力下，以一定流量流经露点仪测定室中的抛光金属镜面，该镜面温度可以人为降低并能准确测量。当气体中的水蒸气随着镜面温度的逐渐降低而达到饱和时，开始析出凝析物，此时所测量到的镜面温度即为该压力下气体的水露点。由水露点计算气体中的水含量。

### 2. 阻容法

阻容法采用亲水性材料或憎水性材料，构成电容或电阻，在含水分的气体流经后，介电常数或电导率发生相应变化，测出当时的电容值或电阻值，换算成气体水分含量。

### 3. 激光法

天然气流经样品室，样品室的一端安装光学头，另一端安装一个镜面。光学头包含近红外（NIR）激光器，其发射能够被水分子吸收的一定波长的光。激光器旁边安装一对 NIR 波长的光敏感的检测器。发射光通过样品室和返回检测器时，部分发射光被水分子吸收，吸收的光强度与水含量成正比。激光法测量原理如图 4-10 所示。

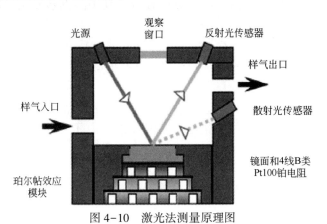

图 4-10 激光法测量原理图

### 4. 晶振法

1）结构

晶振法的核心部分是压电式传感器，由一对压电材料为石英晶体（QCM）的电极构成。QCM 分析仪一般包括：水分析仪、过滤器、干燥器、气液分离器、调节阀、样气管线、电源模块和信号线端子排。水分析仪包括：水分发生器、石英晶体、样气换向电磁阀、干燥器、微处理器电路板及接口电路板等。

2）工作原理

石英晶体的振荡频率与其质量之间有一定的线性关系。随着其质量增加，振荡频率成正比减少，利用这种关系可以测量质量微小的变化，检测环境中某种气体的含量。QCM 分析仪表面涂有吸湿涂层，选择性吸收天然气样品气流中的水分。当该晶体暴露于含气态水分的天然气气流中时，吸湿涂层吸收气流中的水分，从而使涂层的质量改变。质量的改变通过传感器的固有振动频率的改变而检测出来，从而计算出天然气中的水含量，然后根据压力和水含量的对应关系计算出水露点。

# 六、烃露点分析仪

管输天然气烃露点检测可采用冷却镜面目测法、冷凝镜面光学自动检测法和天然气组成数据计算法。

## 1. 天然气组成数据计算法

计算法获得烃露点是用气相色谱仪分析天然气的组成数据，通过专用软件计算天然气的烃露点。计算烃露点的方程主要有 PR 方程和 SRK 方程，多种情况下采用 SRK 方程，只有在不含 $C_6$ 的情况下采用 SRK 方程。采用计算法获得的天然气烃露点，误差来源较多，需要取到代表性的样气，准确分析，特别是对烃露点影响很大的 $C_6$ 及 $C_6$ 以后重烃的组分含量分析。

## 2. 冷却镜面目测法

让一定压力下的天然气（通常选择接近临界压力的值，此时烃露点温度值最大）通过安装有镜面的测量池，该镜面借助电子手段、二氧化碳及其他气体的膨胀实现冷却。镜面温度可连续测定，通过肉眼可以清楚地观察到烃露点的形成，此时的温度值即为操作压力下的烃露点。

## 3. 冷凝镜面光学自动检测法

1）结构

冷凝式在线烃露点分析仪一般由以下主要部件组成：采样系统、测量池组件（镜面、光学系统、帕尔帖冷却器、传热片、RTD 热电阻、样品腔）、电气组件和显示面板等。冷凝镜面光学自动检测法示意图如图 4-11 所示。

2）工作原理

采用冷凝面技术，来确定碳氢化合物的结露，镜面温度不是肉眼观察，而是通过光学自动观测池测定烃露点。在波长一定的情况下，吸收光线的气体的体积浓度与透射率和温度的对数成正比，与测试单元长度和压力成反比。比例常数根据所选择的长度、温度和压力单位决定。

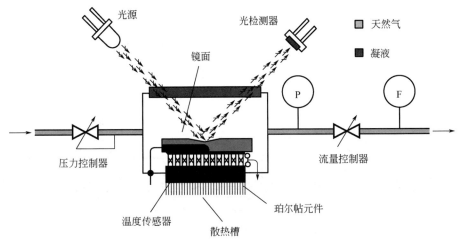

光源　光检测器　□ 天然气
镜面　■ 凝液
P　F
压力控制器　流量控制器
温度传感器　散热槽　珀尔帖元件

图 4-11　冷凝镜面光学自动检测法示意图

# 七、硫化氢/总硫分析仪

天然气在线硫化氢/总硫常用分析方法有：碘量法、亚甲蓝法、乙酸铅反应速率双光路检测法（简称醋酸铅纸带法）、氧化微库仑法、紫外荧光光度法（简称紫外荧光法）、紫外吸收法、气相色谱法等。目前，进入长输管道天然气硫化氢/总硫在线测定方法一般使用醋酸铅纸带法、紫外吸收法。

1. 醋酸铅纸带法

醋酸铅纸带法一般用于天然气中硫化氢含量的测定，测定范围为 $0.1\sim20\text{mg/m}^3$，并且可通过稀释将测定范围扩展到较高浓度。

1）结构

用醋酸铅纸带法的硫化氢分析仪主要部件有：进样系统、带传感器的比色速率计、纸带传送增湿器、纸带长度传感器和传感器模块、电子显示板。若用于总硫分析，还需要增加一个部件——总硫反应炉。醋酸铅纸带法硫化氢分析仪结构如图 4-12 所示。

2）工作原理

气体样品以一恒定流量加湿后，流经醋酸（乙酸）铅纸带，硫化氢与醋酸（乙酸）铅反应生成硫化铅，纸带上产生棕黑色色斑。反应速率及产生的颜色变化速率与样品中硫化氢浓度成正比。采用光电检测器检测反应生成的硫化铅黑斑，产生的电压信号经采集和一阶导数处理后得到响应值，通过与

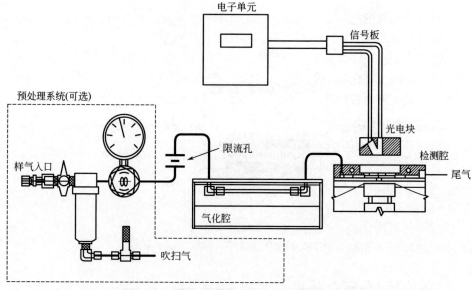

图 4-12　醋酸铅纸带法硫化氢分析仪结构图

已知硫化氢标准气的响应值相比较来测定样品中硫化氢含量。

分析仪每隔一段时间移动纸带，纸带在样气中变暗，其变暗的速率与样气中硫化氢的浓度成正比。

## 2. 紫外荧光法

紫外荧光法一般用于天然气中总硫含量的测定，测定范围为 $1\sim200\mathrm{mg/m^3}$，并且可通过稀释将测定范围扩展到较高浓度。

### 1) 结构

紫外荧光法总硫分析仪主要由进样系统、高温燃烧炉、石英裂解管、干燥器、紫外荧光检测器、数据处理及记录装置组成。紫外荧光法总硫分析仪结构如图 4-13 所示。

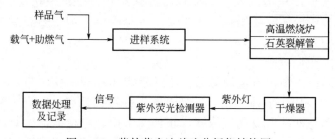

图 4-13　紫外荧光法总硫分析仪结构图

2）工作原理

具有代表性的气样通过进样系统进入到一个高温燃烧管中，在富氧的条件下，样品中的硫被氧化成二氧化硫。将样品燃烧过程中产生的水除去，然后将样品燃烧产生的气体暴露于紫外线中，其中的 $SO_2$ 吸收紫外线中的能量后被转化为激发态的二氧化硫。当 $SO_2$ 分子从激发态回到基态时释放出荧光，所释放的荧光被光电倍增管所检测，根据获得的信号可检测出样品中的硫含量。

### 3. 紫外吸收法

紫外吸收法可用于测量硫化氢含量，也可用于测量总硫含量。若测量总硫含量，需用气相色谱分离技术分离出硫化氢（$H_2S$）、羰基硫（COS）、甲基硫醇（MeSH），再用上位机软件加和计算总硫。

1）结构

用紫外吸收法的硫化氢分析仪主要由光学分析系统、微处理器电子控制系统、样气处理系统、组态软件组成。它一般包括：两个紫外光源、滤光轮、分光器；前反光镜、气体测量池、两个匹配光电探测器。紫外吸收法硫化氢/总硫分析仪结构如图 4-14 所示。若用于总硫分析，还需要配置色谱柱和对应标气，分离出硫化物。

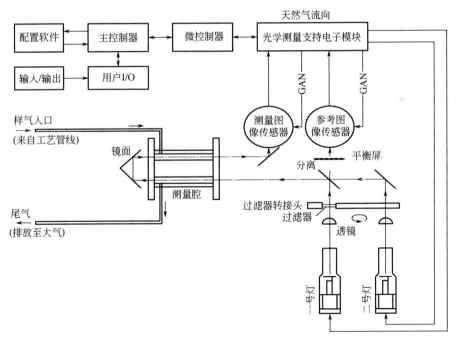

图 4-14　紫外吸收法硫化氢/总硫分析仪结构图

2）工作原理

紫外吸收法分析仪基于紫外线照射分光吸收原理，物质分子在特定波长吸收光，当紫外线照射通过样气室，使用 Beer-Lambert（比尔-朗伯）定律，测定组分气体中硫化氢气体的浓度。

在多种物质吸收不同波长光线的情况下，任一特定波长光线总的吸收量是存在的每种物质吸收量之和。在对每种测量波长使用比尔-朗伯定律时，将得到一个将在每个波长下测量到的吸收量与未知浓度相关的线性方程。每个测量波长上的总吸收量等于比例常数乘以第一种物质的摩尔吸光系数并与其浓度相乘，加上第二种物质的系数，乘以其浓度，依次类推应用于测量池中的所有物质。如果测量波长比未知浓度数量多，线性方程系统使用线性代数的标准方法求解。

比尔-朗伯定律在理想气体状态下表述为：在波长一定的情况下，吸收光线的气体的体积浓度与透射率和温度的对数成正比，与测量池长度和压力成反比。比例常数根据所选择的长度、温度和压力单位确定。

**4. 气相色谱法**

气相色谱法适用于天然气中硫化氢、羰基硫、$C_1 \sim C_4$ 的硫醇、含硫化合物以及四氢噻吩（THT）的测定，测定范围为 $0.1 \sim 600 mg/m^3$。在确保天然气中硫化合物均被检测出峰的前提下，单个硫化合物测定得到的硫含量加和后结果作为总硫含量。

1）结构

气象色谱法含硫分析仪主要包括：进样装置、色谱柱、炉箱、温度和压力调节系统、硫专用检测器等。气相色谱法总硫分析仪结构如图 4-15 所示。

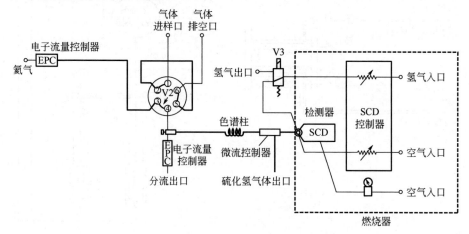

图 4-15　气相色谱法总硫分析仪结构图

2）工作原理

用气相色谱法将气态样品中所有待测组分或族组分进行物理分离，并通过与标准气体或参考气体比较而定量。标准气体和样品气在同一测试系统中用相同的操作条件分析。

总硫的测量通常使用气相色谱与检测器联用方法。目前常用的检测器为火焰光度检测器（flame photometric detector，FPD）、硫化学发光检测器（sulfur chemilecminescence detector，SCD）。

FPD检测器的工作原理是：使用硫化物在氢气或空气火焰中的反应作为分析检测的来源。FPD信号的来源是由火焰燃烧产生的激发分子产生的光，这是一种称为化学发光的光化学过程。当样品阀将固定体积的样品注入色谱柱，通过连续的载气流使样品移动通过色谱柱。当连续组分从色谱柱系统中洗脱时，它们在火焰中燃烧。在火焰室和光电倍增管（PMT）之间安装滤光器，过滤器仅允许硫化物的发射带波长（394nm）通过PMT。前置放大器将每个电压信号转换成与气体样本中检测到的组分浓度成比例的值，信号被发送到色谱控制器进行计算或在本地操作员界面（LOI）上查看。

SCD检测器的工作原理是：含硫化合物从色谱柱馏出后，进入安装在色谱仪检测器位置上的燃烧器燃烧，燃烧器温度为800℃，为双等离子体，分为氧化区域和还原区域，用以产生一氧化硫中间体。燃烧气源为氢气和空气，气体流量由电子气动模块控制。一氧化硫中间体被真空抽吸到SCD检测器的低压反应池内。同时臭氧发生器通过对氧气高压电晕产生的臭氧也被抽吸到低压反应池。燃烧器中产生的一氧化硫和臭氧在检测器的反应池中发生化学发光反应，并通过光学滤光片由光电倍增管检测并放大，产生数字信号输出到色谱控制器或本地操作员界面（LOI）查看。

# 八、振动管密度计

振动管密度计常用于油品密度在线实时测量，适用于低含蜡原油及成品油。

## 1. 结构

振动管密度计主要由振动管、检测线圈、驱动线圈、电子放大单元和铂电阻温度计等组成，如图4-16所示。

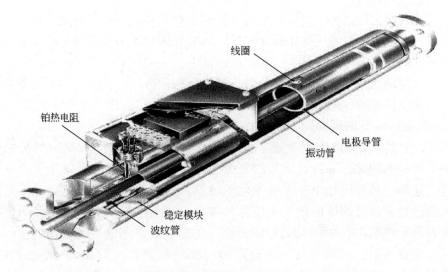

线圈

铂热电阻

电极导管

振动管

稳定模块

波纹管

图 4-16　振动管密度计结构

## 2. 工作原理

振动管密度计的敏感元件是管式的弹性体，即振子。当被测介质流经它时，其振子的自由振动频率发生变化，即振子的自由振动频率随介质的密度而变化。当液体密度增大时，振动频率下降；反之，液体密度减小时，振动频率增加。因此，通过测量振子振动频率（或周期）的变化，就可以间接地测量液体的密度。图 4-17 为振动管密度计测量原理简图。

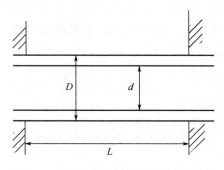

$D$　$d$

$L$

图 4-17　振动管密度计测量原理简图

振子的振动频率与被测液体的密度关系为：

$$f=\frac{c}{4L^2}\sqrt{\frac{e}{\rho_0}}\sqrt{\frac{D^2+d^2}{1+\dfrac{\rho_x}{\rho_0}\dfrac{d^2}{D^2-d^2}}} \tag{4-5}$$

式中　$f$——振动频率，Hz；

　　　$c$——无量纲的量；

　　　$e$——管的弹性模量，MPa；

　　　$\rho_0$——管的密度，$kg/m^3$；

　　　$\rho_x$——被测液体的密度，$kg/m^3$；

　　　$L$——管长，m；

　　　$D$——管外径，mm；

　　　$d$——管内径，mm。

在实践中，该关系一般用下式来表示：

$$\rho_i=K_0+K_1T+K_2T^2 \tag{4-6}$$

式中　$\rho_i$——测得的密度，$kg/m^3$；

　　　$K_0$、$K_1$、$K_2$——密度计常数，通过对密度计检定确定；

　　　$T$——振动周期，$T=1/f$，s。

如果密度计使用时的温度与检定时有差异，密度计算就要进行温度修正，修正公式为：

$$\rho_t=\rho_i[1+K_{18}(t-20)+K_{19}(t-20)] \tag{4-7}$$

式中　$\rho_t$——温度修正后的密度，$kg/m^3$；

　　　$t$——振动管密度计温度，由铂热电阻测得，℃；

　　　$K_{18}$、$K_{19}$——温度修正系数。

在密度计工作时一般偏离检定时的压力，修正公式为：

$$\rho_{tp}=\rho_t(1+K_{20}p)+K_{21}p \tag{4-8}$$

$$K_{20}=K_{20A}+K_{20B}p \tag{4-9}$$

$$K_{21}=K_{21A}+K_{21B}p \tag{4-10}$$

式中　$\rho_{tp}$——温度和压力修正后的密度，$kg/m^3$；

　　　$p$——密度计的表压力，MPa；

　　　$K_{20A}$、$K_{20B}$、$K_{21A}$、$K_{21B}$——压力修正系数。

常用的 Solartron 密度计均按照英国国家测量鉴定服务中心（NAMAS）所制定的标准（该项标准也可作为英国国家标准）进行出厂校验，$K_{18}$、$K_{19}$、$K_{20A}$、$K_{20B}$、$K_{21A}$、$K_{21B}$ 是出厂时的修正系数，每台密度计的系数都是不同的。

## 九、流量计算机

流量计算机主要用于烃类液体和气体的计量和控制，对贸易输送的体积、质量和能量流量进行灵活的计算。流量计算机既可以单路使用又可以连接多路流量计配套使用，也可用作站控系统、流体校准仪表/采样仪器或阀门，以及工艺管路控制回路的一个组件。

### 1. 结构

流量计算机通常由面板、CPU 板、智能 I/O 板、插槽等部分组成（图4-18）。智能 I/O 板可以组态测量、控制和逻辑功能。

图4-18　流量计算机

### 2. 工作原理

流量计算机将接收到的流量计、压力变送器、温度变送器、色谱分析仪等数据进行汇总计算，根据其内部事先组态的算法进行数据处理，最终输出贸易结算所需数据。

# 第二节　计量辅助设备

## 一、阀门

### 1. 阀门作用和分类

阀门是控制输送介质流动的一种机械设备，按其作用和用途分为：

（1）截断类，如闸阀、截止阀、旋塞阀、球阀、蝶阀、针型阀、隔膜阀等，其作用是接通或截断管路中的介质；

（2）止回类，如止回阀，其作用是防止管路中的介质倒流、防止泵及驱动电机反转，以及容器介质的泄漏；

（3）安全类，如安全阀、事故阀等，其作用是防止管路或装置中的介质压力超过规定数值，从而达到安全保护的目的；

（4）调节类，如调节阀、节流阀和减压阀，其作用是调节介质的压力、流量等参数。

计量支路中，常见阀门主要有球阀、旋塞阀和针型阀。

2. 不同阀门结构和工作原理

计量管线流量计前后常安装球阀。球阀都包括一个球体关闭件结构，外观特征为球阀阀体是圆柱形的或者是球形的。球阀主要被用来作为管输系统中的隔断阀，既可用作站内设备的隔离阀，这是因为球阀能够形成"双截断—泄放"达到绝对密封；又可用作管道线路的隔断阀，这是因为球阀中的孔口能够和管径一样大。

球阀由开到关，关闭件旋转90°，在管线压力作用下，浮动球能产生一定的位移并紧压在出口端的密封面上，保证出口端密封。进、出口端的压差越大，密封效果越好。为降低球体的扭矩和磨损，球阀操作前应保证浮动球两侧的压力平衡。球形阀安装和内部结构如图4-19、图4-20所示。

图4-19 球形阀安装图

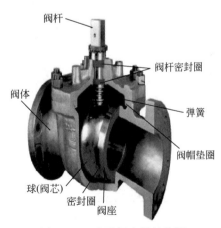

图4-20 球形阀内部结构图

旋塞阀具有设计和紧凑的阀体尺寸的外观特征，阀径呈方形或梯形，相对相同尺寸的球阀，体积显得比较庞大。旋塞阀主要由阀体、塞子、填料组成。旋塞阀没有球阀软密封的缺点，适合输送摩擦力大的介质，密封是靠旋塞和阀体两金属面之间的密封来实现的。旋塞阀主要用于截断和导通管道内的介质，可以做节流用，也可以做截流用，通常用于管输系统中的旁通阀、放空阀（图4-21、图4-22）。

图4-21　旋塞阀实物图

图4-22　旋塞阀结构图

针阀尺寸通常非常的小，一般通用锥形管螺纹尺寸（NPT）为1英寸甚至更小，常用于仪表阀。针阀密封机理使得该阀很容易控制流体流量。这使得针阀能非常理想地达到节流控制、敏感性气压控制等作用。常见针阀结构如图4-23所示。

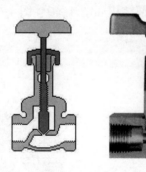

图4-23　常见针阀结构图

## 二、流动调整器

1. 流动调整器作用

流动调整器是一种消除不规则流态分布，缩短必要的直管段长度的设备。

流量计的计量性能受来流流速分布畸变和旋转流的影响较大。例如，当节流件上游侧流动为流速分布畸变和旋转流时，将使流出系数发生偏离。为了减少干扰，提高流量测量的准确度，在传感器上下游侧需设置较长的直管段，当安装空间有限制，则可加装流动调整器以缩短直管段长度。

2. 流动调整器种类及结构

流动调整器根据矫正速度分布剖面不对称、漩涡和紊流结构的能力不同，可分为板式、管束式、管板式、叶片式等多种形式，其中又以 Zanker 整流板和 19 管束式流动调整器应用最为广泛。

1）Zanker 整流板

板式流动调整器在消除旋转流的影响的同时，可产生完全的正常流速分布廓形，通常让流体通过一个（或一组）多孔网或多孔板从而产生一个轴对称的速度分布剖面。Zanker 整流板的结构如图 4-24 所示。

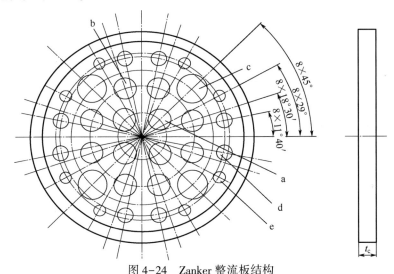

图 4-24　Zanker 整流板结构

a, b, c, d, e—不同位置不同孔径的整流孔；$t_c$—整流板厚度

Zanker 整流器的板的厚度一般为 $D/8$，它由 32 个对称圆形排列的穿孔组成，这些穿孔的直径是管子内径 $D$ 的函数。

在安装 Zanker 整流板时，整流板下游面与孔板之间的距离 $L_s$ 应满足：$7.5D \leqslant L_s \leqslant L_z - 8.5D$。当 $\beta \leqslant 0.67$，可以使用 Zanker 整流板。$L_z$ 为孔板上游端面与上游最近阻流件的距离。

2）19 管束流动调整器

19 管束流动调整器主要消除流体中的漩涡，又称流动整直器，可用于降低旋转流的影响，但不能产生完全的正常流速分布廓形，通常采用蜂窝式结构或管束把流体分成若干细小平行的流体束。19 管束流动调整器由布置成一圆筒形式的 19 根管子组成，如图 4-25 所示。

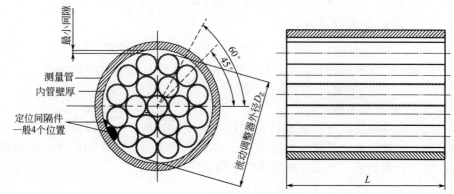

图 4-25　19 管管束流动调整器结构

为了减少可能产生于管束流动调整器外管与管壁之间的涡流，流动调整器的最大外径 $D_z$，应满足 $0.95D \leqslant D_z \leqslant D$。管束长度 $L$ 应在 $2D$ 与 $3D$ 之间，尽可能接近 $2D$。

19 管束流动调整器可允许的位置取决于从孔板至最近阻流件的距离 $L_z$，$L_z$ 从孔板上游端面量至最近（或者仅一个）弯头或 T 形管弯曲部分下游端或渐缩管或渐扩管的锥形部分的下游端。《用标准孔板流量计测量天然气流量》（GB/T 21446—2008）提供了安装 19 管束流动调整器的两个推荐位置范围为：$18D \leqslant L_z < 30D$ 和 $L_z \geqslant 30D$。

# 三、过滤器

过滤器是输送介质管道上不可缺少的一种装置。通常安装在流量计、减压阀、泄压阀或其他设备的进口端用来消除介质中的杂质，以保护阀门及其他设备的正常使用。

## 1. 过滤器作用

在调压装置或计量装置前加过滤器，不但有过滤残渣的作用，还有捕集和消泡的作用，而且还有稳流的作用。卧式过滤器结构如图 4-26 所示。被过滤介质从进气口（N3）进入过滤器，介质中的固体颗粒和液滴经滤芯过滤后被分离出来，干净的气体由出气口（N6）进入下游管道。

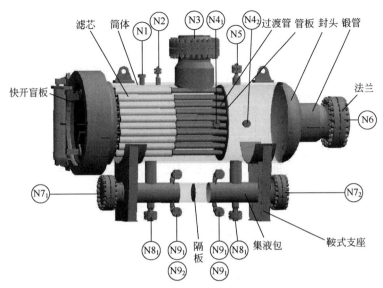

图 4-26　卧式过滤器结构图

N1—压力表口；N2—注水口；N3—进气口；N4—差压计口；N5—放空口；
N6—出气口；N7—清扫口；N8—排污口；N9—液位计口

### 2. 过滤器使用和维护

通过监测过滤器进出口间的压差来监视过滤器的工作状态。当压差达到警戒值时，应对滤芯进行清洗或更换。

## 四、消气器

### 1. 消气器作用

输油管道油品输送过程中不可避免地会遇到拐弯、爬高、节流等情况，溶解气可能变成游离气体。另外，出现负压时，还可能吸入一部分空气。这些气体在管道中已经占有一定的空间，气体一旦进入油品中轻则影响计量的准确性，重则产生气室损坏计量设备。要确保计量准确性及保护计量设备安全，必须将这部分气体在进入计量设备之前，把它从油品中排除掉，这样就需要消气器。

### 2. 消气器结构

消气器主要由壳体、浮球阀、连接法兰等组成，如图 4-27 所示。浮球阀结构如图 4-28 所示。

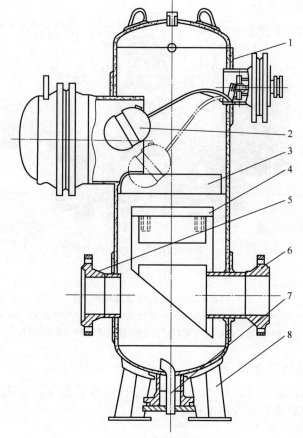

图 4-27　消气器结构

1—壳体；2—浮球阀；3—挡板；4—中间筒；5—凹面法兰；6—凸面法兰；7—排污阀；8—支座

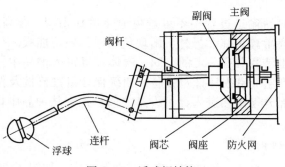

图 4-28　浮球阀结构

3. 消气器使用和维护

（1）使用时要注意气体排出口与消气器筒内的压差，防止因浮球阀发生故障而引起消气压力超过工作压力允许值。为此，应安装安全阀和压力表。

（2）在气体排出口暴露于大气的情况下，为防止排出的气体污染空气和发生事故，应装积气罐。

（3）如果油品是高黏度液体，应进行加热和保温，使油的黏度降低至 50mP·s 以下，然后再通油。

（4）为避免消气器跑油，排气时用手摸排气管线，感觉排气管线温度变化，如跑油、管线度较高。

（5）停运而需扫线的流量计，为防止污油倒流入消气器，扫线前应将所有排气阀关闭，扫完线再打开。

（6）选择消气器，主要依据容积大小决定。而消气器的容积大小主要根据通过消气器的最大流量、在消气器中停留时间及所通过油品中所含气量的多少来确定。对于黏度较大的原油，在消气器中停留时间为 20s，轻质成油品在消气器中停留时间为 10s 即可。消气器的容积 $V$ 按下式计算：

$$V = Qt \tag{4-11}$$

式中　$Q$——通过消气器的流量，$m^3$；

　　　$t$——在消气器中停留时间，s。

## 五、直管段

1. 直管段作用

流量计通常对所测流体流速分布的轴对称性有一定要求，因此需要在流量计上下游加装一定长度的直管段，保证流体流速剖面具有一定的对称性，达到准确测量的目的。

2. 直管段要求

流量计安装应设置计量直管段，直管段长度首先应满足流量计制造厂提出的最小直管段要求（表4-1）。设计计量直管段时应综合考虑流量计的安装位置、上游阻力件形式与调压阀的相对安装位置。当厂家不能证明合适的直管段长度时，按相关流量计标准设计直管段。

计量直管段内径要求与流量计内径保持一致，流量计的内径、连接法兰、上/下游直管段应具有相同的内径，其偏差应在管径的 1% 以内，且不超过 3mm。

与流量计匹配的直管段，其内壁应无锈蚀及其他机械损伤。在组装前，应去除流量计及其连接管内的防锈油或沙石灰尘等附属物。使用中也应随时保持介质流通通道的干净、光滑。

表 4-1　流量计直管段最小长度要求

| 序号 | 流量计 | 要求 | 上游直管段 | 下游直管段 |
|---|---|---|---|---|
| 1 | 超声 | 不带整流器 | 50D | 5D |
| 2 | 超声 | 带整流器 | 30D | 5D |
| 3 | 涡轮 | — | 10D | 5D |
| 4 | 质量 | — | — | — |
| 5 | 标准孔板 | — | — | 8D |
| 6 | 涡街 | — | 10D | 5D |
| 7 | 旋进漩涡 | — | 10D | 5D |

# 第二部分

# 油品计量

本部分介绍了静态油品计量设备（金属油罐）的结构、技术要求，油罐检尺、测温、取样操作过程；动态计量设备的结构、原理、性能特点、使用维护；动态计量设备（流量计、标准体管）结构、工作原理、检定，油品密度、含水、氯盐测定，以及动态、静态油量计算等内容。

# 第五章　静态计量设备

## 第一节　油罐的分类及结构

静态计量设备包括油罐、铁路油罐车、汽车油罐车、油轮等，辅助计量器具包括量油尺、量水尺、温度计、石油密度计等。

在长输管道中，金属油罐主要用于储油，同时兼具辅助计量器具。金属油罐种类繁多，是国内外应用最广泛的储油容器。它具有安全、可靠，耐用、不渗漏、几何尺寸规格、容积检定准确度较高、施工方便（除浮顶罐外）等优点，适宜储存各种油品。普通金属油罐的形式主要分立式圆柱型和卧式圆柱型。立式圆柱型钢油罐由底板、壁板、顶板及一些油罐附件组成，因其罐壁部分的外形为母线垂直于地面的圆柱体，故而得名。在油田、管道以及炼油厂绝大部分为立式圆柱型金属油罐，按照罐顶的结构形式，立式圆柱型钢油罐又分成很多种，其中应用最广泛的是拱顶油罐和内、外浮顶油罐。铁路、汽车罐车属于卧式圆柱形罐，但又因为它们又是运输工具，因此把它们从卧式罐类中分离出来。

### 一、拱顶油罐

拱顶油罐的罐顶为球缺形，球缺半径一般取为油罐直径的 0.8~1.2 倍。拱顶本身是承重构件，有较大的刚性，能承受较高的内压，有利于降低油品蒸发损耗。一般的拱顶油罐可承受 2kPa 压力，最大可至 10kPa。拱顶顶板厚度为 4~6mm。当油罐直径大于 15m 时，为了增强拱顶的稳定性，拱顶要加设肋板，拱顶油罐的结构如图 5-1 所示。

这类罐的优点是有规则的几何尺寸，罐内附件少，容积检定准确度高，这是计量准确的基础。用这类罐计量所储存油品的数量时，受外界影响较小（如风、雨、雪等），维护管理也容易些，因此这类罐作为购销双方的计量交接罐是比较好的。但是这类罐的最大缺点是油气蒸发损耗严重，不仅对轻质油，对原油也是如此。收发作业时大呼吸损耗率一般最大可达到 0.1%。蒸发

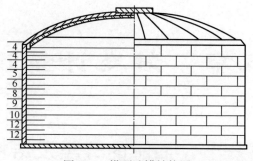

图 5-1　拱顶油罐结构图

损耗对购销双方都不利，所以作为储罐绝不能建造这类罐；作为计量罐虽然有些优点，但也不是十分可取的。

## 二、浮顶油罐

输油管道的首、末泵站由于储存量大，收发油作业频繁，为了减少油品蒸发损耗，降低火灾危险，现广泛使用钢浮顶油罐。这种油罐顶盖浮在油面上，随罐内油位升降，由于浮顶与油面间几乎不存在气体空间，因而可以极大地减少油品蒸发损耗，同时还可以减少油气对大气的污染，减少发生火灾的危险性。尽管建造浮顶油罐所用的钢材和投资都比拱顶油罐多，但可以从降低的油品损耗中得到抵偿。所以，浮顶油罐被广泛用来储存原油、汽油等易挥发油品。就浮顶结构来讲，浮顶油罐主要分 3 类，分别是单层外浮顶罐（图 5-2）、双层外浮顶罐和内浮顶罐（图 5-3）。

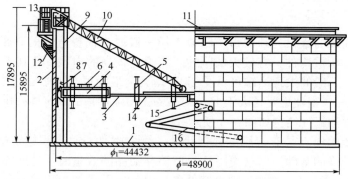

图 5-2　外浮顶罐结构图

1—底板；2—罐壁；3—浮船单盘；4—浮船船舱；5—浮船支柱；6—船舱入口；7—伸缩吊架；8—密封板；9—量油管；10—浮梯；11—抗风圈；12—盘梯；13—罐顶平台；14—浮梯轨道；15—积水坑；16—折叠排水管

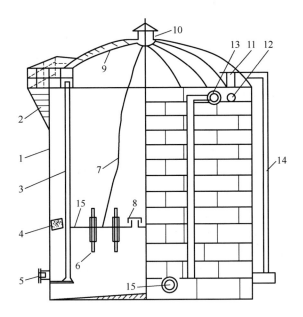

图 5-3　内浮顶罐结构图

1—罐壁；2—高液位报警位置；2—量油管；4—软密封；5—罐壁人孔；6—浮盘支柱；
7—静电导出线；8—自动通气阀；9—固定罐顶；10—罐顶通气阀；11—罐顶人孔；
12—罐壁通气孔；13—泡沫消防装置；14—液面计；15—浮盘

# 三、浮顶罐的主要优点与缺点

1. 外浮顶罐的优点

（1）油品蒸发损耗小，约为固定油罐蒸发损耗量的 7%。

（2）油罐容积利用率高、储油量可达公称容积的 90%。

（3）消除了气体空间的潮气，减轻了油罐的腐蚀，特别是含硫油罐。由于消除了油面上的气体空间，从而减少了火灾的危险。

（4）减少了对环境大气的污染。

2. 外浮顶罐的缺点

从计量角度分析，外浮顶罐存在以下不足：

（1）由于浮顶的频繁升降，容易造成排水叠管密封损坏而窜入油品。如若维修，需将罐内油品排空，清罐后进行，既影响生产使用，又造成维修费用增加；如不维修，带病运行，只能将出口阀关死，这期间如遇大雨急需排水时，会将油一起放掉，造成经济损失和环境污染，如不排水，轻者造成浮顶重量增大，影响计量准确性，重者造成浮顶沉没事故。

（2）浮顶罐受外界环境影响较大。在北方，冬季的大雪所积聚的重量可能会造成浮顶超载；在南方，夏季的大雨可能会造成积水因排水不及时而窜入罐内，影响油品的质量。

（3）因北方冬季寒冷，量油管暴露空气中，管内易存凝油，使检尺工作难以顺利、准确地进行。

（4）密封装置（尤其是机械密封）长期运行易与罐壁产生较大缝隙，在南方多雨季节，雨水沿罐壁流入罐内，一方面影响储油品质量，另一方面造成含水率增高，影响计量准确。对出口油品还易造成品质不合格而无法装船外运。

（5）浮顶罐计量表中存在一段计量避免使用区域，即浮顶底接触液面处到浮顶起浮液面处。该段区域由于难以准确测量而无法编制出较为准确的计量表。如需准确计量液体时，就应避免使用这个区域的计量值。

（6）浮梯所处位置不同会直接影响到浮顶的浸油深度，从而也就会影响计量的准确性。

3. 内浮顶罐作为计量储罐的缺点

（1）浮盘与罐壁之间的摩擦力不均造成油品计量不准。

（2）导向管内取样密度值缺乏代表性。

（3）浮盘重量测量不准。

（4）此外，对于直径较大的内浮顶油罐，其大跨度固定顶盖结构上的难度较大，较费料、费工。因此，内浮顶油罐的经济性和结构性受到了油罐容量的限制，目前世界上最大的内浮顶罐不大于 $10000m^3$。

## 四、油罐操作

1. 油罐进油前的检查

（1）检查油罐和加热器的进出口阀门是否完好，排污阀是否关闭，各孔门及管线连接处是否紧固不漏。

（2）检查呼吸阀和透气阀门是否灵活好用，液压呼吸安全阀的油位是否在规定的高度。

（3）检查浮顶油罐的导向装置是否牢固，密封装置是否严密完好，浮梯是否在轨道上，检查孔是否完好不渗漏。

（4）油位高于加热盘管的凝油罐，进油前必须采取措施使原油融化后方可进油。

2. 油罐的操作

（1）油罐必须在安全的高度范围内使用，其中对于拱顶油罐的安全高度为泡沫发生器进罐口最低位置以下 30cm。

（2）罐内油品温度应控制在合理范围内，对于金属油罐一般不高于 75℃，最低温度不低于油品凝固温度以上 3℃。

（3）采用底部蒸气盘管加热的油罐，送气时先打开蒸气出口阀，然后缓慢打开蒸气进口阀，以防盘管因水击破裂。对于装有油位高于加热盘管的凝油罐，加热前应先采取临时加热措施，从上向下进行加热，待凝油融化后，再使用蒸气盘管缓慢加热，防止因底部加热膨胀而使油罐破裂。

（4）长期停用的油罐，应将罐内存油倒空。

（5）油罐顶部无积雪、积水和污油，雨、雪后要及时检查。

（6）不准许在油罐顶部用铁器敲打。人工量油时要轻开、轻关量油孔盖。应站在测量或取样口上风侧作业。

（7）一次同时上罐顶的人员不得超过 5 人，不准在罐顶跑跳，上下油罐应手扶栏杆。

（8）遇 5 级以上大风应停止上罐。若必须上罐，要系安全带。如遇暴雨、雷电时，应停止上罐测量工作。

（9）不准穿铁钉鞋上罐，不准穿易产生静电的合成纤维衣服上罐。

（10）禁止在罐顶上使用不防爆的手电筒。

（11）气温低于 0℃时，每班均应经常检查油罐排污口、排水口，防止冻结。每天应检查机械呼吸阀、液压呼吸安全阀和边缘透气阀，并使其处于良好状态。

# 五、立式金属罐计量应具备的条件

1. 立式金属罐的技术条件

（1）使用的立式金属罐容积表，应是经过国家计量部门或其授权的检定部门对油罐容积检定后编制的，并在有效期内。

（2）立式金属罐的计量口要有下尺槽，并用铭牌标明上部参照点及参照点至检尺点总高度、罐号、建筑单位、标称容量等。

（3）容量在 500m$^3$ 以上的立式金属罐，计量口的中心位置与罐壁的距离应不小于 700mm。

（4）当计量口垂直测量直线下方的罐底不水平时，应在此部位安装一直径不小于 300mm 的水平计量板。

2. 技术资料

（1）立式金属罐的检定证书和罐容量表：罐容量表包括容量主表、小数表、底量表和静压力容积修正表。如果是浮顶罐，还应注明浮顶重量及浮顶起浮高度区间（即从浮底板浸油到浮顶起浮）。

（2）计量器具的检定证书：其中包括温度计、量油尺、量水尺的检定证书。如需现场测定油品密度，则还应有石油密度计的检定证书。

# 第二节　石油和液体石油产品液位测量

## 一、术语定义

检尺：用量油尺测量容器内油品液面高度（简称油高）的过程。

检尺口（计量口）：在容器顶部，进行检尺、测温和取样的开口。

参照点：在检尺口上的一个固定点或标记，即从该点起进行测量。

检尺板（基准板）：一块焊在容器底（或容器壁）上的水平金属板，位于参照点的正下方，作为测深尺铊的接触面。

检尺点（基准点）：在容器底或检尺板上，检尺时测深尺铊接触的点。

参照高度：从参照点到检尺点的距离。

油高：从油品液面到检尺点的距离。

水高：从油水界面到检尺点的距离。

空距：从参照点到容器内油品液面的距离。

检实尺：用量油尺直接测量容器内液面至检尺点的距离的过程。

检空尺：测量参照点至罐内液面（空距）的过程，如图 5-4 所示。

参照高度：从参照点到基准点的距离。

## 二、计量器具和材料

（1）量油尺：用于测量容器内油品高度或空间高度的专用尺。量油尺由尺铊、尺架、尺带、挂钩、摇柄、手柄等部件构成。其结构如图 5-5 所示。量油尺应符合《石油和液体石油产品　储罐液位手工测量设备》（GB 13236—2011），其主要技术指标是：

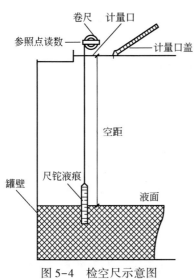

图 5-4　检空尺示意图

图 5-5　量油尺结构图

① 规格可分为 5m、10m、15m、20m、30m、40m、50m 7 个规格。

② 量油尺分两类，即测深量油尺和测空量油尺。而测深量油尺按其尺铊质量不同而又分为两种：尺铊为 0.7kg 的轻型量油尺，用于测量黏度较低的轻质油；尺铊为 1.6kg 的重型量油尺，主要用于测量重质油品。测空量油尺，其尺铊重量为 0.7kg，用于测量液面至检尺口处的空距，应用于重质油品和原油的测量。

③ 尺带材质为碳钢或不锈钢，尺架材质为铝合金，尺铊的材质为黄铜。

④ 尺带的宽度为（13±0.13）mm，厚度为（0.22±0.02～0.28±0.02）mm。

（2）检水尺：它为圆柱形或方形，黄铜制造；刻度全长 300mm，最小分度 1mm，质量约为 0.8kg。

（3）计量杆：用涂漆的硬木或其他耐腐蚀材料制成，用于计量小型油罐、汽车罐车、铁路罐车的液深。

（4）空距棒：用涂漆的硬木或其他耐腐蚀材料制成，用于计量油罐车。

（5）试油膏：一种膏状物质，测量容器内油品液面高度时，将其涂在量油尺上，可清晰显示出油品液面在量油尺上的位置。浸在 15～20℃ 的 120# 溶剂汽油中，变色时间不超过 10s，停留 20s 示值变化不超过 0.5mm。

（6）试水膏：一种遇水变色而与油不起反应的膏状物质。在测量容器底部水高时，将其涂在检水尺上，浸水部分会发生颜色变化，从而可清晰显示出水面在检水尺上的位置。

## 三、液位测量安全注意事项

（1）应严格遵守安全规则，并穿戴好防护用具。

（2）计量员所用器具应装包，以便腾出手来攀附罐梯。

（3）照明灯或手电筒应是防爆型的。

（4）当对盛装可燃性液态烃的容器进行检尺时，如果液态烃的储存温度高于其闪点温度时，为避免发生静电危险应遵守下列注意事项：

① 在没有计量管、浮盖或静电分散添加剂时，对于挥发性产品，在停泵后的 5min 之内不能用金属量油尺进行测量。如果产品有被水污染的可能时，这个时间至少应延长到 30min。

② 当用金属量油尺进行测量时，在整个降落或提升操作期间，应始终保持与检尺口的金属相接触。

③ 在工作区域不应穿能引起火花的鞋，在干燥地带不推荐穿胶鞋。

④ 服装应是防静电的。

⑤ 在雷电、冰雹、暴风雨期间，不应进行检尺。

⑥ 为了使人体带的静电荷接地，进行检尺操作前，计量员应接触容器结构的某个部件。

（5）应小心站在上风口位置打开计量口盖，应先放松盖子上的保持夹，但要保持在原来的位置上，直到压力放完为止。

（6）当测量加铅汽油时，应严格遵守计量盛装加铅汽油容器的全部规则。

（7）如有特殊需要计量员下到浮顶上时，由于有毒的、可燃的蒸气会聚集在浮顶上方，所以应有始终站在顶部平台的另一名操作者监护。

## 四、检尺方法

目前，液位高度的测量有两种方法：一种是人工检尺法，另一种是液位计。液位计虽能自动监测罐内液位变化，减轻劳动强度，但该法计量结果准确度低、误差较大。因此，液位计一般只作为各类油库油品储运过程中的监测工具，而不能应用于油品的商品交接计量。人工检尺法是目前国内外应用最为广泛且原始的方法。该法具有操作简单、计量准确、辅助设备及器具少等特点。缺点是所需人力多、劳动条件差、劳动强度大等。

人工检尺即利用量油尺测出水垫层及液面的高度。根据量油尺进入罐内液体的部位不同分为"实高测量"和"空高测量"两种方法。

### 1. 实高测量

#### 1）用测深量油尺

在选择量油尺时，测量低黏度的油品应使用带有轻型尺铊（0.7kg）的量油尺，否则使用带有重型尺铊（1.6kg）的量油尺。

测量的位置应在计量口下尺槽。下尺前要了解油罐的参照高度（俗称检尺口总高），并估计好液面的大致高度再下尺。检尺操作时，站在上风口，一手握住尺柄，另一手提尺带，将尺带放入下尺槽内，尺铊不要摆动。在尺铊重力作用下，引尺带下落，待尺带落到液面估计高度时，将估计高度的上下一段尺带擦净，如测量轻质油可涂上试油膏（若罐内有垫水层，则要求在下尺前，将量水尺涂上示水膏）。在尺铊触及液面时，放慢尺铊下降速度，以免液面波动。尺铊进入液面后，距离罐底20cm左右时停止下尺，待尺铊稳定后再用手提尺慢慢下落，当手感觉尺铊触及罐底后，应迅速提尺读数。对重质油，当尺铊触及罐底后，应待尺带周围液面水平3~5s后，再提尺读数。读数时，尺带不应平放或倒放，以防止液痕上升。视线应垂直于尺带，依次读毫米、厘米、分米和米的数值（轻质油易挥发，读数应迅速、准确）；然后将量油尺上的油品擦净，再次测量油高。如果第二次测量值与第一次测量值相差大于1mm时，应重新测量。直到两次连续测量值相差小于1mm为止。记录测量值，取第一次测量值作为油高，如图5-6所示。

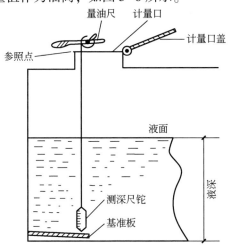

图5-6　油高测量示意图

2）用计量杆

卧式油罐、油罐车等小容器也可以使用计量杆测量油高。图 5-7 为用计量杆测量油高的示意图。其操作方法如下：

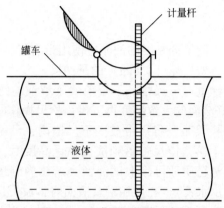

图 5-7　用计量杆测量示意图

（1）将计量杆从参照点处垂直下降，并使其下端停在检尺点上，记下计量杆和参照点在一条水平线上的读数。

（2）将计量杆提升足够的长度，把液面附近的油品擦去；再次降下计量杆，当计量杆快接触检尺点时，暂停下降，使得被扰动的液面有一个平息时间；然后再慢慢地下降计量杆，直到接触检尺点；提出计量杆，并记录油高读数。

（3）重复进行这个操作，直到两次连续测量值相差小于 1mm 时为止。记录测量值，取第一次测量结果作为油高。

2. 空距测量

1）用测空量油尺测量

用测空量油尺测量的操作步骤如下：

（1）应将测空量油尺靠在检尺口的参照点旁边下降到容器中。

（2）当测空量油尺的尺铊进入油面后，应停止降落，待液面平静时再继续缓慢地降落（只允许尺铊上带有刻度部分浸入油中），直到量油尺上最近的一个厘米或分米刻线与参照点正确地处在一条水平线上，停止降落。

（3）提出测空尺铊，读出测空尺铊上被油浸湿的长度和量油尺在参照点处的长度并记录。量油尺上的读数与测空尺铊上的液面读数之和（当液痕在测空尺铊上的零刻度以下时）就是要测量的空距值。

（4）重复进行上面的操作，直到两次连续测量的读数相差不大于 2mm 为止。如果第二次测量值与第一次测量值相差不大于1mm时，取第一次测量值作为油高；如果第二次测量值与第一次测量值相差大于1mm时，取两次测量值的平均值。

2）用测深量油尺测量

只有在没有测空量油尺测量空距时，才可以使用这个替代的方法，其方法类似于实高测量。图5-8为用测深量油尺测量空距示意图，具体操作方法如下：

（1）应从参照点处降落尺铊，当尺铊在刚刚进入液体中时，使尺铊在这个位置保持至液面停止扰动。

（2）继续缓慢地降落，直到量油尺上的一个整米刻度准确地与参照点处在一条水平线上。

（3）提出量油尺，记录被油浸湿的量油尺刻度值 $H_2$ 和与参照点处在一条水平线上的量油尺刻度值 $H_1$。

（4）重复上面的操作，直到两次连续测量的读数相差不大于2mm为止。如果第二次测量值与第一次测量值相差大于1mm时，取第一次测量值作为油高；如果第二次测量值与第一次测量值相差大于1mm时，取两次测量值的平均值。

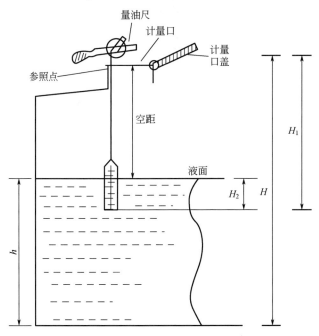

图5-8　用测深量油尺测量空距示意图

液位高度 $h$ 可用下式计算：

$$h = H - H_1 + H_2 \qquad\qquad (5\text{-}1)$$

式中　$h$——液位高度，m；

　　　$H$——参照高度（俗称检尺口总高），m；

　　　$H_1$——尺带对准计量口上部基准点读数（俗称下尺高度），m；

　　　$H_2$——尺带被油浸没部分读数（俗称沾油高度），m。

3）用空距棒测量

对于油罐车、卧式罐或其他小容器，其装油液面刚刚低于参照点时，可以使用与横片垂直悬挂的空距棒测量空距值。图5-9为用空距棒测量的示意图，具体操作如下：

（1）将空距棒缓慢地降落到容器的油品中，直到横片水平地停在舱口或油罐开口的顶上。应注意不要扰动液体表面。

（2）提出空距棒，直接在刻度标尺上读出空距棒上没有浸油部分的长度。

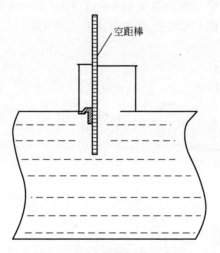

图5-9　用空距棒测量示意图

如果容器有一个固定的参照点，并且当空距棒停在检尺口顶上，此点不与横片下侧相重合时，对观察读数必须做出检尺口顶和参照点之间距离的修正。

3.容器底水的测量

（1）罐内底水测量部位与液位高度测量在同一位置。

（2）测量方法是：先将量水尺擦净，在估计罐底水位高度后，在尺带上涂薄薄一层试水膏；在量水尺接近罐底时慢慢下放，当手感觉量水尺接触到罐底后，应保持尺与罐底垂直；停留片刻，一般汽油和煤油要3~5s，重质油要10~30s；然后将量水尺提起，在试水膏变色处读取水液面高度。

（3）如果罐内底水高度超过300mm时，可用量油尺代替量水尺。试水膏涂抹方法不变，只是将范围扩大些。

# 第三节　油罐测温

## 一、测温位置

通过测温仪器可在规定的位置上测定石油和液体石油产品的温度。测温仪器在不同类型的油罐或盛装容器中的位置见表5-1。对非压力油罐，测量时把测温仪器从计量孔放到规定的液面深度，在达到规定的浸没时间后，将其提出，并迅速读取温度。这种方法也可用于装有立管计量口的低压油罐和任何有压力闭锁装置的压力油罐。对装有温度计孔的油罐或输油管，把温度计和传感器放在规定位置上，由温度计或表头读出温度。对装有测温装置的油罐，可直接由刻度盘、表头或标尺读出温度。在许多情况下，应测量多点的温度，取其算术平均值作为油品的温度。

表5-1　测温仪器在不同类型的油罐或盛装容器中的位置

| 油罐类型 | | 温度测量附属设备 | 温度计装置 | 测温位置 |
|---|---|---|---|---|
| 立式罐 | 固定罐 | 罐顶计量口 | 杯盒、充溢盒、热电温度计 | （1）油高3m以下，在油高中部测一点。<br>（2）油高3~4.5m，在油品深度5/6、1/6处共测两点，取算术平均值作为油品的温度。<br>（3）油高4.5m以上，在油品深度5/6、中部、1/6处共测三点，取算术平均值作为油品的温度。如果怀疑油品温度分层，可适当增加测温点数 |
| | 浮顶罐 | 计量口 | | |

续表

| 油罐类型 | | 温度测量<br>附属设备 | 温度计<br>装置 | 测温位置 |
|---|---|---|---|---|
| 球形<br>和椭<br>球形<br>罐 | 蒸汽空间<br>可变罐 | 计量口 | 杯盒、充溢盒、<br>热电温度计 | 同立式罐 |
| | | 可拆卸的插<br>孔或插座 | 角杆、度盘式<br>（双金属或水银）<br>温度计 | 插孔插入罐内至少 150mm 或至少插入液<br>面下 150mm |
| | 压力罐 | 立式温度<br>计插孔 | 套管盒、空气夹<br>套、热电温度计 | 同立式罐 |
| | | 可拆卸的<br>插孔或插座 | 角杆、度盘式<br>（双金属或水银）<br>温度计 | 插孔插入罐内至少 150mm 或至少插入液<br>面下 150mm |
| | | 压力锁 | 杯盒、充溢盒、<br>热电温度计 | 同立式罐 |
| 卧式圆<br>筒形罐 | 非压力罐 | 立式温度<br>计插孔 | 杯盒、充溢盒、<br>热电温度计 | 同立式罐 |
| | | 计量口 | 套管盒、空气夹套、<br>热电温度计 | 同立式罐 |
| | 压力罐 | 可拆卸的插<br>孔或插座 | 角杆、度盘式<br>（双金属或水银）<br>温度计 | 在油高中部测一点，但应高于罐<br>底 300mm |
| 油船或<br>油驳 | 非压<br>力罐 | 不加<br>热的 | 甲板计量口 | 杯盒、充溢盒、<br>热电温度计 | 在油高中部测一点 |
| | | 加热的 | 甲板计量口 | 杯盒、充溢盒、<br>热电温度计 | 同立式罐 |
| | 压力罐 | | 温度计插孔 | 套管盒、空气夹套、<br>热电温度计 | 在油高中部测一点 |
| 铁路罐<br>车和汽<br>车罐车 | 非压力罐 | | 圆顶室口 | 杯盒、充溢盒、<br>热电温度计 | 在油高中部测一点 |
| | 压力罐 | | 温度计插孔 | 套管盒、空气夹套、<br>热电温度计 | 在油高中部测一点 |
| 输油管线 | | | 温度计插孔 | 套管盒、空气夹套、<br>热电温度计 | 插孔以 45℃迎流插到至少为管线内径三<br>分之一处 |

# 二、常见测温温度计

## 1.油罐温度计

常见油罐温度计如图 5-10 所示。油罐温度计主要规格及技术条件见表5-2。

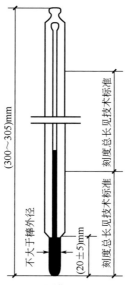

图 5-10　油罐温度计示意图

表 5-2　油罐温度计主要规格及技术条件（浸入深度：全浸）

| 名称 | 测量范围℃ | 分度值℃ | 刻度允差（最大）℃ | 不确定度℃ | 下限mm | 刻度总长mm | 安全泡允许加热℃ | 检定点℃ |
|---|---|---|---|---|---|---|---|---|
| 1号罐温度计 | −34~52 | 0.5 | ±0.5 | 0.3 | 75~90 | 165~205 | 100 | −30，0，50 |
| 2号罐温度计 | −16~82 | 0.5 | ±0.5 | 0.3 | 65~80 | 175~210 | 100 | −10，0，50，80 |
| 3号罐温度计 | 50~240 | 1.0 | ±1.0 | 0.5 | 105~120 | 135~170 | 有安全泡 | 50，100，200，240 |
| 刻背 | ×号油罐温度计　年　月　商标　编号　××× | | | | | | 展弧线 | 上4条、下5条 |

## 2. 杯盒温度计

常见杯盒温度计如图 5-11 所示。杯盒可以用涂了清漆的硬木和抗腐蚀的非铁金属制成，盒子的容量至少为 100ml，装上油罐温度计，水银球距盒壁至少 10mm，距盒底 20~30mm。

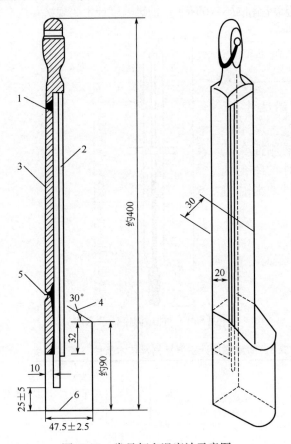

图 5-11　常见杯盒温度计示意图

1—夹子；2—温度计；3—硬木；4—抗腐蚀金属杯 100mL；5—夹子；6—抗腐蚀金属杯封闭的底
注：图中数字单位为 mm。

通过罐口或压力闭锁装置把杯盒温度计放到规定的油品高度（表 5-1），达到规定的浸没时间（表 5-3）后，提出杯盒温度计读取温度。必要时，如环境温度与罐内油品温度相差大于 10℃，则可以上下提拉以加速温度平衡。在大风、雨雪等坏天气时，应把杯盒温度计提出放在罐口或在遮挡下立即读取温度并记录，以减少环境对温度读数的影响。

表5-3　杯盒温度计装置的最少浸没时间

| 油　　　品 | 最少浸没时间，min |
|---|---|
| 石脑油、汽油、煤油、柴油以及40℃时运动黏度小于或等于20mm²/s 的其他油品 | 5 |
| 原油、润滑油以及40℃时运动黏度大于20mm²/s，而100℃运动黏度低于36mm²/s 的其他油品 | 15 |
| 重质润滑油、汽缸油、齿轮油、残渣油以及100℃时运动黏度等于和大于36mm²/s 的其他油品 | 30 |

### 3. 充溢盒温度计

常见充溢盒温度计如图5-12所示。充溢盒是一个容量至少为200mL的圆筒形容器，装有刚性套管，容器和套管由抗腐蚀的非铁金属制成。容器底和顶部有快速动作的闭合器，当把它放入油中，闭合器打开，油品通过容器并流过油罐温度计的水银球；当把它提起时，闭合器关闭，容器内充满油品。

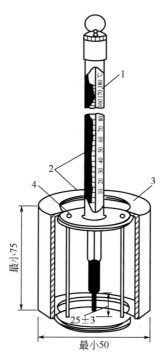

图5-12　充溢盒温度计

1—温度计；2—抗腐蚀金属外壳；3—充溢盒最小容量200mL；4—闭合器

注：图中数字单位为 mm。

先打开充溢盒的闭合器，用罐内的上部油品冲洗 2~3 次，然后把盒放到规定的油品高度。并上下提拉以加速温度平衡，关闭闭合器，提出充溢盒，立即读取温度，并记录。

4.套管盒温度计

常见套管盒温度计如图 5-13 所示。它由外径不大于 13mm 的抗腐蚀金属管装上油罐温度计制成，用于装有温度计插孔的装置中。对于小容积的压力罐，把套管盒温度计放到罐内液体中部；对于大容积罐把套管盒温度计放到要求的油品高度（表 5-1），使套管盒温度计保持在要求的油品高度，达到温度平衡后，提出套管盒温度计，但要把下部钻孔端保持在插孔内，以防止温度变化，立即读取温度并记录。

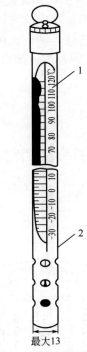

图 5-13　套管盒温度计
1—温度计；2—抗腐蚀金属套

5.空气夹套温度计

常见空气夹套温度计如图 5-14 所示。将油罐温度计紧固并密封在一个玻璃空气夹套内，在空气夹套的顶部和底部用抗腐蚀的金属套装上软垫密封起来。

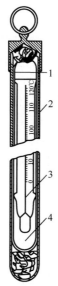

图 5-14　空气夹套温度计

1—玻璃空气夹套；2—抗腐蚀金属套；3—温度计；4—空气空间

## 6. 便携式电子温度计（PET）

将便携式电子温度计的传感元件通过现有的计量孔放入油罐内，可用来测量罐内任何位置的温度。PET 的最低分辨力为 0.1℃，测量的最大允许误差见表 5-4。

表 5-4　最大允许误差表

| 温度范围,℃ | 最大允许误差,℃ |
| --- | --- |
| −25 ~ −10 | ±0.3 |
| −10 ~ 35 | ±0.2 |
| 35 ~ 100 | ±0.3 |

便携式电子温度计使用步骤如下：

（1）使用前，由有资质的实验室校准合格。

（2）检查电池的电量并进行可能的自检。

（3）将 PET 通过罐体接地（将 PET 的接地导线与罐体连接）。

（4）打开计量口或蒸气闭锁阀，操作 PET，将感温探头放到所需要的测温位置。

（5）在 0.3m 的区间高度内，上下提拉感温探头，使其与周围液体迅速达到温度平衡。当指示温度在 30s 内的变化不超过 0.1℃ 时，认为温度平衡建立。

（6）在读数稳定后，读取记录温度计的读数，作为该点温度。按同样方法测量其他点的温度。如果测量记录了多个液位温度且最高和最低的温度之差在 1.0℃ 以内，则可直接计算平均温度；否则，应在相邻两点中间的液深位置再依次按同样方法补测温度，而后在计算平均温度。

（7）工作核查，即将 PET 与标准温度计直接比对。将温度传感器置于相同的位置，二者的温度读数之差不超过 0.3℃。核查时间为：用于交接计量，最好每天一次；若不常使用，每次测量前进行一次。

## 三、测温操作注意事项

测温应在罐位测量后进行，所以要遵守液位测量安全注意事项，同时要注意以下 9 点：

（1）为消除静电危险，应保证测温仪等在使用时与金属罐壁接触。

（2）对低蒸气压挥发性轻质石油等，应在停止泵送和油面静止 15min 后，测量油温和计量。

（3）使用热电温度计应经防爆和防静电检验，并有防爆合格证。

（4）温度测量应距罐壁至少 300mm，以避免受到外部冷热影响。

（5）测量油品高度后，应立即进行温度测量。测温时人应站在上风口，以防止吸入油气。

（6）温度计在重质油（如原油和燃料油）中使用后，要用煤油或柴油清洗温度计装置的所有部分，并用布擦干以避免重质油在温度计上形成膜。不能使用水银柱已经断开的温度计。

（7）对加热的油罐车，要使油品完全成液体后再切断蒸汽。在温度平衡 2h 后进行温度测量。如提前测温，必须测上、中、下三点温度（即油高 3/4、1/2、1/4 三点处温度），取其平均值。

（8）对有蒸汽加热盘管的油罐，要在蒸汽切断 1h 后，才能进行温度测量。如需提前测温或在不能切断蒸汽的情况下测温，应按油高均匀分布测量五点以上温度，取其平均值。

（9）对刚停止加热的立式圆柱形罐，如需马上测温而顶上又有两个罐口，一个在中心，一个靠壁，必须在两个罐口测量上、中、下三点温度，取平均值。如在一个罐口测温，必须按油高均匀分布测量五点以上温度，取平均值。

（10）对油船或油驳内装单一油品时，要测量半数以上舱的温度。如果内装不止一种油品时，要按照下列规定测量每种油品的温度；如果各舱温度与上述规定所测舱的平均温度相差在1℃以上时，则应对每个舱做温度测量，详见表5-5。

表5-5　单一油品测量舱数要求

| 装有同一种油品的舱数 | 温度测量的最少舱数 |
| --- | --- |
| 1 或 2 舱 | 每个舱 |
| 3~6 舱 | 2 舱 |
| 7 或 7 个以上舱 | 半数以上舱 |

（11）读数时，要严格使视线在水平面上与温度计液柱规定部位相切，以免增大人为误差；先读分度值，再读整数值。

# 四、报告结果

（1）使用分度值为0.5℃的1号和2号油罐温度计，应估读到0.1℃。当只读取一点温度时，取温度尾数最接近0℃、0.25℃、0.5℃和0.75℃的值报告结果。

（2）使用分度值为1℃的3号油罐温度计，应估读到0.2℃。当只读取一点温度时，取温度尾数最接近0℃、0.5℃和1℃的值报告结果。

（3）测定两点或两点以上温度时，对1号和2号油罐温度计，每点温度估读到0.1℃。将所有温度值取算术平均值，再修约到最接近0℃、0.25℃、0.5℃和0.75℃的值报告结果。

（4）对3号油罐温度计，每点温度估读到0.2℃。将所有温度值取算术平均值，再修约到最接近0℃、0.5℃和1℃的值报告结果。

# 第六章 常用计量设备使用与维护

## 第一节 容积式流量计使用与维护

### 一、流量计运行前的检查

1. 新投产流量计运行前的专项检查

（1）启动前应先打开旁通流程，用被测液体或其他流体冲出管道中的污物和杂质。如果没有旁通流程，应先用一根两端带法兰的短管代替流量计，待焊渣、管锈等杂质冲洗干净，并清洗过滤器后，再重新安装流量计。

（2）检查流量计的安装是否符合标准、规范和生产厂的技术要求。液体流向应与流量计壳体上箭头所示方向一致，接线正确，地脚螺栓固定好，流量计法兰与管线的连接应无应力。

（3）流量计投产前应进行强度试验，并保证强度试验合格，试验方法和要求应符合有关标准的规定。

（4）流量计计量系统应进行严密性试验，并保证密封性试验合格，试验方法和要求应符合《石油和液体石油产品动态计量 第2部分：流量计安装技术要求》（GB/T 9109.2—2014）的相关规定。

2. 流量计离线检定后初次使用运行前的检查

对离线检定流量计安装后，其运行前的检查按新投产流量计运行前的专项检查内容中的（2）（4）进行。

3. 日常流量计运行前的检查

（1）检查流量计外观，其外观应完好，无明显的缺陷，各连接处无渗漏。

（2）检查流量计的发讯器和计数器是否正常。

（3）检查压力、温度测量仪表，其外观应完好，接线符合相关要求。

（4）检查流量计系统的排污阀、放空阀、扫线阀、在线密度计、含水分析仪的进、出口阀、检定阀等阀门，上述阀门应关严。

（5）检查过滤器、消气器，其外观应完好，无明显的缺陷，各连接处无渗漏。

（6）检查流量计计数器润滑系统，加注润滑油。

（7）记录流量计计数器的底数。

（8）检查流量计封印，封印应完好。

## 二、流量计的启运操作

（1）初次启输运行时，流量计启动应按输油工艺要求及相关安全要求进行。

（2）检查流量计仪表电源和接线正确后接通流量计仪表电源，使仪表投入运行并记录投运时间。

（3）流量计启动时，出口阀应处于关闭状态，缓慢地打开流量计入口阀至20%的开度，同时缓慢打开流量计上部的放空排气阀排气。观察流量计、附属设备及其连接管线有无渗漏，在工作压力下稳压10min应不渗不漏，然后全开进口阀。

（4）打开消气器的排气阀，注意观察消气器是否排出气体后又接着排出油品，如果发生这种现象，应立即关闭排气阀，并停运计量系统对应的消气器，并对其进行检修。

（5）缓慢打开流量计出口阀，并使出口保持一定的背压，观察计数器和仪表运行是否正常，同时监听流量计的运转有无杂音，如运转无异常，调节流量计，使流量计在低流量下运行30min（新投产的流量计应在中、小流量下至少运行72h），然后再调节流量计在所需的流量范围内运行。

（6）观察流量计、过滤器的前后压差，如压差已达额定最大压差，且相关的工艺阀门确已打开，压力并不超过流量计正常工作压力时，流量计仍没有启动运转，则应停止投运，立即关闭流量计的进、出口阀门，待查明原因排除故障后，方可继续投运。

（7）流量计运转时，检查流量计脉冲发讯器工作是否正常；计数器（二次仪表）的计数量是否与机械表头的显示数相对应；如果不对应，则应对流量计的脉冲发讯器的安装进行检查和处理，直至工作正常。

（8）打开在线密度计和含水分析仪的进、出口阀，保持其在正常工作状态下运行。

## 三、流量计运行期间的管理

（1）定期巡检一次流量计、压力表、温度计等仪表及附属的过滤器、消气器、含水分析仪、在线密度计等设备，记录流量计表头数、运行压力、温度等有关参数及状态。

（2）监听流量计的运转是否有杂音，查看计数器有无卡字、记数不连续等现象，如发现异常应及时通知有关方，投用备用流量计，停运该台流量计。

（3）观察过滤器前后压差，当过滤器前后压差超过其出厂标称最大压差的80%时，应及时清洗过滤器。应至少每半年对过滤器进行一次检查、清洗，如滤网损坏或脱落则应更换或进行加固处理。

（4）检查消气器排气管，如消气器排气功能失灵，应停运检修。

（5）当流量计配有远传型二次仪表时，应定期对机械表头累计数与二次仪表累计数（未经流量计系数修正）进行核对，二者数值应保持一致，否则应查找原因。

（6）流量计运行时油品的温度应与检定时的温度尽量一致，温差不宜超过5℃，无法满足要求时应确认温差对计量准确度影响幅度及修正方法。

（7）多台流量计并联运行时，应调节流量计的出口调节阀，保持每台流量计的流量均衡，并在正常的流量范围内（最大流量的30%~70%）运行。

（8）在流量计运行过程中，应避免流量急剧变化，并使被测介质充满流量计腔体。

## 四、流量计的停运操作

（1）流量计停运应按输油工艺要求及相关安全要求进行。

（2）流量计的切换应先投用备用流量计，待备用流量计运行正常后，方可停运待停流量计。

（3）流量计停运前记录流量计进、出口的压力和温度值。停运时应先缓慢关流量计的进口阀，后关出口阀，待流量计停运后，记录流量计累积计数器数值，关闭仪表电源并记录停运时间。

（4）关闭在线密度计和含水分析仪的进、出口阀。

（5）在流量计停运后，当管道内油品温度低于凝点时，应及时排出流量计内残存油品。

（6）流量计停运后，流量计所在回路的进、出口阀门及消气器、过滤器的排污阀、扫线阀等相关阀门应处于关闭状态。对有伴热的流量计系统，或太阳直晒可能造成温度上升的系统，在停运后应采取防止热膨胀憋压的相应措施。

## 五、流量计的维护保养

（1）应定期检查流量计表头油杯中的润滑油，当油量减少到油杯容量的1/4时，应及时添加。对带有直角油杯的表头，每8h加注一次润滑油。出轴密封应根据流量计出厂说明书要求定期加注润滑脂（硅油或丙三醇，俗称甘油）。

（2）对流量计表头齿轮传动部分，每年宜进行一次清洗、检查、润滑、调试，调试好后再装到流量计主体上。

（3）对容差调整器应一年检查一次，并对齿轮传动部分进行清洗润滑。

（4）流量计在运行过程中一旦发生故障不能继续使用，应进行检查，若零部件损坏则应更换。

（5）计量黏度变化不大的油品时，连续两次周期检定均超差，或连续三次检定均需经过调整容差调整器才能合格的流量计应安排修理（计量黏度变化较大的油品时，应进行黏度修正）。修理后的流量计经检定合格的应缩短检定周期，两个检定周期内性能稳定的，可恢复原检定周期；修理后经检定不合格则应降级使用或报废。

（6）流量计连续使用10年后应根据检定记录对流量计性能进行分析，确定是否继续使用。

（7）流量计检修应由具有相应资质的专业人员负责。

## 六、流量计的常见故障及排除

流量计的常见故障及排除详见表6-1。

表6-1　常见故障及排除

| 序号 | 故障现象 | 原因分析 | 排除方法 |
|---|---|---|---|
| 1 | 转子不转动 | (1)安装时有杂质进入流量计；<br>(2)过滤器堵塞；<br>(3)被测液体压力过小；<br>(4)管线安装应力过大，流量计壳体变形；<br>(5)轴承磨损导致转子卡死 | (1)打开流量计,清洗后再安装；<br>(2)清洗过滤器；<br>(3)增大系统压力；<br>(4)消除应力；<br>(5)更换轴承,修复损坏部件 |

| 序号 | 故障现象 | 原因分析 | 排除方法 |
|---|---|---|---|
| 2 | 转子运转正常,指针和字轮不动 | (1)传动系统卡住;<br>(2)传动系统有销钉断裂或脱落 | (1)清传动轮系,检查连接件有无损坏,并加油润滑;<br>(2)更换销钉,并在两端花铆以防脱落 |
| 3 | 指针或字轮运转时有抖动现象,或时走时停 | (1)液体含气量大;<br>(2)流量过小,转子转动不均匀;<br>(3)表头连接松动、传动系统有松动;<br>(4)机械计数器卡死 | (1)采取消气措施、检查消气器工作正常否;<br>(2)加大流量至规定范围;<br>(3)铆牢松动部分,更换损坏零件,拧紧螺栓;<br>(4)检修机械计数器 |
| 4 | 流量计运转时,有异常响声和噪声 | (1)流量过大,超过规定的范围;<br>(2)止推抽承磨损、转子与壳体摩擦或该部位紧固件松动 | (1)调整流量至规定范围内;<br>(2)打开下盖,调整止推轴承的轴向位置,拧紧螺栓 |
| 5 | 渗漏 | (1)密封轴密封件磨损;<br>(2)放气孔或放油孔紧固件松动;<br>(3)螺栓松动 | (1)更换密封件;<br>(2)固紧紧固件;<br>(3)拧紧螺栓 |
| 6 | 指针反转,字轮转动数字由大到小 | 液体流动方向与壳体箭头所示方向相反 | 停止运行,按箭头所示方向安装 |
| 7 | 发讯器无信号输出或丢失脉冲 | (1)元件损坏;<br>(2)光电开关松动;<br>(3)发讯器传动连接不可靠 | (1)更换元件;<br>(2)调整好光电开关位置,并牢靠固定;<br>(3)正确安装使传动可靠 |
| 8 | 二次仪表 | (1)有干扰信号;<br>(2)显示仪有故障;<br>(3)显示仪与脉冲发讯器阻抗不匹配 | (1)排除干扰,可靠接地;<br>(2)用"自校"检查显示仪;<br>(3)加大显示仪的阻抗使之匹配 |

# 第二节　质量流量计使用与维护

## 一、流量计投运前的准备

（1）流量计启运前 20min 将流量计通电预热。

（2）启动流量计算机。

（3）检查流量变送器状态指示灯，确认为绿色常亮。

（4）检查流量计入口的安全阀，确认处于投用状态。

（5）检查流量计入口管线上的排污阀，确认处于关状态。

（6）检查出口阀的泄漏检测阀，确认处于关状态。

（7）检查计量支路，确认无渗漏现象。

（8）检查流量计入口阀和出口阀，确认处于关状态。

（9）检查消气器的状态，确认处于投用状态。

（10）记录流量计分输前流量变送器的前表底数。

（11）流量计出口背压应满足下式要求：

$$p_b = 2\Delta p + 1.25 p_e \tag{6-1}$$

式中　$p_b$——最小背压，kPa；

$\Delta p$——通过流量计在最大流速下的压力降，kPa；

$p_e$——介质在操作温度下的饱和蒸气压，kPa。

## 二、流量计的启运操作

（1）依次全开分输支路流量计前后侧相邻阀门。

（2）检查压力变送器等计量辅助仪表，确认一、二次阀全开。

（3）开启分输管线的球阀和调节阀，并记录开始分输时间。

## 三、流量计的运行期间管理

（1）流量计运行时应注意检查流量计前后压差，流量计前后压差一般不应超过 0.15MPa。

（2）流量计的运行流量应在检定合格的流量范围内运行。

（3）应定期对流量计设备巡检，发现问题及时处理。

（4）流量计运行时应保证流量计的出口压力不低于式（6-1）所得的最小背压。

（5）流量计运行中应避免电磁干扰、射频干扰和振动的影响。

（6）当运行流量计出现故障时，应立即记录流量计出现故障的时间和相关参数。

## 四、流量计的维护保养

（1）随时查看流量变送器菜单各工作参数是否正常。

（2）流量计出现故障时，应查看流量变送器报警代码，分析故障原因，及时处理。

（3）对流量计设备应每月检查传感器、核心处理器及流量变送器和它们的安装支架，管道连接件及电缆接线是否有损伤、腐蚀、松动或雨后进水的现象。

（4）对有伴热系统的流量计，应定期检查电伴热系统是否完好，可根据实际情况确定是否投运。

## 五、流量计的停运操作

（1）关闭分输管线的截断阀和压力调节阀、流量计的前后侧相邻阀门。

（2）记录流量变送器的后表底数和时间。

## 六、流量计的常见故障处理

质量流量计安装在工作现场后，一旦出现测量不准、显示不正常和停振等异常现象时，首先应从使用环境、安装调试和操作方法等方面着手查找原因，排除这些因素后再对流量计本身做进一步的检查分析。在检查之前，应认真阅读使用说明书，依据使用说明书中提供的故障诊断方法和技术资料进行分析，判断故障发生的原因、部位及类型，以便妥善处理。

正确的安装、合理的工艺管线配置、良好的应用环境条件等对质量流量计的正常使用是十分重要的。

日常使用过程中，造成质量流量计出现异常的情况的原因有外部因素和流量计自身故障两个方面。其中外部因素主要有：

（1）传感器的安装不符合要求，如安装方式不合适或存在过度应力；

（2）工艺管线配置不合理，如传感器彼此之间的安装距离过近；

（3）工艺介质不能满足测量条件，如流体的汽液、气固相比例超过一定的比值；

（4）使用环境的影响等因素，如电磁干扰和振动干扰。

质量流量计故障现象和排除方法见表6-2。

**表6-2　质量流量计故障现象和排除方法**

| 故障现象 | 可能的原因 | 排除方法 |
|---|---|---|
| 给变送器上电,但没有显示 | 没有正确的连接电源；<br>电源输出板的保险丝熔断；<br>带电插接接线插头,电路元件击穿 | 按线路图接通电源；<br>检查电源电压、更换保险丝；<br>更换有关线路板 |
| 面板有显示,但无流量显示 | 组态参数设置不正确；<br>密度切除点设置不正确；<br>检测线圈或驱动线圈有断路；<br>接线盒受潮；<br>测量管堵塞,不启振；<br>变送器调零单元失效；<br>零点漂移；<br>流量系数不正确 | 重新设置组态参数；<br>重新设置密度切除点；<br>送修传感器、更换线圈；<br>擦拭晒干；<br>拆下处理,重新安装；<br>更换调零单元线路；<br>零点校准；<br>重新检定,将正确的系数输入到数据库 |
| 零点不稳定或超差 | 安装有应力；<br>未接地或虚接；<br>预热时间不够长；<br>变送器损坏 | 检查安装,消除应力；<br>接地；<br>延长预热时间；<br>送修或更换变送器 |
| 传感器的测量管振动异常 | 测量管没有完全充满流体；<br>传感器的电缆接线有问题；<br>测量管堵塞；<br>安装有应力 | 使测量管充满里流体；<br>检查电缆是否连续良好；<br>拆下处理,重新安装；<br>检查安装,消除应力 |
| 变送器与手操器组态接口通信不上 | 使用操作方法不当；<br>变送器与手操器连接有问题；<br>变送器或手操器接口工作不正确 | 参考使用手册,正确操作；<br>检查连接是否正确；<br>送制造厂修理 |

# 第三节　涡轮流量计使用与维护

## 一、流量计投运前的准备

（1）流量计启运前进行外观检查，外观应完好。

（2）启动流量计算机。

（3）检查状态指示灯，确认为绿色常亮。

（4）检查流量计入口的安全阀，确认处于投用状态。

（5）检查流量计入口管线上的排污阀，确认处于关状态。

（6）检查出口阀的泄漏检测阀，确认处于关状态。

（7）检查计量支路，确认无渗漏现象。

（8）检查流量计入口阀和出口阀，确认处于关状态。

（9）检查消气器的状态，确认处于投用状态。

（10）记录流量计分输前流量变送器的前表底数。

（11）流量计出口背压应满足式（6-1）要求。

## 二、计量系统的启动操作

（1）依次全开分输支路流量计前后侧相邻阀门。

（2）检查压力变送器等计量辅助仪表，确认一、二次阀全开。

（3）缓慢打开流量计进口阀，观察系统有无渗漏，如无渗漏再缓慢打开流量计出口阀，并记录开始分输时间。

## 三、流量计的运行期间管理

（1）流量计运行时应注意检查流量计前后压差，流量计前后压差一般不应超过 0.15MPa。

（2）流量计的运行流量应在检定合格的流量范围内运行。

（3）应定期对流量计设备巡检，发现问题及时处理。

（4）流量计运行时应保证流量计的出口压力不低于式（6-1）所得的最小背压。

（5）流量计运行中应避免电磁干扰、射频干扰和振动的影响。

（6）当运行流量计出现故障时，应立即记录流量计出现故障的时间和相关参数。

## 四、流量计的停运操作

（1）关闭分输管线的截断阀和压力调节阀、流量计的前后侧相邻阀门。

（2）记录流量变送器的后表底数和时间。

## 五、流量计的日常维护和故障处理

（1）流量计投入使用前，应按相应国家标准或规程进行检定或实流校准。

（2）涡轮流量计安装无误投入使用时，应首先关闭传感器下游阀门，使流体缓慢充满传感器内，然后再打开下游阀门，使流量计投入正常远行。严禁传感器在无流体的状态下受高速流体的冲击，以确保其测量准确度。

（3）被测流体的瞬时流量，应在流量计额定流量范围内。流量太小，泄漏误差较大；流量太大，则会加剧转动部件磨损。被测流体的温度不准超过规定使用温度，以免转动部件热膨胀造成流量计转子卡死现象。

（4）当被测流体的物性参数与检定时的参数发生明显变化时，应对其按修正公式进行修正。

（5）流量计在工作时，叶轮的速度很高，因而在润滑情况良好时，也仍有磨损情况产生，这样在使用一段时间后，因磨损而致使涡轮传感器不能正常工作，就应更换轴或轴承，并经重新校准后才能使用。

（6）流量计在连续使用一定时间后，按其检定周期进行周期检定。同时应对各转动元件定期注润滑油。表前过滤器也应定期清洗。如在使用中明显发现仪表测量准确度达不到要求时，应随时检修，并重新进行检定方可使用。

（7）原油流量计停运时应放空流量计内存油，防止下次启动时流量计内原油凝结。传感器从管路上拆下暂时不用时，应将其内部清洗干净，并封好置于无腐蚀干燥处保存，以免再次使用时影响其测量精确度。

（8）日常检查流量计运行是否有噪声。

# 第七章　计量器具检定

## 第一节　体积管

### 一、标准体积管的分类

用作流量计检定标准的体积管有多种形式。从球（或活塞）的移动方向可分为单向型和双向型两大类，从安装的方式来分又有固定式和移动式两种。

单向型可分为：

（1）有阀式：球阀式（一球）、闸阀式（一球）。

（2）无阀式：三球式、二球式和一球式。

（3）小型活塞式体积管。

双向型可分为阀组式（4 个截止阀）、四通阀式（1 个四通换向阀）。

1. 单向型

单向型是指球在体积管标准容积段内始终是沿一个方向运行的。为使检定工作能连续进行，需要把经过两个检测开关后的球能顺利地返回到体积管的入口处。因此，单向型总是把管子弯成 U 形或折叠形的，使体积管的进出口尽可能地接近。有阀式或无阀式都是根据回球的需要而采取的不同形式。

2. 双向型

双向型是指球在标准容积段内的运行方向是来回变化的，因此需要通过管路和阀门达到改变流路的目的，这样就有了四通阀和阀组式两种形式。另外，它不像单向型那样需要回球，因此可以是直管，也可以弯成 U 形。

3. 双向型与单向型体积管的比较

（1）单向型体积管，球的移动速度可以大于双向型，单向型球的移动速度可达 3m/s。而双向型球为防止球与两端相撞，最大速度控制在 3m/s 以内。

（2）由于双向型是以往、返一次作为计量容积，即相当于 2 倍标准容积段的容积，因此两个检测开关之间的距离可以适当短一些。

（3）双向型体积管为改变球的移动方向，需设置流路切换阀。

（4）单向型必须设回球机构，同时，当球在标准容积段内运行时，回球机构必须切断液体从流入口直接流向流出口的流路。

（5）单向型由于两检测开关之间的距离长，因此适用于固定安装，而双向型则适宜设计成车装式或移动式。

## 二、一球一阀双向体积管

### 1. 组成

一球一阀双向体积管主要由收发球腔、标准管段、检定球、检测开关、四通换向阀及电动执行机构、控制系统等组成，如图 7-1 和图 7-2 所示。各个组成部分的功能如下。

图 7-1　体积管外形图

1）收发球腔

作为置换球接收和发射之用，每台体积管有两个收发球腔。其中一个收发球腔带快开式盲板，以备投球、取球之用（以下称收发球腔 I）；另一个带固定式盲板（以下称收发球腔 II）。

2）预行程管段

预行程管段是密封段到检测开关之间的管段，其长度应保在最大流量下，四通换向阀转换密封到位后，置换球方能触发检测开关，进入标准容积管段。双向体积管的正反行程各有一段预行程管段。

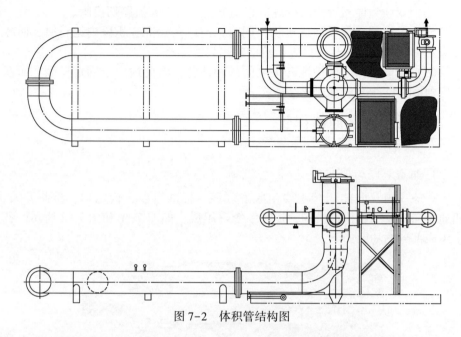

图 7-2　体积管结构图

### 3) 电动四通阀

四通换向阀是一球一阀式标准体积管的关键部件，作用是使标准体积管中的液流根据需要及时换向。为了保证检定顺利地进行和达到所要求的精度，必须有可靠的密封性和操作的灵活性。四通换向阀不应有任何泄漏，检定球在两检测开关之间运行时，四通换向阀必须保证密封，并便于检查，如图 7-3 和图 7-4 所示。

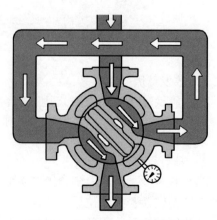

图 7-3　四通换向阀外形图　　　　　图 7-4　四通换向阀流程示意图

4）标准管段

两个检测开关之间的管段为标准管段，是标准体积管的基本组成部分，由直管段弯头和法兰组成。它的起始位置是起始检测开关 A，终止位置是终止检测开关 B。在一次检定运行中，球形置换器触发 A 时，检定用的电子计数器开始记录流量输出的脉冲数；当 B 被触时，电子计数终止记录。这样从计数器中得到该次检定过程中被检定流量计的脉冲输出数 $N$。基准管段及弯头应是圆截面、等直径、光滑的，管子的连接应保持同轴，用法兰连接，法兰应是凸凹的，配对加工，并应有定位销。管子的内表面应有足够的硬度，光滑、耐磨、耐腐蚀，能承受 1.5 倍公称压力。

5）检测开关

检测开关是体积管发射信号的关键组件，是标准容积管段上游、下游的计量点其结构如图 7-5 所示。它安装在基准管的进、出口端，应具有防爆性能好、灵敏度高的特点。检定流量计时，球型置换器通过检测开关，使它发

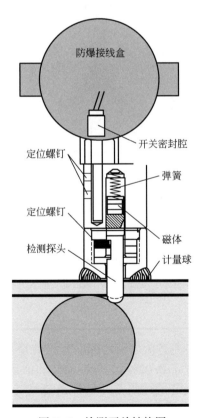

图 7-5  检测开关结构图

出信号，控制电子脉冲计数器，记录流量计发出的脉冲信号，然后将电子脉冲计数器得到的脉冲数同两个检测开关之间的标准容积进行对比，确定流量计的流量系数和精度。检测开关应有足够的发讯灵敏度和可靠性。检定球通过检测开关时，检测开关能准确地给出检定球的触发信号。

6）球型置换器

球型置换器一般为弹性的橡胶或聚氨酯球。一般直径小于 100mm 的是实心球，大于 100mm 的是空心球，球内注满水、乙二醇等溶液，注液充压时可适当膨胀，为确保球在体积管内运行时与管壁有良好的密封性，球的直径应比体积管的内径大 2%～4%。球的不圆度不应超过 1mm，且表面光滑，无凹凸、无瘤疤、无麻点、无损伤。它在标准体积管中起置换、发讯、密封和清管的作用。剖开的球型置换器如图 7-6 所示。

图 7-6　剖开的球型置换器

7）管路支架

管路支架是用于固定管段管线的支撑部件。

8）控制系统

控制系统可以完成体积管系统的自标及流量计量系统的各种信号的采集处理，包括控制液压站动作、检测开关的发讯计数、温变、压变、被检流量计信号的采集处理及各种阀门的控制。该控制系统可以与控制中心联网通信并实现远程控制。

2. 工作原理

标准体积管的两个检测开关之间的标准容积值是事先经过检定而得出的，而且复现性好（复现性优于 0.02%）。球在液体的推动下，经过第一个检测开关时，发出一个信号，让电子计数器开始计由流量计的发讯器发出的脉冲信号；当经过第二个检测开关时，又发出一个信号，使电子计数器停止计数。

由于计数器所计的脉冲数即为在检定过程中流过流量计的体积量，此量与标准体积管经过温度、压力修正后的容积值相比较，即可得到流量计系数，完成检定，如图7-7所示。

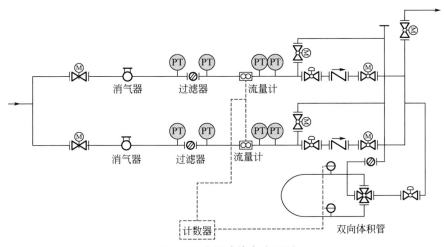

图7-7　流量计检定流程图

将标准状态体积管的容积换算到工作状态下的容积-压力修正：

$$C_{ps} = 1 + p_s \frac{D}{Et} \tag{7-1}$$

式中　$C_{ps}$——体积管材料的压力修正系数；

　　　$p_s$——体积管内液体的表压力，MPa；

　　　$D$——体积管内径，mm；

　　　$E$——体积管材质的弹性模数，MPa；

　　　$t$——体积管的壁厚，mm。

将标准状态体积管的容积换算到工作状态下的容积-温度修正：

$$C_{ts} = 1 + \beta_p (t_s - 20) \tag{7-2}$$

式中　$C_{ts}$——体积管材料温度的修正系数；

　　　$\beta_p$——体积管材质的体膨胀系数，1/℃；

　　　$t_s$——体积管的壁温，℃。

将工作状态下体积管基准管段盛装的液体体积换算到流量计检定状态下的体积——压力修正：

$$C_{pl} = 1 + F_1 (p_s - p_m) \tag{7-3}$$

式中　$C_{pl}$——液体的压力修正系数；

$F_1$——液体压缩系数，1/MPa；

$p_s$、$p_m$——流量计和体积管处液体平均压力，MPa。

将工作状态下体积管基准管段盛装的液体体积换算到流量计检定状态下的体积-温度修正：

$$C_{tl} = 1 + \beta_1(t_m - t_s) \qquad (7-4)$$

式中　$C_{tl}$——液体的温度修正系数；

　　　$\beta_1$——液体体积温度系数，1/℃；

　　　$t_m$、$t_s$——流量计和体积管处液体平均温度，℃。

流量计系数由下式给出：

$$MF = \frac{V_{20}C_{ps}C_{ts}C_{pl}C_{tl}}{Nk} \qquad (7-5)$$

式中　$MF$——流量计系数；

　　　$V_{20}$——体积管的基准容积值，l；

　　　$N$——流量计发出的脉冲数；

　　　$k$——流量计的脉冲当量，l/N。

## 三、活塞式体积管

### 1. 组成

活塞式体积管主要由标准管段（包括活塞和提升阀）、传动缸体、光电检测系统、液压系统、氮气系统、电气系统和仪表系统等组成，如图 7-8 所示。

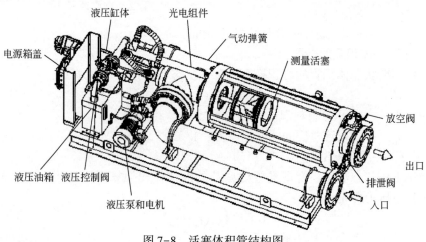

图 7-8　活塞体积管结构图

1) 标准管段

标准管段材质为 17-4 PH 不锈钢或 304 不锈钢，入、出口和法兰均为碳钢。采用特氟隆（Teflon）密封，适用于所有碳氢化合物。

标准管段是体积管的核心部分，测量流体从管内通过，主要由标准管、内部提升阀、测量活塞和机械故障保护部件等组成，如图 7-9 所示。

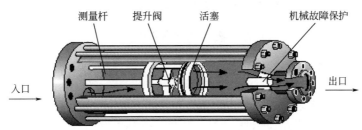

图 7-9　标准管段结构

2) 提升阀

提升阀材质为 300 系列不锈钢。O 形圈采用氟橡胶或晴橡胶密封，导向密封圈采用特氟隆密封。提升阀如图 7-10 所示。

提升阀在工作中做来回往复运动，活塞上的 O 形密封圈起到密封的作用，防止流体渗漏，保证检定的精度。在提升开启时，减少流体对阀体的阻力，压力损失小。在提升和关闭过程中无须截止流量。

3) 活塞

不锈钢测量活塞，通过两个导向密封圈支撑，并用两个空心密封圈使其达到径向平衡连接，始终保持和体积管内部完全接触，具有清管的效果，延长密封圈的寿命。当使用较干燥的流体时，特氟隆密封圈起到了附加的润滑作用。提升阀和活塞如图 7-10 所示。

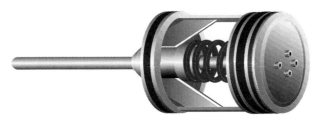

图 7-10　提升阀

4) 机械故障保护装置

当出现意外堵塞时，机械故障保护装置可将提升阀打开，使流体顺利通过，避免产生憋压，具有独特的安全特性，如图 7-11 所示。

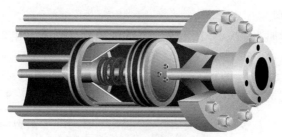

图 7-11　机械故障保护装置

5）传动缸体

（1）传动缸体（图 7-12）为高压液压缸。其上部分与气动弹簧装置相连，下部分与液压系统相连，内部活塞位于液压液体和传动气体之间。

（2）液压液体驱动提升阀提起、打开并将其提到初始位置。

（3）气动弹簧系统助推提升阀闭合并随流体一起向下移动到最终位置。

（4）在检定过程中，提供了开启、关闭提升阀以及操作过程中所需的力。

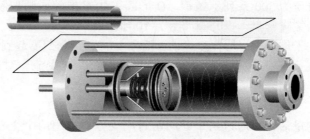

图 7-12　传动缸体

6）气动弹簧压力系统

气动弹簧系统的气体为充满氮气，主要由氮气罐、开关阀、氮气压力表和氮气连接管等组成，气动弹簧压力系统主要是助推提升阀，保持提升阀闭合，使活塞具有克服密封圈和管壁之间摩擦力的动力，如图 7-13 所示。

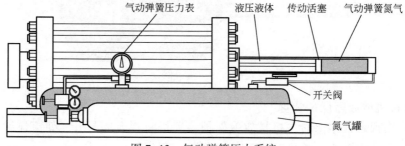

图 7-13　气动弹簧压力系统

7）液压系统

液压系统主要由液压电动机、泵、液压油箱、液压油、液压缸和电磁阀等组成，如图 7-14 所示。该系统的液压油动力用于提起提升阀，克服气动压力。液压泵为电动变速泵，用于提供液压动力。

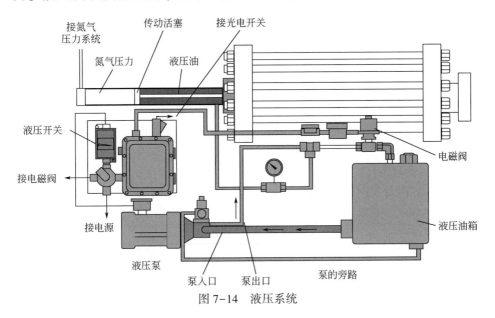

图 7-14　液压系统

8）电气系统

电气系统给体积管系统提供动力，由液压机泵、控制阀、密度计机泵、流量调节阀等组成。动力电源为 380V AC/50Hz。控制阀动力电源为 380V AC/50Hz。

（1）液压机泵主要为液压系统提供液压油动力，由控制阀控制液压油到传动缸体提起提升阀，在液压油泵、油箱和传动缸体之间循环。

（2）控制阀主要功能是开关，控制阀关闭时，液压油进入传动缸体，提起提升阀；控制阀打开时，在气动弹簧氮气的助推下，将传动缸体内的液压油释放回油箱。

（3）密度计机泵主要为振动管密度计提供流体，保证流体通过密度计的流量在 $1.5 \sim 2.0 \text{m}^3/\text{h}$ 之间，使测量值准确和稳定。

（4）流量调节阀主要是控制检定流量计时的流体流量，使流体流量稳定。

9）光电传感器

光电传感器构成及工作原理如图 7-15 所示。

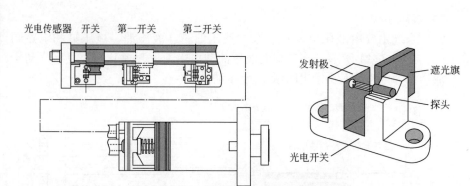

图7-15　光电传感器构成及工作原理

### 2. 工作过程

#### 1）等待状态

测量活塞通常保持在上游等待位置，液压控制阀关闭，通过作用在执行活塞上的液压压力，将提升阀打开，并保持在上游等待位置，不截止流量，如图7-16所示。

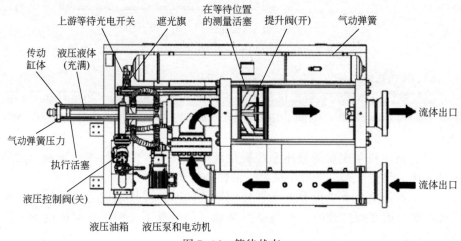

图7-16　等待状态

#### 2）启动状态

液压控制阀打开并释放液体压力，来自于气体弹簧的压力作用在执行活塞的上游侧，在液体流动的过程中助推提升阀和活塞开始向下游移动。这时测量活塞位于上游准备开关和第一光电开关之间，即准备段之间，如图7-17所示。

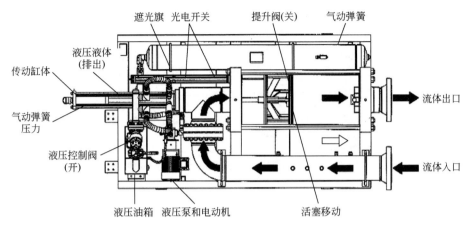

图 7-17　启动状态

3）检定状态

当测量活塞向下移动时，第一光电开关通过连接在探测杆上的遮光滑片被触发。开关信号被立即发送到计算机，系统开始采集数据和脉冲并计时，如图 7-18 所示。

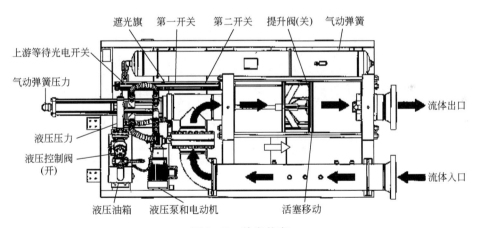

图 7-18　检定状态

4）检定结束

当遮光滑片触发第二光电开关时，系统完成数据和脉冲采集，并停止计时。液压控制阀关闭，建立液体压力并开始推动执行活塞向上游移动，打开提升阀，流体通过活塞流动。液压系统工作，活塞退回到等待状态，如图 7-19 所示。

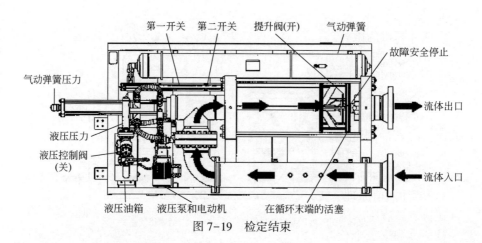

图 7-19　检定结束

5）活塞返回上游位置

执行（缸体）活塞、测量活塞、提升阀、执行杆（与活塞相连接的）、检测杆和遮光滑片返回到上游等待位置。

一旦到达上游位置，液压泵维持液体压力在 2.62~2.76MPa，保持测量活塞在上游位置，准备开始下一次检定，如图 7-20 所示。

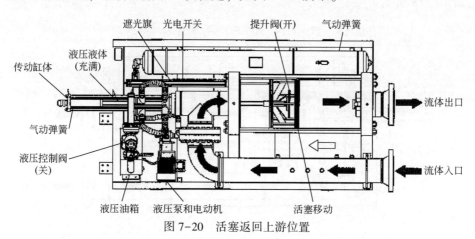

图 7-20　活塞返回上游位置

3. 脉冲插值技术

1）脉冲插值基本含义

为使计数系统最大误差控制在 ±0.01%（1/10000）之内，检定时，每检定运行一次，流量计至少发出 10000 个脉冲。若采用脉冲插入技术，脉冲数目可以减少，并允许使用每单位体积发出较少脉冲的流量计或较小容积的计量标准器。

检定计算机的微处理器在很高的频率下工作，通常使用两个独立的时间计数器 A($T_1$) 和 B($T_2$)：一个时钟计数器测出两检测开关的时间 A；另一个时钟计数器测出完整的流量计脉冲记录时间 B。

此插值法符合《液态烃动态计量　体积计量流量计检定系统　第 2 部分：体积管》（GB/T 17286.2—2016）需要大于 10000 个脉冲的要求，也符合美国石油协会《石油测量标准手册》"第 4 章 检定系统"中"第 3 节 小体积管检定系统"的要求。使用的计数器具有 0.00001 秒的分辨率，测出在检定时间内单位时间的脉冲个数。

2）脉冲插值原理

在检定过程中，第一个检测开关被触发开始计数时，检测到的不一定是整个脉冲，到第二个检测开关被触发时，检测到的也不一定是整个脉冲。而脉冲计数器只能检测记录整个脉冲，这样就造成了非整个脉冲的丢失，产生了检定误差，不能满足在检定过程中达到不少于 10000 个脉冲的要求。

而双时钟脉冲计时法是先计算出单位时间内的脉冲个数，即每秒钟（或每微秒）的脉冲个数。将小于一个的脉冲也计算出来，而且脉冲的个数可以精确到小数点后 5~7 位（根据计时时钟的精确度确定），将脉冲细分，内插的脉冲数一般不是整数，不至于使脉冲丢失，如图 7-21 所示。

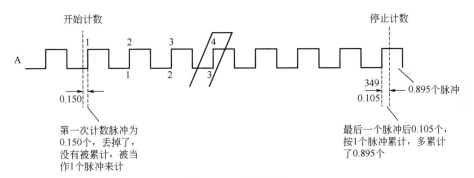

图 7-21　脉冲插值

实际脉冲计数表示为 0.150+349+0.105 = 349.255，其中：常规脉冲计数 350 个脉冲；脉冲插值计算 349.255 个脉冲；常规计数误差 0.21%。

根据《液态烃动态测量　体积计量流量计检定系统　第 3 部分：脉冲插值技术》（GB/T 17286.3—2010）双计时法脉冲的插入数，该方法的操作原理见图 7-22 所示。由检定运行期间计数器收集的流量计发出的完整脉冲总数 $n$，以及测量的两个时间间隔 $T_1$ 和 $T_2$ 组成（单位 s）：

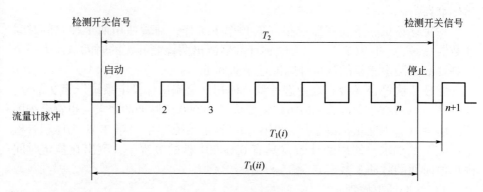

图 7-22　脉冲插值示意图

（1）$T_1$ 可以用 $T_1(i)$ 或 $T_1(ii)$ 表示。

$T_1(i)$ 是指第一检测开关触发后流量计发出的第一个脉冲，与第二个检测开关触发后流量计发出的第一个脉冲，这两个脉冲之间的时间间隔；

$T_1(ii)$ 是指第一检测开关触发之前流量计发出的最后一个脉冲，与第二个检测开关触发之前流量计发出的最后一个脉冲，这两个脉冲之间的时间间隔。

（2）$T_2$ 为第一个和第二个检测开关触发信号之间的时间间隔。插入的脉冲数 $n'$ 由下式给出：

$$n' = n \frac{T_2}{T_1(i)} \qquad (7-6)$$

或者：

$$n' = n \frac{T_2}{T_1(ii)} \qquad (7-7)$$

在脉冲插入方法情况下，如果要求将该误差源产生的不确定度限制到 ±0.01%，在体积管一次单行程检定期间，脉冲计数器必须收集 10000 个脉冲，最大允许分辨力误差为 ±0.0001。

脉冲插入数为：

$$n' = n \frac{T_2}{T_1} \qquad (7-8)$$

式中　$n'$——插入后的脉冲数；

　　　$n$——记录完整的流量计脉冲总数；

　　　$T_1$——记录完整的流量计脉冲记录时间；

　　　$T_2$——检定体积所用的时间，即两个检测开关之间的时间间隔。

3）插值应用

标准体积管双时钟计时法如图7-23所示，例如：

时间计数器的频率为：100kHz；

检定体积所用的时间，即两检测开关的时间 $A = 0.58377\text{s}$；

记录完整的流量计脉冲所用时间 $B = 0.58329\text{s}$；

记录完整的流量计脉冲总数 $C = 364$；

体积管的标准体积 $D = 0.0567802\text{m}^3$。

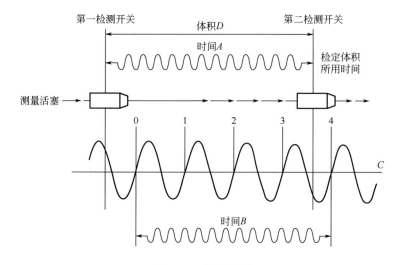

图 7-23　脉冲插值

$A$—检定体积所用时间（两检测开关的时间），s；$B$—记录完整的流量计脉冲所用时间，s；

$C$—完整的流量计脉冲总数；$D$—检定的体积（体积管标准体积），$\text{m}^3$

检定单位时间内的脉冲个数为：

$$n = \frac{C}{B} = \frac{364}{0.58329} = 624.04636$$

检定时间内的脉冲总数，即插入后的脉冲个数为：

$$N = nA = 624.04636 \times 0.58377 = 364.29954$$

或根据式（7-8），插入后的脉冲个数为：

$$n' = 364 \times (0.58377 / 0.58329) = 364.29954$$

单位体积的脉冲数可表示为：

$$k = \frac{C}{B} \frac{A}{D} = \frac{N}{D} = \frac{364.29954}{0.0567802} = 6415.96085 \qquad (7-9)$$

# 第二节　标准金属量器

## 一、标准金属量器的结构

标准金属量器是用于计量液体或气体体积的计量标准器具，分为一、二、三等。一等标准金属量器的最大允许误差为$\pm 5 \times 10^{-5}$（0.005%）；二等标准金属量器的最大允许误差为$\pm 2.5 \times 10^{-4}$（0.025%）；三等金属量器也称为工作量器，其最大允许误差为$\pm (0.5 \sim 1) \times 10^{-3}$，由二等标准量器按容量比较法检定。标准金属量器一般由计量颈、液位管、计量颈标尺、上锥体、筒体、下锥体、阀门、支架、调平螺栓等组成，常用结构如图7-24所示。

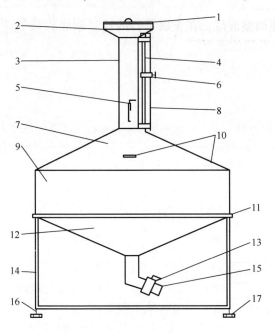

图 7-24　标准金属量器结构图

1—上盖；2—溢流罩；3—计量颈；4—液位管；5—微调阀门；6—读数游标；7—上锥体；
8—计量颈标尺；9—圆筒体；10—水准仪；11—加强圈；12—下锥体；13—放液阀门；
14—支架；15—排液口；16—支脚；17—调平螺栓

## 二、技术要求

（1）一、二等标准量器的主体材料应用 $1Cr_{18}Ni_9Ti$ 不锈钢制造，三等标准量器可用不锈钢或经镀层的碳钢制造。

（2）标准量器在长期使用的情况下，要保证容器的量值及其精度的不变性，为此，量器应有一定的壁厚。

（3）量器的外壁应平整光滑，不得有凹凸现象，内壁抛光，以保证量器的液体残留量最小。

（4）量具的支脚应安装金属材料制造的可调螺栓，且直接与地面相连，用于调整水平及导电用。

（5）为确定量器处于水平状态，应在它的主体两个相互垂直的水平方向上，分别安置一个可调的管装水准器。

（6）为保证量器内不存气泡，排液时器壁的液体残留量最小，上、下锥体的夹角都应≤120°。

（7）为方便调整液位，在金属量器的计量颈底部低于计量颈标尺的位置上，可安装一个微调放液阀门。

（8）量器的阀门和拆卸接口要有可靠的密封性，当量器注满水后，不得有渗水现象。

（9）标称容量的液位应位于计量颈的中部。

（10）量器上的液位管应用无色玻璃制造，管内径应均匀一致，无妨碍观测液体弯月面的缺陷。

（11）量器的液体标线应清晰显见，其宽度不大于 0.25mm。

（12）量器的排液能力要求为：在滴流状态下等待 2min，不得有间歇连续流及涌动流排出。

（13）量器的壁厚要求见表 7-1。

表 7-1 量器壁厚要求

| 标称容量,L | 壁厚,mm |
|---|---|
| 1000 | ≥4.5 |
| 500 | ≥4.0 |
| 200 | ≥3.0 |
| 100 | ≥2.5 |
| 50 | ≥2.0 |
| 1~20 | ≥1.5 |

（14）量器的铬牌上应有以下标记：型号、20℃标称容量、等级、准确度、材质、出厂日期和制造厂。

## 三、标准金属量器的检定

标准金属量器检定执行检定规程《标准金属量器检定规程》（JJG 259—2005）。

1. 检定条件

1）检定环境条件

二等标准量器检定时，实验室环境温度为（20±5）℃；检定中实验室环境温度与水温之差不应超过±5℃。

2）检定设备

检定设备包括：一等标准量器组（带升降台）、±0.1℃温度计、循环自来水装置、超声波测厚仪、秒表等。

2. 检定项目

1）外观检查

外观检查按上文中"技术要求"对量器的计量特性进行检查。

2）密封性试验

对标准金属量器进行密封性试验：将被检量器注满水到某刻线处，放置于实验室 4h 以上，各连接处及外表面应无渗漏现象。

3）排液能力检验

排液能力检验步骤是：将注满水的被检量器调平，将被检量器注满水到某刻线处，拍打量器，液位变化不得超过 0.2 个分度容积；以最大排放量的方式将被检量器中的水排出，在滴流状态下等待 2min 后，不得有间歇连续流及涌动流排出。

4）容量检定

量器在检定前，用水充分润湿其内表面，打开量器排液阀，在滴流状态下等待 2min，再关好其排液阀。二等标准量器（不确定度为 $2.5 \times 10^{-4}$）的容量检定（比较法）步骤为：

（1）将被检量器和标准量器用水润湿，在滴流状态下等 2min 后，关闭它们的排液阀，将被检量器置于标准器的下方，并将它们调平。

（2）将水注至标准量器的标称容量刻度线位置，测量并记录水温 $t_1$。

（3）打开标准量器的排液阀门，将其内的水排入被测量器内，在滴流状态下保持 2min，然后关闭标准量器排液阀门。

（4）记录水在被检量器计量颈中的液位 $h_1$，然后测定其水温 $t_2$。

（5）用标准玻璃量器测定被检量器计量颈的分度容量。

（6）将被检量器中的水排出，在滴流状态下保持2min，再关闭其排液阀。

（7）被检量器刻度 $h_1$ 的20℃容量值为：

$$V_{20}=V_{B}\left[1+\beta_1(t-20)+\beta_2(20-t_2)+\beta_W(t_2-t_1)\right] \qquad (7-10)$$

式中　$\beta_1$——标准量器的体膨胀系数，1/℃；

　　　$\beta_2$——被检量器的体膨胀系数，1/℃；

　　　$t_1$——标准量器内水温，℃；

　　　$t_2$——被检量器内水温，℃；

　　　$\beta_W$——水在 $t_1\sim t_2$ 范围内的平均体膨胀系数，1/℃；

　　　$V_B$——标准量器20℃时的实际容量值。

重复上述（1）~（6）各步骤，对被检量器的容器进行三次连续测量，取其算术平均值。

3. 检定结果处理和检定周期

经检定，符合规程要求的标准金属量器，发给相应等级的检定书。经检定，不符合规程要求的标准金属量器，发给检定结果通知书或发给低等级使用的检定证书。

检定周期为：首次检定后，第一个检定周期一般不超过 1 年，之后一等标准量器检定周期一般不超过 3 年，其他等级金属量器后续检定周期一般不超过 2 年。

# 第三节　流量计在线检定

## 一、容积式流量计检定

1. 计量工艺系统要求

（1）流量计进口安装消气器和过滤器，过滤器前后安装 0.4 级压力表。

（2）流量计出口处安装止回阀（以防止流量计到转）、取样器（或取样口）、温度计插口。

（3）流量计出口侧阀门严密性要好。

（4）流量计前后安装 0.4 级压力表。

（5）压力表前安装隔离接头。

（6）流量计出口至标准体积管进口管线上所有的连接阀门严密性要好。

（7）流量计到标准体积管间的管线要尽量短，并不应有气室。

（8）整个工艺系统应满足流量计的操作、检定、维修和事故处理等要求。

（9）一般流量计口径大于等于100mm，配排污扫线系统。

（10）整个系统最好做保温层。

2. 流量计检定前的检查

（1）通液前应检查流量计的安装是否符合说明书的要求，液体流向应与流体上箭头所示方向一致，接线正确。

（2）液体的流量、压力和温度范围应符合流量计铭牌上的规定。

（3）流量计安装地点应无强振动、强电磁场干扰及热辐射影响，便于流量计的维护、保养、日常输油计量操作。

（4）检查流量计系统的排污阀、放空阀，扫线阀等阀门是否关严。

（5）检查表头润滑系统及传动零件，并注足润滑油。对出轴密封、温度补偿器的圆盘摩擦轮机械加注适量的润滑脂。

（6）新投用和维修后的流量计发讯器和流量积算器应检查其能否正常运行。

（7）检查压力表、温度计是否完好、符合准确度要求和具有有效的检定证书。

（8）对新敷设的管线或初次启动的流量计，启动前应先打开旁通阀，用被测液体或其他流体冲出管道中的污物和杂质。如果没有旁通流程，用一根两端带法兰的短管代替流量计，或者也把流量计内的转子卸去，再装好流量计外壳冲洗，目的是不要让杂质、焊渣、管锈等进入流量计从而损坏流量计。

（9）在任何情况下，应该把流量计和系统里的空气慢慢地排出，打开消气器的排气阀，注意观察当消气器在排出气体后又接着排出原油时，应立即关闭排气阀。停运消气器，并对其浮球连杆机械进行检修。

（10）记录流量计表头累计计数器和积算器的底数。

（11）液流通过流量计时，出口阀应处于关闭状态，先慢慢地打入口阀，观察流量计、附属设备及其连接管线有无渗漏，在工作压力下不渗不漏即可。

（12）缓慢旋松流量计上的放空旋塞排气，待原油从旋塞螺丝间隙排出时，拧紧旋塞。

（13）接通流量计仪表电源，使仪表投入运行并记录投运时间。

3. 流量计在线检定前的准备工作

（1）检查体积管及其附属设施（双向体积管的四通阀、过滤器、控制系统或活塞式体积管的液压系统、氮气系统）处于正常工作状态。

（2）检查检定系统压力仪表、温度仪表等处于正常工作状态，并有有效期内的检定合格证书。

（3）检查工艺系统的阀门密封状态，保证阀门严密性。

（4）检查铅封和铭牌。

（5）流量计进出口装 0.4 级压力表，出口装 0.1 分度标准水银温度计，温度、压力仪表最好不使用下限量程，并有有效的检定证书。

（6）在检定流量范围内，流量计表头和二次仪表的显示一致。

（7）体积管在检定周期内使用。

（8）体积管基准管段、检测开关经维修后应重新检定。

（9）铅封破损应重新检定。

（10）体积管检漏机构应好用。

（11）体积管进出口装 0.1 分度温度计、0.4 级压力表。

（12）对体积管进行排气。

（13）检定与正常计量时介质的温度、压力、黏度应接近。

（14）体积管的精度应优于被检流量计精度的 1/3。

（15）操作人员不得正对体积管的快开盲板。

4. 流量计检定

1）倒换流程

将流量计倒换成检定程序，即打开流量计进口阀，检定阀和标准体积管出口阀，关闭流量计出口阀，构成循环检定系统，然后使该系统运转，以便检定系统各部位温度均匀，体积管、流量计均应排气，使残余的气体排除干净，达到检定要求。

2）投球试验

操作液压控制系统或电动换向系统，投球试验，检查标准体积管系统是否正常。检查体积管入口处的过滤器并保证前后压差，一般不应超过 0.2MPa。

3）检定流量点和检定次数的控制

（1）确定检定流量点，流量点应均匀分布，每个流量点的检定过程中，要保证流量的稳定。

（2）在检定过程中，每个流量点的每次实际检定流量与设定流量的偏差不超过设定流量的±5%。

（3）每个流量点的检定次数不少于 3 次。

4）检定方法

可采用小流量到大流量或大流量到小流量的单向全程检定方法。

5）投球检定操作程序

按选定的流量点和确定的检定方法，对流量计进行检定。检定时应取全取准所需的数据（包括流量计的脉冲数，流量计和标准体积管的温度、压力）。温度值和压力值，一般是在检定球通过第一个检定开关后，在通过第二个检测开关前读数和记录。具体到每个检定点，每个球的检定操作程序如下：

（1）试运转结束后，调节流量计出口阀门，使流量计达到规定值。

（2）投球，当球触动第一个检测开关时，自动开始记录流量计发出的脉冲数。

（3）读取流量计处的温度和压力值，同时也读取体积管进、出口处的温度和压力值。

（4）当球触动第二个检测开关时，计数器自动停止流量计脉冲计数，然后读取脉冲计数器的示值。

（5）将体积管测得的体积值修正流量计条件下，然后用公式计算其基本误差和重复性。

5. 数据处理

根据流量计检定规程《液体容积式流量计》（JJG 667—2010）进行数据处理。流量计示值误差 $E$ 由下式给出：

$$E = \frac{V_m - V_s}{V_s} \times 100\% \tag{7-11}$$

式中　$V_m$——流量计的体积量，$m^3$；

　　　$V_s$——体积管的体积量，$m^3$。

检定点流量计重复性的计算式为：

$$(\delta_r)_i = \frac{[(E_m)_i]_{max} - [(E_m)_i]_{min}}{d_n} \times 100\% \tag{7-12}$$

式中　$(\delta_r)_i$——第 $i$ 检定点的重复性；

　　　$[(E_m)_i]_{max}$、$[(E_m)_i]_{min}$——第 $i$ 检定点的最大误差及最小误差；

　　　$d_n$——极差系数（表7-2）。

表 7-2　极差系数

| 测量次数 | 2 | 3 | 4 | 5 | 6 | 7 | 8 | 9 |
|---|---|---|---|---|---|---|---|---|
| 极差系数 | 1.13 | 1.69 | 2.06 | 2.33 | 2.53 | 2.70 | 2.85 | 2.97 |

流量计的重复性为：

$$\delta_r = [(\delta_r)_i]_{max} \tag{7-13}$$

式中　$\delta_r$——流量计的重复性。

1）流量计系数的调整

（1）按上述步骤对流量计系数进行检定，然后调整流量计精度调整器，使流量计常用流量点流量计系数调整接近于 1.0000。

（2）再按上述步骤对流量计进行检定，计算出新的流量计系数。

2）退出检定系统

关闭体积管控制系统。

3）恢复正常流程

打开流量计的出口阀门，关闭检定阀门。

4）注意事项

（1）检定流量计的全过程，要按照流量计检定规程《液体容积式流量计》（JJG 667—2010）进行检定。检定流量计期间必须保证分输流量的稳定。

（2）检定开始和结束或检定过程中，检定人员都要及时通知站值班计量员及时抄表计量流量计的数据。

（3）通过体积管出口调节阀调调节流量时，要使流量计出口背压力大于操作压力，要防止发生节流过大造成憋压。

（4）在检定流量计过程中如果出现过滤器堵塞、流程切换错误造成的憋压要立打开流量计出口阀门，防止憋压。

（5）在检定流量计的最大流量点的示值时，要保证流量计管线的压力小于安全阀设定压力，可适当降低流量计的上限流量，保证检定过程中的安全。

（6）流程切换过程中，要注意先开后关，防止憋压。

（7）过滤器压差超过规定值时，要及时拆洗过滤器，清洗过滤网，保证体积管内不进入杂质。

## 二、质量流量计检定

1. 检定条件

1）流量标准装置的要求

（1）流量标准装置（以下简称装置）及其配套仪器均应有有效的检定证书或校准证书。

（2）应优先选用质量法装置，也可选用容积法装置及标准表法装置，但装置应能提供满足不确定度要求的质量流量。

（3）当检定用液体的蒸气压高于环境大气压力时，装置应是密闭式的。

（4）装置的管道系统和流量计内任一点上的液体静压力应高于其饱和蒸

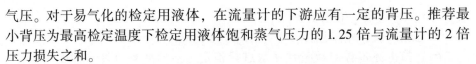

气压。对于易气化的检定用液体，在流量计的下游应有一定的背压。推荐最小背压为最高检定温度下检定用液体饱和蒸气压力的 1.25 倍与流量计的 2 倍压力损失之和。

（5）装置的质量流量扩展不确定度应不大于流量计最大允许误差绝对值的 1/3。

（6）体积管的基准体积段或检测开关经过维修或更换后，体积管必须重新检定。

（7）检测开关上的铅封应完好无损，否则体积管必须重新检定后方可使用。

2）检定用流体

（1）检定用流体应是单相、清洁的，无可见颗粒、纤维等物质。流体应充满管道及流量计。检定流体应与流量计测量流体的密度、黏度等物理参数相接近。

（2）选用容积法装置时，在每个流量点的每次检定过程中，流体温度变化对质量流量的影响应可忽略。

3）检定环境条件

（1）环境温度一般为 5~45℃；相对湿度一般为 35%~95%；大气压力一般为 86~106kPa。

（2）交流电源电压应为（220±22）V，电源频率应为（50±2.5）Hz，也可根据流量计的要求使用合适的交流或直流电源（如 24V 直流电源）。

（3）外界磁场对流量计的影响可忽略。

（4）机械振动对流量计的影响可忽略。

（5）检定流体为天然气等可燃性或爆炸性流体时，装置及其辅助设备、检测场地都应满足《输气管道工程设计规范》（GB 50251—2015）的要求，所有设备、环境条件必须符合相关安全防爆要求。

（6）检定时要消除所有与流量计工作频率接近的其他干扰。

2. 检定项目

检定项目包括：随机文件、标志和铭牌、外观、保护功能、密封性的检查，误差及重复性检定。

3. 检定程序

1）流量计检定前的准备工作

（1）检查体积管及其附属设施（双向体积管的四通阀、过滤器、控制系统或活塞式体积管的液压系统、氮气系统）处于正常工作状态。

（2）检查密度计、检定控制计算机处于正常工作状态；检查密度计、体积管基本原始参数,保证原始参数正确。

(3)检查检定系统压力仪表、温度仪表等处于正常工作状态,并有有效期内的检定合格证书。

(4)检查工艺系统的阀门密封状态,保证阀门严密性。

(5)连接好装置、配套仪器及流量计的电路,通电预热 30min,借助适当的工具(按键、手操器、通信软件等)检查流量计参数的设置(流量计 $K$ 系数、最大流量、最大流量对应的频率或电流)。流量计若有多种输出信号,应首先选用脉冲输出进行检定。

2)流量计检定

(1)倒通检定流程。选择被检定流量计,缓慢打开被检定流路的检定阀门,使检定介质缓慢流入体积管。

(2)缓慢打开体积管出口阀门,使流量计的流量为常用流量,然后再关闭体积管的出口阀,检查是否有泄漏现象,打开排气阀排除体积管内的气体。

(3)打开体积管出口阀门,关闭被检定流路流量计的出口阀门,较大流量通过被检流量计和体积管,及时检查体积管入口处的过滤器并保证前后压差,一般不应超过 0.2MPa。

(4)流量计在可达到的最大检定流量的 50% 以上运行一段时间,一般不少于 10min,然后按使用说明书的要求进行零点调整。

(5)给密度计泵和密度计充满介质,并排除密度计内的气体,启动密度计泵。

(6)零点调整前常用流量点示值的检定。将流量计的流量调到常用流量点上,常用流量点为检定周期内分输流量的平均值;至少进行 3 个行程的检定,每个行程至少进行 3~5 次的检定。

(7)调零调整和小信号切除。

① 零点调整的流程切换,步骤如下:打开备用流量计的进口和出口阀门;关闭检定流路的检定阀门,将被检流量计充满介质;打开压力表一次阀门的排气阀,对被检定流量计排气;排气完成后,关闭检定流量计的进口阀门;检查检定流量计进出口阀之间有无泄漏,无渗漏后可对流量计进行零点调整。

② 零点调整:用手操器进行调零。

③ 检查小信号的切除量,切除量一般不超过流量计上限额定流量的 0.5%。

④ 零点调整完成后,打开检定流路的检定阀门,关闭备用流路流量计的出口和入口阀门。

⑤ 调整流量变送器的阻尼系。

（8）检定流量点和检定次数的控制。

① 按照检定规程检定流量点依次为 $q_{max}$、$0.5q_{max}$、$0.2q_{max}$、$q_{min}$、$q_{max}$。每个流量点的检定过程中，要保证流量的稳定，流量波动不能大于 5%。

② 在检定过程中，每个流量点的每次实际检定流量与设定流量的偏差不超过设定流量的 ±5%。

③ 每个流量点的检定次数不少于 3 次。型式评价的流量计，每个流量点的检定次数不少于 6 次。

（9）流量计的示值检定。

① 先将流量计的流量调整到正常流量点上，要将该点流量计系数调整接近于 1.0000。

② 分别调整流量计的流量达到设计最大额定流量和设计最小流量的 1.2 倍流量点上。

③ 每个检定点上至少进行 3 个行程的检定，每个行程至少进行 3~5 次的数值检定。

④ 流量计系数的调整。

（10）退出检定系统。停密度计泵；关闭体积管电源。

（11）数据处理。根据质量流量计检定规程《科里奥利质量流量计检定规程》（JJG 1038—2008）进行数据处理。

（12）恢复正常流程。定流量计的出口阀门，关闭检定阀门；如使用车载活塞式体积管，用氮气吹扫体积管和金属软管内的留存介质，将其吹扫到油桶内或污油罐内。

（13）注意事项。

① 检定流量计的全过程，要按照《科里奥利质量流量计检定规程》（JJG 1038—2008）进行检定。检定流量计期间必须保证分输流量的稳定。

② 检定开始和结束或检定过程中，检定人员都要及时通知站值班计量员及时抄表计量流量计的数据。

③ 通过体积管出口调节阀调调节流量时，要使流量计出口背压力大于操作压力，要防止发生节流过大造成憋压。

④ 在检定流量计过程中如果出现过滤器堵塞、流程切换错误造成的憋压要立即打开流量计出口阀门，防止憋压。

⑤ 在检定流量计的最大流量点的示值时，要保证流量计管线的压力小于安全阀设定压力，可适当降低流量计的上限流量，保证检定过程中的安全。

⑥ 流程切换过程中，要注意先开后关，防止憋压。

⑦ 每次完成一台流量计的检定后，要及时拆洗过滤器，清洗过滤网，保证体积管内不进入杂质。

4. 油品实际质量或体积计算

1）油品实际体积计算方法

根据质量流量计检定规程，用体积管法检定时，通过的液体实际体积 $V_s$ 按下式计算：

$$V_s = V_r \left(1 + \frac{D}{E\delta} p\right) [1 + \beta(\theta - 20)] \tag{7-14}$$

式中　$V_s$——经修正后的体积管测得的体积值，也是液体实际体积值，$m^3$；

$V_r$——检定时标准器读得的体积（体积管检定证书给出的标准容积值，20℃，101.325kPa），$m^3$；

$D$——体积管测量段的内径（体积管使用说明书中给出），m；

$E$——体积管材质的弹性模量，Pa；

$\delta$——体积管测量段的壁厚（体积管使用说明书中给出），m；

$p$——体积管处的表压力，Pa；

$\beta$——体积管的体膨胀系数，1/℃；

$\theta$——体积管处的温度，℃。

需要注意的是：体积管的膨胀系数和弹性模量由体积管说明书中给出，或查金属材料手册、工程材料手册。

用小型标准体积管检定时，通过的液体实际体积 $V_s$ 按下式计算：

令

$$V_s = V_r \left(1 + p \frac{D}{E\delta}\right) [1 + 2\alpha_p(t_p - 20) + \alpha_\gamma(t_\gamma - 20)] \tag{7-15}$$

则

$$\begin{cases} C_{tsp} = 1 + 2\alpha_p(t_p - 20) + \alpha_\gamma(t_\gamma - 20) & (7-16) \\ C_{psp} = 1 + p\dfrac{D}{E\delta} & (7-17) \end{cases}$$

$$V_s = V_r C_{psp} C_{tsp} \tag{7-18}$$

式中　$V_s$——经修正后的体积管测得的体积值，也是液体实际体积值，$m^3$；

$V_r$——检定时标准器读得的体积（体积管检定证书给出其标准容积值），$m^3$；

$D$——体积管测量段的内径，m；

$\delta$——体积管测量段的壁厚，m；

$E$——体积管材质的弹性模量，Pa；

$\alpha_p$——体积管材质的线膨胀系数，1/℃；

$2\alpha_p$——体积管材质的面膨胀系数，$1/℃$；

$\alpha_\gamma$——体积管测量杆材质的线膨胀系数，$1/℃$；

$t_p$——体积管处的温度，$℃$；

$t_\gamma$——测量杆的温度（用环境温度代替），$℃$；

$p$——体积管处的表压力，$Pa$；

$C_{psp}$——体积管处刚性材质压力效应修正系数（体积管标准容积段壳壁压力修正系数）；

$C_{tsp}$——体积管处刚性材质热膨胀修正系数（体积管标准容积段壳壁温度修正系数）。

用常规体积管检定时，通过的液体实际体积 $V_s$ 按下式计算：

令
$$V_s = V_r\left(1+p\frac{D}{E\delta}\right)\left[1+3\alpha_p(t_p-20)\right] \qquad (7-19)$$

$$\begin{cases} C_{tsp} = 1+3\alpha_p(t_p-20) & (7-20) \\[2mm] C_{psp} = 1+p\dfrac{D}{E\delta} & (7-21) \end{cases}$$

则
$$V_s = V_r C_{psp} C_{tsp} \qquad (7-22)$$

式中　$3\alpha_p$——体积管材质的体膨胀系数，$1/℃$。

2）液体实际质量计算方法

液体实际质量按下式计算：

$$M_s = V_s\rho_{vr} \qquad (7-23)$$

式中　$M_s$——通过液体的实际质量，$kg$；

$\rho_{vr}$——测得体积管液体密度值，$kg/m^3$。

3）流量计 $K$ 系数

根据《液态烃动态测量　体积计量流量计检定系统　第 4 部分：体积管操作人员指南》（GB/T 17286.4—2006）规定，单位液体体积（质量）通过流量计时发出的脉冲数，即：

$$K = \frac{N_{ij}}{M_{ij}} \qquad (7-24)$$

式中　$K$——流量计 $K$ 系数，$1/kg$；

$N_{ij}$——第 $i$ 检定点第 $j$ 次检定流量计输出的脉冲数；

$M_{ij}$——第 $i$ 检定点第 $j$ 次检定流量计测量的累积质量流量，$kg$。

4）流量计误差计算

（1）第 $i$ 检定点第 $j$ 次检定的相对误差。

根据 JJG 1038—2008《科里奥利质量流量计检定规程》规定，流量计为脉冲输出时，单次检定的相对误差按下式计算：

$$E_{ij} = \frac{M_{ij} - (M_s)_{ij}}{(M_s)_{ij}} \times 100\% \tag{7-25}$$

$$M_{ij} = \frac{N_{ij}}{K} \tag{7-26}$$

式中　$E_{ij}$——第 $i$ 检定点第 $j$ 次检定的相对误差；

　　　$M_{ij}$——第 $i$ 检定点第 $j$ 次检定流量计测量的累积质量，kg；

　　　$(M_s)_{ij}$——第 $i$ 检定点第 $j$ 次检定装置测量的累积质量，kg。

（2）第 $i$ 检定点流量计的误差。

第 $i$ 检定点流量计的误差的计算公式为：

$$E_i = \frac{1}{n} \sum_{j=1}^{n} E_{ij} \tag{7-27}$$

式中　$E_i$——第 $i$ 检定点流量计的相对误差；

　　　$n$——检定次数。

（3）流量计误差。

取三个检定点最大的误差为流量计误差：$E = \pm |E_i|_{max}$。

5）流量计重复性计算

检定点流量计重复性的计算式为：

$$(E_r)_i = \sqrt{\frac{\sum_{j=1}^{n} (E_{ij} - E_i)^2}{n-1}} \tag{7-28}$$

式中　$(E_r)_i$——第 $i$ 检定点的重复性。

流量计的重复性为：

$$E_r = [(E_r)_i]_{max} \tag{7-29}$$

式中　$E_r$——流量计的重复性。

6）流量计的误差和重复性符合检定规程的要求

（1）允许误差。允许误差不超过对应流量计的准确度等级，见表7-3。

表7-3　流量计准确度等级及对应的允许误差

| 准确度等级 | 0.15 | 0.2 | 0.25 | 0.3 | 0.5 | 1.0 | 1.5 |
|---|---|---|---|---|---|---|---|
| 允许误差,% | ±0.15 | ±0.2 | ±0.25 | ±0.3 | ±0.5 | ±1.0 | ±1.5 |

（2）重复性。流量计的重复性不得超过相应准确度等级规定的允许误差绝对值的 1/2。

7）流量计系数计算

流量计系数（$MF$）是通过流量计的实际体积（质量）与流量计指示的体积（质量）的比值，即：

$$MF = \frac{M_s}{M_{ij}} \qquad (7-30)$$

其中

$$M_{ij} = \frac{N_{ij}}{K} \qquad (7-31)$$

式中　$MF$——流量计系数；

　　　$M_s$——通过液体的实际质量，可由式 7-23 计算得出，kg；

　　　$M_{ij}$——第 $i$ 检定点第 $j$ 次检定流量计的指示值，kg；

　　　$N_{ij}$——第 $i$ 检定点第 $j$ 次检定流量计输出的脉冲数（插值后的）；

　　　$K$——流量计 $K$ 系数（脉冲当量），1/kg。

# 第四节　体积管检定

## 一、双向体积管检定

1. 体积管清洗

体积管清洗流程如图 7-25 所示。

1）准备工作

（1）关闭（检查）与体积管相连的扫线阀、排污阀、放空阀、清洗用水管线阀、检定体积管用水管线阀、进标准罐阀等全部阀门。

（2）使体积管通油运行，让检定球达到带有快开盲板的收发球筒 1，关闭体积管进出口截止阀，使四通换向阀换向（使检定球在收发球筒内处于正程待发状态），关闭体积管控制系统电源，停运体积管。

（3）将两个收发球筒上的放空阀连接短钢管，之后与胶管连接，胶管下准备接油用的油桶。

（4）准备污油回收容器。

（5）准备清洗所用材料（料具），包括破乳剂、体积管收发球筒密封圈（固定盲板的缠绕垫）、棉纱、长把笊篱。

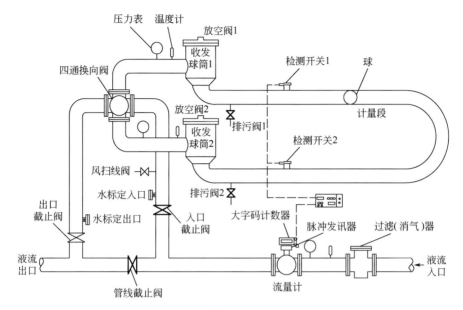

图 7-25　体积管清洗流程图

2）体积管扫线

（1）给体积管控制系统通电。

（2）打开体积管收球筒 2 下面的排污阀 2，启动扫线风（用氮气），检查扫线风是否已送到，如果已经送到，缓慢打开扫线阀，注意观察放空阀 2 是否有原油排出，如有则立即关闭放空阀 2，让扫线风推动检定球前行，注意监听球在体积管内运行声音，当球经过检测开关 1 时，检测开关动作，现场能听到触发声音，同时发出信号，控制台处的检测开关 1 信号灯亮；让球继续在体积管内运行，直至到达检测开关 2 时，检测开关动作，现场又能听到触发声音，同时发出信号，控制台处的检测开关 2 信号灯亮，记录球在两个检测开关之间运行的时间，计算球运行的平均速度；根据球在体积管内运行产生的声音及计算的平均运行速度，判断球的位置，当球到达排污阀 2 时，关闭扫线阀、排污阀 2。启动换向系统，使体积管换向。

（3）打开体积管发球筒 1 下面的排污阀 1，启动扫线风，检查扫线风是否已送到，如果已经送到，缓慢打开扫线阀，注意观察放空阀 1 是否有原油排出，如有则立即关闭放空阀 1，让扫线风推动检定球前行，注意监听球在体积管内运行声音，当球经过检测开关 2 时，检测开关动作，现场能听到触发声音，同时发出信号，控制台处的检测开关 2 信号灯亮；让球继续

在体积管内运行，直至到达检测开关 1 时，检测开关动作，现场又能听到触发声音，同时发出信号，控制台处的检测开关 1 信号灯亮，记录球在两个检测开关之间运行的时间，计算球运行的平均速度；根据球在体积管内运行产生的声音及计算的平均运行速度，判断球的位置，当球到达排污阀 1 时，关闭扫线阀、排污阀 1。启动换向系统，使体积管换向。

（4）重复（2）（3）步骤，直至排污管线无原油排出为止。

（5）扫线完毕，记录球所在的收发球筒位置，关闭扫线风阀，关闭控制系统电源。

需要注意的是：在整个扫线过程中，注意观察体积管上压力表的压力，当压力超过体积管额定工作压力时，应立即关闭扫线阀，并打开泄压阀泄压，排除产生憋压的原因；在扫线过程中，应派专人观察污油池（或油罐）液位变化，当液位超高时，应采取排油措施。

3）清洗

（1）接通控制系统电源，根据球所在收发球筒的位置，调整体积管流程方向，使球在收发器筒内处于接收状态。

（2）卸下清洗用水管线上的过滤器滤芯。

（3）将水池加满热水，如现场无热水，也可把水池加满凉水，然后用蒸汽加热。无论采用何种方式均应控制水温不超过体积管厂家规定的最高使用温度，且不应超过 70℃ 。

（4）打开排污阀 1、2，打开放空阀 1、2，打开体积管清洗水管线进口阀，打开水泵出口阀，将池内热水打入体积管中，当池中水少于 1/4 时，及时给池中补热水。

（5）当放空排污阀处有热水流出时，关闭排污阀，此时在收发球筒上部放空管处排放污油及污水至污油回收容器。

（6）当排放的污水含有原油较少（无块状）时，关闭放空阀，打开体积管清洗水管线出口阀，使水在体积管内循环。控制四通阀换向，发一球，使其在体积管内运行，当回到收球筒处，再换向，反复循环清洗。同时在水池用长把笊篱捞出液面上的污油。当清洗水管线不出现大量的污油时，将水池内及体积管内的污水排出，用纱布擦拭水池壁上的污油。

（7）将水池重新加满热水，向热水中加适量的破乳剂（可参照破乳剂使用说明），启动水泵将池内热水打入体积管中，当池中水少于 1/4 时，停泵，及时给池中补热水，并加入破乳剂，直至体积管及水池加满水停泵。

（8）启动水泵让水在体积管及水池循环清洗，清洗时可使体积管换向、走球。同时在水池用笊篱捞出污油。视清除的污油情况决定是否换水。

（9）重复（7）（8）步骤，反复清洗。最后在回水管出口处用白纱布做滤网检查，直到无油为止，关闭体积管控制系统电源、关闭清洗水管线阀门。

需要注意两点：其一，清洗时人员要加倍注意安全，避免热水（或蒸汽）烫伤及人员落水；其二，污油、污水要回收处理，避免污染环境。

### 2. 体积管水标

用标准罐检定标准体积管的流程如图 7-26 所示。

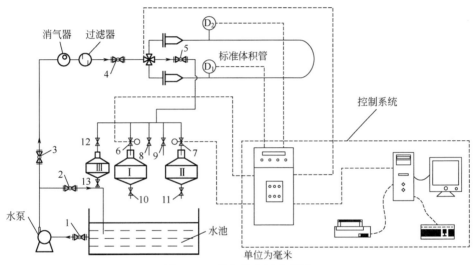

图 7-26　体积管水标流程图

体积管检定，就是确定体积管检测开关 $D_1$、$D_2$ 之间的容积值。用标准罐计量球在基准容积段内运行时，可置换出来水的容积，此容积经过温度、压力修正后即可得出体积管的基准容积值。检定过程如下：检定前水由换向器（或两个电磁阀）经标准罐 II 流回水池，标准罐 I 的出口阀关闭；检定开始，球经检测开关 $D_1$ 时，$D_1$ 发出信号使换向器换向，水进入标准罐 I，水位达到适当位置时，人为控制换向器换向，让水进入标准罐 II，同时读取标准罐 I 的水位，这样水交替进入水罐 I 和 II，余量由标准罐 III 计量，直至球到达检测开关 $D_2$ 时，$D_2$ 发信号最终使换向器再换向，标准罐 I、II、III 计量的水量之和就是球在体积管检测开关 $D_1$、$D_2$ 之间运行时水的体积值。

针对体积管检定的复杂性及涉及问题的多样性，运用系统工程方法，建立体积管检定系统的模型如图 7-27 所示。

油气管道计量技术

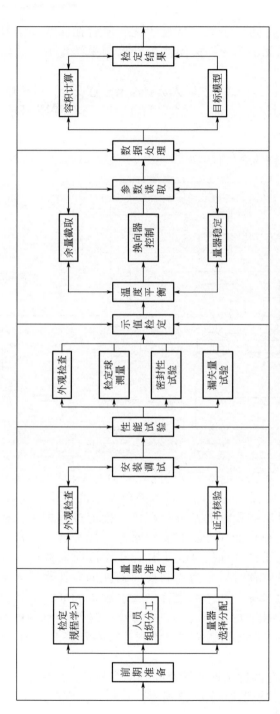

图 7-27　体积管检定系统的模型图

### 3. 前期准备阶段

体积管检定的前期准备工作有：首先，对所有参检人员进行技术培训，学习《体积管检定规程》（JJG 209—2010）；其次，对所有参检人员进行组织分工，具体岗位有控制台操作、流程切换、标准罐操作、换向器操作、参数读取、数据处理等，各岗位人员要各司其职，各负其责，听从统一指挥；最后要对标准罐进行选择与分配，标准罐要尽量选择容积值较大的，这样可减少由于倒罐次数增多而造成的误差，如果两个标准罐分配体积管基准段内的水还有余量，则要根据余量的大小选择合适容积的小标准罐。

### 4. 标准罐准备

标准罐是检定体积管的标准器，其性能好坏直接影响检定的精度，为此标准罐的准备尤为重要。首先要对标准罐进行外观检查，检查标牌是否完整，水准仪是否好用，有无明显变形及磕碰痕迹，罐内是否有异物。上述各项均符合要求后进行检定证书核验，看检定证书是否过期，总不确定度是否达到 0.025%，达不到不能用来检定体积管，到达方可进行安装调试，调试的关键是调解罐下面的三个调平螺栓，使标准罐处于水平，并保证从换向器流出的水不外溅。

### 5. 性能实验

为了保证体积管检定合格，在正式检定之前必须做如下一些性能实验。

1）外观检查

体积管应有铭牌，牌上应注明：名称、型号、制造厂名、制造时间、出厂编号、公称内径、公称流量、重复性、防爆等级。基准管段无明显的凸凹变形。

2）球检查

球表面光滑、无明显的凸凹，球内注满水、乙二醇等液体，且球的直径比体积管内径大 2%~4%，认为合格。

3）密封性实验

密封性实验是检查密封机构的密封性能，即检查是否有液体不经体积管标准管段计量而直接从密封机构漏入出口处，如 10min 内无泄漏，则密封性合格。密封性实验因体积管型式不同而各异，但对一球一阀双向式体积管应打开阀体，检查密封胶垫是否完整，这是保证检定合格的关键一步。

### 6. 漏失量实验

国标《体积管检定规程》（JJG 209—2010）规定，对于弹性橡胶球，只要球的直径比体积管内径大 2%~4%，且球的表面光滑无明显可见的凸凹，可以不做漏失量实验，认为漏失量实验合格。

7. 示值检定

示值检定是体积管检定的关键阶段，主要由以下 5 个环节组成。

1）循环水系统温度平衡

由模型图中可以看出，循环水系统温度平衡是示值检定的前提。为此在检定之前启动水泵，向体积管内注水，并投球运行，一般投三次球后，系统的水温趋于一致，可以保证在一次检定中水温变化不超过 1℃，满足要求。

2）排气

排气的目的是让体积管部内空间全部用水充满，否则将影响检定的重复性。在每次投球运行之前必须排气。

3）换向器控制

在一次检定开始和结束时，换向器的换向是由体积管上的检测开关发出信号控制的，在检定过程中，可由人为手工搬动换向器或由触点开关控制换向器换向。无论采用方式控制，一定要保证标准罐的水位在罐的计量径标尺刻度范围内，否则将出现冒罐或看不到液位，导致整个检定过程失败。

4）余量截取

余量是指体积管基准管段内的水经两个标准罐分配后剩余的水量，余量是由图 7-26 中的阀 12 引到接取余量的小标准罐中，此工作在球运行在检测开关 $D_1$、$D_2$ 之间进行。要注意两点：一是保持小标准罐的水位在罐的计量径标尺刻度范围内；二是保证水不外溅。此工作与换向器控制一样重要，否则同样会导致检定失败。

5）参数读取

当球在检测开关 $D_1$、$D_2$ 之间运行时，读取体积管的进出口处的温度作为平均温度、读取出口处的压力作为平均压力，读取标准罐液位高度时要给予适当的时间让罐位稳定，之后方可读取罐位高度。

8. 数据处理

1）容积计算

上述数据取得后，计算体积管的基准容积公式为：

$$V_{ps} = V_s\left[1+\beta_s(t_s-20)+\beta_w(t_p-t_s)p_s-\beta_p(t_p-20)-p_pD/Et+F_w\right] \quad (7-32)$$

式中　$V_{ps}$——体积管在标准状态下的基本容积，$m^3$；

$p_s$——体积管在标准状态下的基本容积，$m^3$；

$V_s$——标准水罐计量的水的体积，$m^3$；

$\beta_s$、$\beta_w$、$\beta_p$——标准水罐材质、水、体积管材质的体膨胀系数，1/℃；

$t_s$、$t_p$——标准水罐和体积罐的壁温，℃；

$p_p$——体积管压力，Pa；

$D$——体积管公称内径，mm；

$E$——体积管材质的弹性模数，Pa；

$t$——体积管壁厚，mm；

$F_w$——水的压缩系数，1/Pa。

2）目标模型

按上述示值检定的七步进行只能完成一次投球检定，得出一个基准容积。检定规程规定投球检定次数应不小于 3 次，为了保证每次检定所得容积值的有效性，即保证重复性指标，提出如下数学模型。若测得的容积值与平均值的偏差大于标准差与汤姆逊置信系数的乘积，则可以剔除这个测定值；体积管的重复性应优于 0.02%。

这里以检定三次为例，根据上述要求有：

$$| V_i - V | \leqslant 1.4\sigma \tag{7-33}$$

$$4.3\sigma / V \leqslant 0.02\% \tag{7-34}$$

解上述不等式可得：

$$(1 - 6.4 \times 10^{-5}) V \leqslant V_i \leqslant (1 + 6.4 \times 10^{-5}) V \tag{7-35}$$

式中　$\sigma$——标准偏差；

　　　$V_i$——第 $i$ 次测量体积管的容积值；

　　　$V$——体积管的平均容积值。

需要说明的是，$V$ 是作为平均值参与确定各次测量结果是否符合要求，但在实际应用中可把 $V_1$ 临时看作为 $V$，把 $V_2$、$V_3$ 代入式（7-35）进行比较，实践证明只要 $V_2$、$V_3$ 符合式（7-35）的要求，则体积管的重复性一定符合规程的要求。

3）检定结果

体积管基准容积值计算出来后，按《体积管检定规程》（JJG 209—2010）的要求，计算几次检定结果的平均值、重复性和准确度，如果符合要求，把体积管加铅封，体积管可以作为计量标准器，用来检定流量计，否则要查找原因，重新检定。

总之，上述检定体积管的 5 个阶段是相互联系在一起的，只有完成本阶段的各项工作并合格，才能转入下一阶段的工作。否则要及时总结，查找失败原因，回到前面阶段重新开始。只有这样才能保证体积管检定工作的顺利进行，提高检定的合格率。

## 二、活塞式体积管检定

### 1. 准备工作

水标系统如图 7-28 所示。

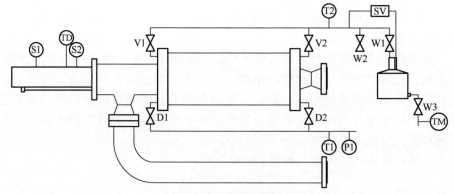

图 7-28　水标系统图

（1）在体积管的入口和出口用截断阀或盲法兰将体积管系统从过程管路中隔离，排空体积管内的介质，并水平放置体积管系统和标准罐。

（2）将水箱、水泵、体积管和标准罐等设备进行连接。

（3）连接水箱上水泵的 380VAC 电源、体积管液压泵的 380VAC 电源、水标控制件中的 220VAC 电源和体积管控制面板中 24VDC 电源。

（4）打开体积管橇上的控制箱（右侧体积较小的控制箱），并将水标控制件中的控制引线插在体积管控制面板上的 J3 插头。

（5）松开体积管检测开关套管后的螺栓，小心地将体积管检测开关的套管取下，切记千万不要碰到检测开关组件及检测片。

（6）检查氮气罐的压力是否为 75psi，若不是则需补充或卸掉氮气，使其压力达到要求，并将氮气罐通往液压系统的球阀打开。

（7）合上上述 4 个电源的供电闸，给系统供电。

### 2. 给水箱和体积管注水

（1）给水箱注满洁净的水。

（2）打开阀门 V1、V2、D1、D2、W1 和 W3，启动水箱上的水泵给体积管注水。

（3）必须将体积管内的气体全部排净：当有水从 W1 处排出时，关掉 D1

和 V2 使体积管活塞从下游往上游运动。

（4）从体积管检测开关组件中观察活塞的位置，当活塞到达上游位置后，打开 D1 和 V2，关掉 V1 和 D2，使活塞从上游往下游运动，直到从体积管检测开关组件中观察活塞已走到最下游。

（5）重复上述（3）（4）步骤，直到体积管内的空气全部排净。

**3. 试漏**

关掉 W1、W2 和水箱水泵的出口阀，记录压力表 P1 的示值。检查体积管、水标管路、水标控制件、体积管法兰、盲板等有无渗漏，并注意观察压力表 P1 的示值，与记录的示值进行比较，有无明显降低。必须确认本密闭系统无渗漏。

**4. 检定**

1）检定下游体积

（1）查看图 7-29 中的拨位开关 S1 和 S2 的位置，将 S2 拨向上"DOWN"。

（2）打开水箱水泵的出口阀，关闭 W1 和 W2，打开 D1 和 V2，关掉 V1 和 D2，启动水箱水泵，体积管液压泵，将活塞拉至最上游位置。

（3）安排一个工作人员站在标准罐旁，以准备打开或关掉 W1 阀。

（4）将 S1 向"RUN"侧拨动一下，此时 SV 阀应开启，并有水流动，体积管活塞向下游移动。

（5）为了加速活塞的移动，可以打开 W1 阀。

（6）待活塞指示片 TD 快接近光电检测开关"S1"位置时，关掉 W1 阀。此时 SV 阀继续开启，并继续有水流动。当活塞指示片 TD 移动到光电检测开关"S1"位置时，SV 阀会自动关闭。

（7）按体积管检定规程要求清除标准罐内的水，并关闭 W3 阀。

（8）将 S1 向"RUN"侧拨动一下，此时 SV 阀应开启，并有水流动，体积管活塞向下游移动，打开 W1 阀，体积管活塞较快地向下游移动。

（9）记录压力 P1 示值，温度 T1 和 T2 示值，记录环境温度示值。

（10）待活塞指示片 TD 快接近光电检测开关"S2"位置时，关掉 W1 阀。此时 SV 阀继续开启，并继续有水流动。当活塞指示片 TD 移动到光电检测开关"S2"位置时，SV 阀会自动关闭。

（11）准确读取并记录标准罐的示值，记录标准罐内的水温示值。

（12）待所有数据记录完毕后，打开 W3 阀，排放掉标准罐内的水，测量该水温，并记录下来。

（13）如有必要，将 S1 向"RET"侧拨动一下，将活塞拉到最上游位置，重复上述（4）~（12）步骤。

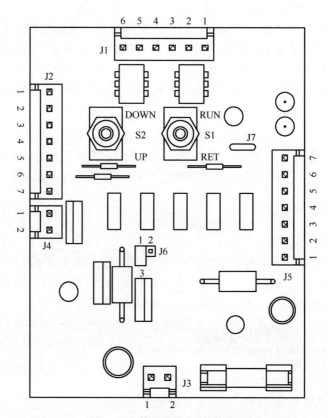

图 7-29　体积管水标控制面板

2）检定上游体积

（1）查看图 7-29 中的拨位开关 S1 和 S2 的位置，将 S2 拨向上 "UP"。

（2）打开水箱水泵的出口阀，启动水箱水泵，体积管液压泵。

（3）通过活塞指示片 TD 确认活塞位置是否在最下游位置。如果活塞位置不在最下游位置，需打开 D1 和 V2，关掉 V1 和 D2，使活塞移动到最下游位置。

（4）关闭 W1 阀和 W2 阀，打开 V1 和 D2，关掉 D1 和 V2。

（5）安排一个工作人员站在标准罐旁，以准备打开或关掉 W1 阀。

（6）将 S1 向 "RUN" 侧拨动一下，此时 SV 阀应开启，并有水流动，体积管活塞向上游移动。

（7）为了加速活塞的移动，可以打开 W1 阀。

（8）待活塞指示片 TD 快接近光电检测开关 "S2" 位置时，关掉 W1 阀。

此时 SV 阀继续开启，并继续有水流动。当活塞指示片 TD 移动到光电检测开关"S2"位置时，SV 阀会自动关闭。

（9）按体积管检定规程要求清除标准罐内的水，并关闭 W3 阀。

（10）将 S1 向"RUN"侧拨动一下，此时 SV 阀应开启，并有水流动，体积管活塞向上游移动，打开 W1 阀，体积管活塞较快地向上游移动。

（11）记录压力 P1 示值，温度 T1 和 T2 示值，记录环境温度示值。

（12）待活塞指示片 TD 快接近光电检测开关"S1"位置时，关掉 W1 阀。此时 SV 阀继续开启，并继续有水流动。当活塞指示片 TD 移动到光电检测开关"S1"位置时，SV 阀会自动关闭。

（13）准确读取并记录标准罐的示值，记录标准罐内的水温示值。

（14）待所有数据记录完毕后，打开 W3 阀，排放掉标准罐内的水，测量该水温，并记录下来。

（15）如果有必要，重复上述（3）~（14）步骤。

5. 结束工作

（1）整个过程结束后，停止所有泵的运转，将所有电源切断。

（2）小心地将体积管检测开关的套管装回，切记千万不要碰到检测开关组件及检测片，紧固体积管检测开关套管后的螺栓。

（3）将氮气罐通往液压系统的球阀关闭。

（4）将体积管橇座上的液压泵、密度泵控制箱关闭，锁紧。将体积管橇座上的控制箱内接线恢复原状，并关闭，锁紧。

（5）打开排空阀，排空体积管及前后管段内的积水，并用氮气吹扫，直到体积管内的水汽风干。并向体积管内充入高于大气压的氮气，关闭所有阀门，使体积管及前后管段内保持微正压氮气。

6. 注意事项

（1）每水标循环必须连续做完，中途不能停顿和间断。

（2）每个水标循环最好使用两种流量：25% 和 50%，这可以利用 W1 实现。

（3）在环境光照良好的情况下，当活塞指示片 TD 快接近光电检测开关时，最好将体积管检测开关的套管小心装回，以挡住外界照向光电开关的光线，以免影响光电开关的准确信号。

# 第八章 油品化验

## 一、玻璃仪器使用、保管与洗涤

### 1. 玻璃仪器

由于玻璃具有良好的化学稳定性、热稳定性、很好的透明度、一定的机械强度和良好的绝缘性能，再加上玻璃原料来源广泛且方便，可以用来制成各种不同形状的玻璃仪器。用于制作玻璃仪器的玻璃称为"仪器玻璃"，常见玻璃仪器如图 8-1 所示。

1）烧杯

常用的烧杯有低型、高型和三角烧杯等 3 种。主要用于配制溶液，煮沸、蒸发、浓缩溶液，作为化学反应容器以及盛装少量物质备用等。烧杯可以承受 500℃ 以下的温度，但加热时一般要垫以石棉网，也可选用水浴、油浴、砂浴等加热方式。杯内待加热液体不要超过总容积的 2/3。

2）烧瓶

烧瓶用于加热煮沸以及物质之间的化学反应，有平底、圆底、三角等多种形状。

平底烧瓶和圆底烧瓶加热时在热源与烧瓶间垫以石棉网，其内容物不得超过容积 2/3，尤其要注意两者都不能骤冷。使用前应认真检查有无气泡、细纹、刻痕及厚薄不均匀等缺陷。这两种烧瓶的主要规格为 50~1000mL 等。

三角烧瓶也称锥形瓶，加热时可避免液体大量蒸发，反应时便于摇动，在滴定操作中经常用它作为容器。

3）试剂瓶

试剂瓶用于盛装各种试剂。常见的试剂瓶有小口试剂瓶、大口试剂瓶和滴瓶。试剂瓶有无色和棕色之分，棕色瓶用于盛装应避光的试剂。小口试剂

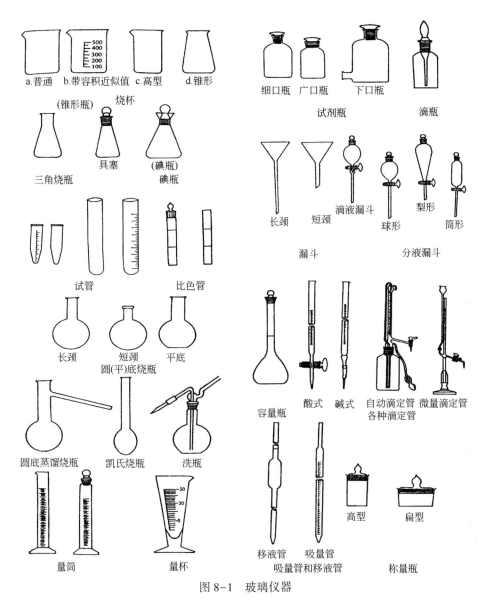

图 8-1　玻璃仪器

和滴瓶常用于盛放液体药品，大口试剂瓶常用于盛放固体药品。

试剂瓶又有磨口和非磨口之分，一般非磨口试剂瓶用于盛装碱性溶液或浓盐溶液，使用橡皮塞或软木塞；磨口的试剂瓶盛装酸、非强碱性试剂或有机试剂，瓶塞不能调换，以免漏气。若长期不用应在瓶塞与瓶口间加放纸条，以防开启困难。滴瓶的滴管也应保持原配，使用时不要将溶液吸入胶头，也不要将滴管放置其他地方。

4）称量瓶

称量瓶主要用于使用分析天平时称取一定质量的试样，也可用于烘干试样。称量瓶平时要洗净、烘干，存放在干燥器内以备随时使用。

称量瓶不能用火直接加热，瓶盖不能互换，称量时不可用手直接拿取，应带指套或垫以洁净纸条。常见的称量瓶有高型和扁型两种。

5）量筒和量杯

量筒和量杯主要用于量取一定体积的液体。在配制和量取浓度及体积不要求很精确的试剂时，常用它来直接量取溶液。读数时，视线要与量筒（或量杯）内液体凹面最低处保持水平。使用中必须选用合适的规格，认清分度值和起始分度。使用时不能加热、烘烤，也不能盛装热溶液。不要用大量筒计量小体积的液体，也不要用小量筒多次量取大体积的液体。具有磨口塞的量筒适用于量取易挥发的液体。

因为量杯的读数误差比量筒大，所以化验室内使用量筒较多，容量为10~1000mL。

6）容量瓶

容量瓶也称量瓶，它的容积比较准确，用于配制体积要求准确的溶液，或作溶液的定量稀释，在滴定分析中经常使用。此瓶瓶颈有标线，表示某一温度下（通常是20℃）的容积。

容量瓶不能加热，瓶塞是磨口的，配套出厂，不能互换，以防漏水，有无色和棕色之分，棕色的用于配制需要避光的溶液或作这些溶液的定量稀释，常用的容积为10~1000mL。

7）干燥器

干燥器主要用来保存固态、液态物品的干燥，也常用来存放防潮的小型贵重仪器和已经烘干的称量瓶、坩埚等。干燥器有无色和棕色之分，棕色的用以保存、干燥需避光的物品。

使用时应沿过口涂抹一薄层凡士林，研匀至透明以免漏气；开启时应使顶盖向水平方向缓缓移开。热的物品需冷却到略高于室温时再移入干燥器；久存的干燥器或室温低时常打不开顶盖时，可用热毛巾或暖风吹化开启。

8）冷凝管

冷凝管也称为冷凝器，供蒸馏操作中冷凝用。冷凝管用于配套仪器的冷凝部分，无单独使用的价值。

水冷凝管使用时，冷却水的进口应在组装仪器的低处，出水口应在组装仪器的高处，并需保证水流畅通。但不必使用急速水流，以保证其冷却效果和避免因冷热不匀造成冷凝管的炸裂。长期使用时，管内夹层的壁上常附着大量的铁锈，可用10%的盐酸洗除。

2. 玻璃仪器的使用与保管方法

（1）玻璃仪器应保管在干燥洁净的地方，经常使用的应置于仪器柜内。仪器柜的隔板上，应衬垫大张定性滤纸或其他洁净的白纸。仪器上覆盖清洁的纱布，关好柜门，防止落灰尘。

（2）非标准口的具塞玻璃仪器，如容量瓶、比色管、碘量瓶等，应在洗涤前将塞子用塑料绳或橡皮筋拴在管口处，以免打破塞子或相互弄混。

（3）计量仪器不能加热和受热，不能储存浓酸和浓碱。

（4）用于加热的玻璃仪器的受热部位不能有气泡、印痕或者壁厚不均匀。加热时，应逐渐升温，避免骤冷骤热，必要时应使用石棉网。

（5）不可将热溶液或热水倒入冷壁仪器。

（6）磨口仪器不能存放碱液，洗净干燥后塞与口之间要衬以纸条或拆散保存，要注意配套存放和使用。

（7）专用组合仪器及其他大型蒸馏仪器，用完后立即洗净，尤其是接触浓碱液的活塞、管路、蒸馏瓶等，最好用稀酸洗一次，以中和尚未洗净的碱液。洗净后若连续使用，可安装在原处，加罩防尘即可。若较长时间不用，应拆卸后放在专用的纸盒内保存，各磨口处垫纸。

（8）对需要采取特殊措施的仪器，应按规定加以保管。如移液管，洗净后应用干净滤纸包住两端。若用于要求较高精度的实验，则全部用滤纸包起来，以防受玷污。

（9）若瓶内是腐蚀性试剂（如浓硫酸等），要在瓶外放好塑料圆桶，以防瓶破裂。操作者要戴有机玻璃面罩。打开有毒蒸汽的瓶口，要在通风橱内操作。

（10）对于因结晶或碱金属盐沉积及强碱粘住的瓶塞，可把瓶口泡在水中或稀盐酸中，经过一段时间可以打开。

3. 玻璃仪器的洗涤与干燥

1）玻璃仪器的洗涤

在化验分析工作中，仪器的洗涤不仅是一个必须做的实验前的准备工作，也是一项技术性工作。仪器洗涤是否符合要求，对化验工作的准确度和精密度均有影响。不同的分析工作（如工业分析、一般化学分析、微量分析）有不同的仪器洗涤要求。

（1）洁净剂及使用范围。

最常用的洁净剂有肥皂、肥皂液、洗衣粉、去污粉、洗液、有机溶液等：

① 肥皂、肥皂液、洗衣粉、去污粉，用于可以用刷子直接刷洗的仪器，如烧杯、三角瓶、试剂瓶、量筒等。

② 洗液多用于不使用刷子的仪器（如滴定管、移液管），也用于洗涤长久不用的杯皿器具和刷洗不下的结垢。

③ 有机溶剂是针对污物属于某一类型的油腻性，而借助有机溶剂能溶解油脂的作用洗除掉。

（2）仪器洗涤步骤及方法。

① 用水洗刷：可使水溶性物质溶解，也可以洗去附在仪器上的灰尘，或使不溶物脱落。应根据不同的仪器选用合适的毛刷。洗涤试管或烧瓶，可以注入半管或半瓶水，稍稍用力振荡，把水倒掉，连续数次。如果内壁有不易洗掉的物质，可用试管刷刷洗。刷洗时，使试管刷在盛水的试管里转动或上下移动，但要防止用力过猛把试管底弄破。

② 用洗涤剂洗刷：先将仪器用水湿润，然后用毛刷蘸取少许洗涤剂，将仪器内外刷洗一遍；接着边用水冲边刷洗，直到洗净为止；最后，用少量蒸馏水刷洗 2~3 次。这里指的洗涤剂是合成洗涤剂或洗衣粉的溶液。去污粉由碳酸钠、白土、细砂等混合而成，可用于洗涤容器外壁，但不适宜洗刷容器内壁，以免使钙类物质黏附在器壁上不易冲掉，也免使容器内壁产生毛痕。

③ 用洗涤液洗涤：对用上述方法仍难洗净或者不便用刷子刷洗的仪器，可以根据污物的性质，选用适宜的洗涤液洗涤。洗涤的时候可先把仪器内的水沥掉，然后向仪器内注入少量洗液，再斜着缓慢转动，使仪器的内壁全部被洗液湿润，来回转动几次后，将洗液倒回原瓶回收，可反复使用。若用洗液将仪器浸泡一段时间或用热的洗液进行洗涤，则去污能力更好。接着仍需用自来水冲洗，后用蒸馏水冲洗 3 次。盛放洗涤液的瓶子的瓶盖应随时盖上，以防止吸水后溶液稀释而降低去污能力。

2）玻璃仪器的干燥

做实验经常要用到的仪器应在每次实验完毕后洗净干燥备用。用于不同实验分析的仪器对干燥有不同的要求，一般定量分析中用的烧杯、锥形瓶等仪器洗净即可使用，而用于有机化学实验或有机分析的仪器很多是要求干燥的，有的要求没有水迹，有的则要求无水。因此，要根据不同的要求来干燥仪器。

（1）晾干。

不急等用的要求一般干燥的仪器，可在纯水涮洗后在无尘处倒置控去水分，然后自然晾干。可用带有斜木钉的架子或带有透气孔的玻璃柜放置仪器。

（2）烘干。

洗净的仪器控去水分，放在电烘箱内烘干，烘箱温度为 105~110℃。烘

1h 左右。也可放在红外灯干燥箱内烘干，此法适用于一般仪器。称量的称量瓶等在烘干后要放在干燥器中冷却和保存。带实心玻璃塞的及厚壁仪器烘干时，要注意慢慢升温，并且温度不可过高，以免烘裂。量器不可放于烘箱内烘烤。

（3）吹干。

对于要求快速干燥的仪器，可以加一些易挥发的机溶剂到已洗干净的仪器中去，使仪器壁上残留的水分和这些有机溶剂互相溶解，然后将它们倾倒出来。这样在仪器内残留的混合物很快挥发掉，达到干燥目的。若再用电吹风按热风—冷风顺序吹风，则干燥得更快。但必须注意化验室通风、防火、防毒。

## 二、化验室常用的电热设备及电动设备

1. 电炉

1）结构

电炉是化验室中常用的加热设备，由电阻丝、炉盘、金属盘座组成，通过调节电压即可控制电炉的温度。

2）使用及注意事项

（1）电源电压应与普通电炉、电热板、电加热套本身规定的电压相符，严禁使用超过其额定电压的电源，以免烧毁电阻丝。

（2）电炉不要放在木质、塑料等可燃的实验台上，以免长时间加热而烤坏台面或引起火灾。电炉应放在水泥台上，或垫上石棉板。

（3）加热容器是金属容器时，若用电炉加热应垫上石棉网，以免触电和发生短路事故。

（4）使用电炉连续工作的时间不应过长，以免影响使用寿命。

（5）电炉的炉槽、电热板电加热套的表面任何时候都应保持清洁，表面的焦烬物应及时清除（清除时先切断电源），严防液体溅落其上而导致漏电或影响使用寿命。

2. 电热恒温干燥箱

电热恒温干燥箱简称为烘箱，适用于恒温条件下烘焙、干燥、热处理及其他加热，一般使用温度为 10~300℃。

1）结构

电热恒温干燥箱一般由箱体、电热系统和自动恒温控制系统三部分组成。

2）使用及注意事项

（1）使用前必须检查电源（电压、电流）是否符合要求，导线要有足够的容量，并应设有专门的电源电闸。

（2）带有电接点水银温度计式控温器的烘箱应将电接点水银温度计两根导线分别接于箱顶部两个接线柱上，并将温度计插入排气阀中，调节水银接点温度计至所需温度，并紧固钢帽螺栓，以达到恒温目的。

（3）排气阀中插入的水银温度计用于校对电接点水银温度计和观察箱内实际温度，以使温度控制更加严格、准确。

（4）当一切准备工作就绪后方可将试品放入箱内，然后接上电源并开启电源开关，红色指示灯亮表示箱内开始升温，当温度达到所控温度时红灯熄灭（绿灯亮），指示箱内已经恒温。恒温后，为了防止温度控制失灵，必须经常查看。

（5）工作室内样品排列不能过密，散热板上不应放样品。禁止烘焙易燃、易爆、易挥发以及腐蚀性物品。

（6）若观察工作室内样品时，可将箱门开启通过玻璃门观察，但箱门不能经常开启，以免影响恒温。箱内及箱体切勿忽冷忽热或剧烈振动，以防温度计和玻璃破碎。

（7）带有鼓风机的烘箱，接通电源后应同时开启鼓风机开关。

（8）工作完毕后应切断电源、确保安全。箱内箱外应保持清洁，不准作非生产之用。

3. 电热恒温水浴锅

电热恒温水浴锅一般用于蒸发及恒温加热，加热温度不是太高，特别适用于加热易挥发、易燃的有机溶剂，以及恒温条件下的浸渍实验等。

1）结构及其性能

电热恒温水浴锅按孔的排列方式可分为单列式和双列式两种，单列式按孔数分为1、2、4、6、8等规格；双列式分为4、6、8等规格。一般采用水槽式结构，其结构分为内、外两层。内层用铝板、铜板或不锈钢制成，在外壳与内胆中间装有石棉板等绝热材料。内胆里设有电热管和托架，电热管安装在槽底部的铜管，内装电炉丝并用绝缘材料填实，电炉丝与控制器相连。控制器带有感温管，并插入内胆内。

2）使用及注意事项

电热恒温水浴锅应放在固定的平台上使用，电源应安装安全开关，务必将地线接好。使用及注意事项如下：

（1）使用前，关闭放水阀并向水箱内加入足够量的水（最好是蒸馏水，以减轻结垢），保证电热管和感温管浸在水中使用，使用中箱内绝不能缺水，以防烧杯加热元件。但不能加水过多，防止水温在100℃沸腾溢出。

（2）使用时切勿碰撞感温管，以免损坏管内的恒温调节器而使温度控制失灵。同时应避免将水溅到电器盒里而引起漏电，甚至损坏电器元件。

（3）接通电源后，观察温度计与指示灯，灯亮即表示电热管通电升温，灯熄灭即断电降温。顺时针旋转调温旋钮升温，反之则降温。

（4）炉丝加热后温度计的指数上升到距离想要控制的温度约2℃时，应反向转动调温旋钮至红灯熄灭为止，此后红灯就不断闪亮，表示恒温控制器发生作用。这时再略微调节调温旋钮即可达到预定的恒定温度。

（5）调温旋钮经较长时间使用后，可随时记录度盘上旋转位置与实际温度计的指数关系，这样就可以较迅速地调到预定控制的温度。

（6）使用中应随时注意水箱有无渗漏现象。

4. 电动搅拌机

电动搅拌机是实验室中进行液体搅拌的常用设备之一。如溶液的混合及有机合成实验中为了加快反应速度等进行的搅拌均需使用搅拌机。

电动搅拌机的使用及注意事项如下：

（1）使用前要检查电源电压是否与电动机要求的符合，仪器一定要接地线。

（2）安装电动搅拌机时，支柱、电动机固定杆等一定要牢固可靠。

（3）固定搅拌棒的夹紧螺栓应夹紧并校准好同心。使用时如发现搅拌棒不同心，搅拌不稳时，应调整夹头使搅拌棒同心。如在三角烧瓶中搅拌，应先夹好三角瓶，再将搅拌棒对准中心，然后开机搅拌；如使用大型烧杯时，可直接置于工作台上。

（4）使用电动搅拌机时，应注意不能超过其允许的连续工作时间，否则易造成电动机损坏。

（5）使用中如因液体黏度过大或反应中发生凝固现象造成无法工作时，应停机采取相应处理措施，不可强制搅拌，以免损坏机器。

（6）应经常保持电动机轴承部位的清洁、润滑，定期加注润滑油。

# 三、天平

天平是化验室最主要、最常用的仪器之一。化验工作经常要准确称量一些物质，称量的准确度直接影响测定的准确度和精密度。化验室常采用的台天平如图8-2所示。

图 8-2　台天平

### 1. 天平的原理

利用杠杆原理，可以在杠杆秤上通过比较被称物体的重量和已知物体——砝码的重量进行称量。在天平上测出的是物体的质量而不是重量。质量是不随地域不同而改变的，而重量则要随重力加速度不同而改变。

### 2. 天平的使用及注意事项

用台天平进行称量前，应先调节台天平的零点，即在台天平不载重的情况下，向左或向右调节台天平托盘下的平衡螺栓，使指针恰好停在标尺中间的位置上。称量时通常将称量物放在台天平左边的托盘里，而在台天平右边的托盘里添加砝码。大的砝码放在托盘的中间，小的砝码放在大砝码的四周。10g 以下的质量可以移动刻度尺上的游码来计量。当砝码加到使台天平两边平衡，指针停在标尺中间位置上时，则砝码的质量就代表称量物的质量。

天平的使用及注意事项如下：

（1）称量前应先进行清洁工作，用小毛刷揩去天平盘上和天平箱内的灰尘。检查和调节天平的水平状态。检查和调节天平的零点，并注意所称样品不得超过天平的最大负载。

（2）热的或过冷的物品进行称量前，应先在干燥器内放置至室温。具有腐蚀性或潮湿性的物体，应放在称量瓶或其他密闭容器中进行称量。

（3）取放称量物、加减砝码、调整、修理以及其他原因接触天平时，应首先托住天平梁，以保护刀口。旋动升降旋钮要缓慢，不能使天平剧烈振动。称量时应将天平门关好。

（4）进行读数时，眼睛的位置应固定，使眼睛和升降旋钮的中央以及标尺的中间保持在一直线上时读数容易准确。

（5）在做同一个实验时，应使用同一天平和同一组砝码进行所有的称量，以减少误差。

（6）称量完毕，放好砝码，做清洁工作，检查天平梁是否托好，然后关好天平门，罩上布罩，拔下电源。

（7）搬动天平时应卸下秤盘、吊耳、横梁等部件，天平零件不得拆散挪做他用。

（8）天平内应放置硅胶干燥剂，以吸收内部的潮气。但对称量准确度要求极高的化验室，天平内则不易放置干燥剂。若天平室潮湿，可在室内放置石灰和木炭，并定期更换。如果天气燥热，可在天平玻璃内放置一块沥青块，以免因摩擦产生静电而发生干扰。

3. 试样的称量方法

1）固定称样法

在分析工作中，有时要求准确称取某指定量的试样，均采用此法。适用于准确称取在空气中性质稳定、不吸水的试样。称样方法如下：

（1）在天平上先准确称取容器的质量。

（2）将砝码调至所需称量质量（含容器质量），然后用取样小勺轻轻将试样落入容器，经多次添加和反复衡量，直至调整试样达到指定质量为止。

（3）为减少频繁添加次数，加快称量速度，可采取预称办法。一种是将已知质量的容器在上皿天平上进行试样预称量；另一种是用电光纸在上皿天平预称试样，然后倒入已知质量的容器中，再在天平上称量。经预称后只要稍加调整，即能达到要求，可加快称样速度。

2）减量法

此法将试样装在称量瓶中，称其量，取出对着容器内壁倒出部分试样，再称其量，二者差即为试样质量。如需要再称一份，可再倒出一份试样，再称其量，即可连续称出第二份试样的质量。

减量法优点是试样在称样时可以避免吸潮，称量速度快，避免每次称量带来的误差；缺点是倒样不易掌握，忽多忽少，往往每份试样相差甚大。

# 第二节　油品取样

对于密度、水和沉淀物的测定，采集代表性原油样品是一个关键过程。大量研究表明，在输送过程中测定原油具有代表性的参数值，要有 4 个不同的步骤：（1）管内介质的流动条件满足要求；（2）取样要可靠、有效，确保取样率与管内流量成比例；（3）样品保存和运输满足要求；（4）样品制备和细分满足实验室精密分析要求。

# 一、取样仪器

## 1.油罐取样器

### 1）取样笼

取样笼结构如图8-3所示。它是一个金属或塑料的保持架或笼子，能固定适当的容器。装配好后应加重，以便能在被取样的油品中迅速下沉，并在任一要求的液面充满容器。

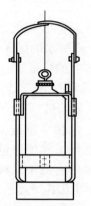

图8-3　取样笼示例

### 2）加重取样器

加重取样器的结构如图8-4所示。加重取样器应有适当的容量，一般为

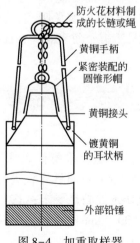

防火花材料制成的长链或绳

黄铜手柄

紧密装配的圆锥形帽

黄铜接头

镀黄铜的耳状柄

外部铅锤

图8-4　加重取样器

0.5~1.0L，在被取样的石油中能迅速下沉。取样器配有用不产生火花材料制成的绳或链，以便能在油罐中任何一个需要取样的部位装满试样。为防止加重用金属不规则表面污染试样，应将其装在取样器外部或不透油的假底中（底夹层）。

3）界面取样器

界面取样器如图8-5所示，由一根两端开口的玻璃管、金属管或塑料管制成，通过液体降落时，液体能自由地流过。通过以下装置可使其下端在要求的液面处关闭：

（1）由取样器向上运动起作用的关闭机构；

（2）通过悬挂钢绳（降落吊索）导向的重物降落起作用的关闭机构。

界面取样器可以用于从选择的液面采取点样，也可以用于采取检测污染物存在的底部样。界面取样器在缓慢降落时，可用于收集罐底上或其他任何选择的液面处的垂直液柱。

4）底部取样器

底部取样器是用不产生火花的链或绳将其沉放到罐底的容器，如图8-6所示。当其与罐底接触时，它的阀或塞就被打开；当其离开罐底时，它的阀或塞就被关闭。

图8-5　界面取样器

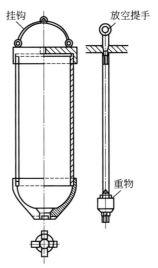

图8-6　底部取样器

5）残渣或沉淀物取样器

以抓取取样器为例，这种取样器是一个带有抓取装置的坚固的黄铜盒，其底是两个有弹簧关闭的夹片组，取样器结构是有吊缆放松。取样器顶上的两块轻质板盖是为了防止在从液体中提升取样器时样品被冲洗出来。抓取取样器图 8-7 所示。

6）例行取样器

例行取样器是一个加重的或放在加重的取样笼中的容器，需要时，可装有一个限制冲油配件。在通过油品降落和提升时取得样品，但不能确定它是在均匀速率下充满的。

7）全层取样器

这种取样器有液体进口和气体出口，在通过油品降落和提升时取得样品，但不能确定它是在均匀速率下充满的，其结构如图 8-8 所示。

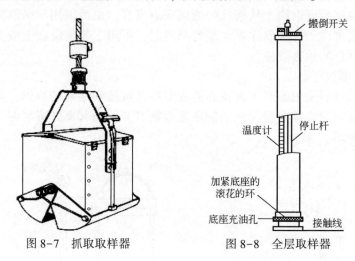

图 8-7　抓取取样器　　　　图 8-8　全层取样器

### 2. 桶、听取样器

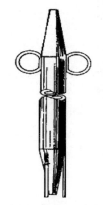

通常使用的是管状取样器，如图 8-9 所示。这是一个由玻璃、金属或塑料制成的管子，需要时，可配有便于操作的合适的配件。它能够插到桶、听或公路罐车中所要求的液面处抽取点样或插到底部抽取检查污染物存在的底部样。在下端有关闭机构的管状取样器，还可以用于通过液体的竖直截面采取代表性样品。

### 3. 管线取样器

#### 1）管线手工取样器

管线手工取样器由一个适当的管线取样头与一个隔离阀组成。如果取样头安装在水平管线中，则应安装在

图 8-9　管状取样器

泵输出侧，样品进入点到管线内壁的距离如图8-10(a) 所示，取样头到泵出口的距离为0.5~8倍管线内径。若取样头安装在竖直管线中，其开口直径应不小于6mm，取样头的开口应朝向液流方向，其样品进入点到管线内壁的距离应大于管线内径的1/4，如图8-10(b) 所示。取样头的位置离上游弯管的最短距离为3倍管线内径，但最好不超过5倍管线内径，离下游弯管的最短距离为0.5倍管线内径。取样器应有一根输油管，其长度应能达到样品容器的底部，以便于浸没充油。

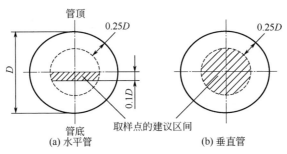

图8-10 取样点的位置

2) 石油液体管线自动取样器

手工管线取样器适用于均匀液体，其组成和品质不随时间发生明显变化。如果不是这种情况，建议采用自动取样器，因为自动取样是从管线中连续或重复地提取多个小样，由此保证该批量液体的任何组成变化都能反映到所采集的样品中。为了使样品尽可能具有代表性，必须满足《石油液体管线自动取样法》(GB/T 27867—2011) 标准中有关要求。

4. 容器

样品容器应是玻璃瓶、塑料瓶、带金属盖的瓶或听，其应用取决于被取样物料的性质。

1) 试样容器

试样容器是用于储存和运送试样的接受器，应该有合适的帽、塞盖或阀。其容量通常在0.25~5L之间。使用的容器必须不渗漏油品，并且能耐溶剂；必须有足够的强度，能承受可能产生的内部压力；应足够坚固，能承受正常的处置。

2) 玻璃瓶

玻璃瓶应配有软木塞、玻璃塞，或是配有耐油垫片的塑料或金属螺旋帽。挥发性液体不应使用软木塞。如果油品对光敏感，则试样瓶应该是深色的。

玻璃瓶和塞子应清洁、干燥。清洗方法取决于瓶子的状态、以前装过的物质、试样的性质以及要做的试验项目。

雷德蒸气压力大于 0.177MPa（1.8bar）的试样不应使用玻璃瓶。如果雷德蒸气压力在 0.098~0.177MPa（1.0~1.8bar）之间，试样在废弃之前，瓶子应用一个金属盒子加以保护。

3）油听

油听用镀锌铁皮制成，并应有冲压的接缝或焊缝，焊缝应用松香剂在油听的外表面焊接。油听可以用带有耐油垫片的螺旋帽封闭，垫片使用一次后就应更换。油听和盖应清洁、干燥。清洗方法取决于油听的状态、以前装过的物质、试样的性质和需要进行的化验项目。使用前应对油听进行检查，如有渗漏或生锈应该舍弃。

4）塑料瓶

塑料瓶用未着色的最小密度为 0.950g/cm³ 的直链聚乙烯制成，其最小壁厚为 0.7mm，可在不影响油品被测性质时使用。

## 二、安全注意事项

（1）应严格遵守包括进入危险区域的全部安全规程，及《石油液体管线自动取样法》（GB/T 27867—2011）标准中有关要求。

（2）取样者应有运载取样器具的托架，以便至少有一只手是自由状态。

（3）为了排放和冲洗的需要，应装有足够的和安全的排放设施。

（4）只要可能，浮顶油罐都应从顶部平台取样。

（5）为了避免静电危险，在罐内可燃烃类的储存温度高于其闪点时，或者在罐内已产生烃蒸气的易燃气或油雾时，应遵循：油罐、公路罐车、铁路罐车、油船或驳船在装油期间不应取样。

（6）取样时，为防止打火花，在整个取样过程中应保持取样导线牢固地接地，接地方法一是直接接地，二是与取样口保持牢固的接触。

（7）在闪电、冰雹、暴风雨期间不得进行取样。

（8）为了使人体上的静电释放，在取样前，取样者应接触静电释放装置。

（9）当采取在接近或高于其闪点温度下充装的新精制的挥发性产品样品时，必须在完成转移或装罐 30min 后，才能向罐中引入导电的取样器具。

## 三、操作注意事项

（1）严格检查取样器具，包括封闭器，确保其清洁和干燥。

（2）容器中应留有至少 10%用于膨胀的无油空间。如果从油罐中采取点样时，必须从样品容器中倒出一些样品，这个操作应在从油罐中提出样品容器时立即进行。

（3）在充装样品之后，立即封闭接受器或容器，检验其是否渗漏。

（4）特殊分析用样品：如果样品用于测定痕量物质时，例如铅，最好专门准备样品容器。将样品直接取进准备好的容器中。使用的辅助设备和取样绳决不能污染样品。如果对样品要做的试验有某些特殊要求时，例如铜片腐蚀试验，则要把样品取进棕色的玻璃瓶中，以使样品在试验前避光。

（5）挥发性物质样品：当采取挥发性原油时，应采取必要的措施来防止轻组分损失，以免影响测试结果。

（6）贴标签和运输。

① 给样品容器贴上清楚的标签，最好是捆扎标签，标签应包括下列各项（并要使用永久的记号）：取样地点；取样日期；取样者姓名或其他标记；被取样物料的说明；样品所代表的数量；罐号、包装号（和类型）、船名；样品类型；使用的取样装置。

② 如果分发样品，必须注意要符合相应的规章。

## 四、取样原则

对于油罐取样，只有当罐内油品静止时，才能进行油罐取样（对于原油和重质油等，应先放出底部游离水），油品分析通常取下述产品之一。

（1）上部样、中部样、下部样；

（2）上部样、中部样、出口液面样。

如果对这些样品的试验表明罐内油品是均匀的，就可以将这些样品等比例地合并，并进下一步试验。

如果对这些样品的试验表明罐内油品是不均匀的，就必须在多于 3 个液面上采取样品，并制备用于分析的组合样。如果掺和会损害样品的完整性，就单独分析每个样品，并计算每个样品所代表油品的比例。

## 五、取样方法

### 1. 立式油罐取样

（1）点样：降落取样器或瓶和笼，直到其口部达到要求的深度，用适当的方法打开塞子，在要求的液面处保持取样器具直到充满为止。当采取顶部样品时，要小心地降落不带塞子的取样器，直到其颈部刚刚高于液体表面，然后迅速把取样器降到液面下 150mm 处，当气泡停止冒出表明取样器充满时，将其提出。当在不同液面取样时，要从顶部到底部依次取样，这样可避免扰动下部液面。

（2）组合样：制备组合样，把有代表性的单个样品的等分样转移进组合样容器中。

（3）底部样：降落底部取样器，将其直立地停在油罐底上。提出取样器之后，如果需要将其内含物转移进样品容器时，要注意正确地转移全部样品。

（4）界面样：降落打开阀的取样器，使液体通过取样器冲流。到达要求液面后，关闭阀，提出取样器。

（5）罐侧样：只有在没有其他方法可利用时才使用，此处不加以讨论。

（6）还有全层样和例行样，这两种方法不是最好的方法，因为不能确定取样器是在均匀的速率下充满的。

2. 铁路、公路罐车取样

（1）把取样器降到油罐车罐内油品深度的 1/2 处，以急速的动作拉动绳子，打开取样器的塞子，待取样器内充满油后，提出取样器。从每个油罐车采取样品按比例合并成组合样。

（2）对于整列装有相同石油油罐车，应按表 8-1 所示的取样车数进行随机取样，但必须包括首车。

表 8-1　盛装原油的罐车、油船船舱的最小取样数

| 盛油容器总数 | 取样的容器数 |
| --- | --- |
| 1~2 | 全部 |
| 3~6 | 2 |
| ≥7 | 3 |

3. 油船或驳船上的油舱取样

（1）油船的总装载容积，一般划分成若干个不同大小的舱室，从每个舱室采取点样或每舱都要取上部、中部、下部三个试样，并以相等体积掺和成该舱的组合样。

（2）把取样器降到所要求的取样位置，以急速的动作拉动绳子，打开取样器上的塞子，待取样器内充满油后，提出取样器。

（3）对于装载相同石油的油船，应按表 8-1 所规定的取样船舱数进行随机取样。

### 4.残渣、沉淀物取样

残渣是油罐底上或油船舱底上的一层有机或无机的沉淀物。在环境温度下，这种物质是软质的黏稠物，不能被抽出，残渣或沉淀物样品没有代表性，只用于考虑它们的性质和组成。

当残渣层的厚度≤50mm时，抓斗是最好的取样装置；当残渣层的厚度>50mm时，应用穿孔器的方法。

### 5.桶或听取样

取样前，将桶口或听口朝上放置。如需测定含水或不溶污染物，应在口朝上位置保持足够长的时间。打开盖子，将湿侧朝上放在盖孔旁边。

冲洗取样管：用拇指按住清洁干燥的取样管上端，将管子插进油品中约300mm深，放松拇指使油品进入取样管后，再用拇指按紧取出取样管，使其处于接近水平位置，让油品能接触取样时被浸入油料中的内表面部分，然后排净管内的油料。注意操作中不可用手抚摸浸入油品内的那部分管子。

取代表性试样：将经过冲洗的取样管插入油品中，插入的速度要使管内液面与管外液面大致相同，以取得油品全部深度的试样。用拇指按住上端管口，迅速提出管子，并把油品转入试样容器中。

取底部样：将经过冲洗的取样管用拇指按紧上端管口，插入油品中。当管子到达底部时，放开拇指待管中充满油料，用拇指按住上端管口，迅速取出管子，并将采取的油样转入试样容器中。

### 6.管线取样

（1）管线样分为流量比例样和时间比例样两种。

（2）取样应在适宜的管线取样器中进行。取样前，要用被取样的产品冲洗全部取样设备，然后把样品放进样品容器或接收器中。

（3）对于输油管线中输送的石油或液体石油产品，应按照表8-2的规定从取样口采取流量比例样，而且要把所采取的样品以相等的体积掺和成一份组合样。

表8-2　采取流量比例样

| 输油数量，$m^3$ | 取样规定 |
| --- | --- |
| 不超过1000 | 在输油开始时和结束时各一次 |
| 超过1000~10000 | 在输油开始时一次，以后每隔1000$m^3$一次 |
| 超过10000 | 在输油开始时一次，以后每隔2000$m^3$一次 |

注：输油开始时，指罐内油品流到取样口时；输油结束时，指停止输油前10min。

对于时间比例样，可按照表8-3的规定从取样口采取样品，并把所采取的样品以相等的体积掺和成一份组合样。

表8-3　采取时间比例样

| 输油时间，h | 采样规定 |
| --- | --- |
| 不超过1 | 在输油开始时和结束时各一次 |
| 超过1~2 | 在输油开始时，中间和结束时各一次 |
| 超过2~24 | 在输油开始时一次，以后每隔1h一次 |
| 超过24 | 在输油开始时一次，以后每隔2h一次 |

注：输油开始时，指罐内油品流到取样口时；输油结束时，指停止输油前10min。

另外，对于原油和非均匀石油液体，连续自动管线取样是最好的方法。一般只有在自动取样器出现故障或需要维修时，才会需要手工采取样品。采取时间比例样品，只能在流速恒定下使用，详见《石油液体手工取样法》（GB/T 4756—2015），在此不再赘述。

## 六、样品处理

对于包含水分和沉淀物的取样，以及对于因为其他原因而存在不一致性的取样来说，在将它们从取样容器传送到较小的容器中或者传送到实验室分析仪器的过程中，都要进行均质化处理。

对于包含水分和沉淀物的液体取样来说，使用人工搅拌的办法不足以使取样中的水分和沉淀物非常均匀地散布。在取样传送之前，或者在分割（也就是分成几份）取样之前，为了使取样具有最佳的均质性，要使用强劲的机械搅拌设备或液力搅拌设备对取样进行充分的搅拌。

1. 使用高剪切力机械搅拌器进行均质化处理

将一台高剪切力搅拌器插入到取样容器中，使搅拌器的旋转元件达到底部的30mm以内。应使用装有逆方向转动叶片的搅拌器，每分钟3000转较为适合。如果能够满足性能要求，也可选择使用其他类型的搅拌器。

对于原油或其他包含挥发性化合物的取样，为了使取样中轻馏分的逃逸损失达到最小化，应在取样容器内进行密封搅拌操作。搅拌的时间要保证使取样能够达到完全均质化的要求。通常5min的搅拌时间就足够了，但取样容器的尺寸和取样本身的自然属性等因素都会影响到均质化所需要的时间，所以在确定搅拌时间的时候，也要恰当地考虑到这些因素。

2.使用外部搅拌器进行循环处理

使用外部搅拌器进行循环处理的方法既适用于固定位置的取样容器，也适用于便携式取样容器。对于后者，要使用到快速断开耦合器。在对取样容器内的液体进行循环的时候，使用小型泵通过安装在小内径管路上的静态搅拌器就可以使容器内的取样液体得到充分的循环。外部搅拌器有很多种设计，都可选用，但不管使用哪种设计的产品，都要注意遵循生产商的操作建议。

循环的速度要保证足以使取样液体得到充分的循环，循环的速度最少为每分钟一次。通常，搅拌时间应为15min，但在确定实际所需要使用搅拌时间的时候，还要考虑水分含量、碳氢化合物（也就是石油）的类型以及系统设计等因素的影响。在整批取样都彻底得到搅拌以后，保持泵运转，以便把存在于循环管线中阀门内部的那部分取样甩出来。然后，放空取样容器，泵取溶剂，对容器进行彻底清洗，直到看不到任何碳氢化合物（也就是石油）和水分的痕迹为止。

3.搅拌效果的验证

无论使用何种方法来从非均质混合物中抽取取样，都要验证所使用的搅拌技术是否适合于搅拌需要，还要验证所使用的搅拌时间是否能够使取样获得充分搅拌，达到均质性：

（1）如果在搅拌以后，样品能够稳定地保持均匀和稳定，则应继续进行混合，直到从样品主体相继抽出的样品得出相同的试验结果为止。其实，以上做法实际上就定义了最小搅拌时间。注意：在这以后，取样已经达到均质性要求了，就可以在停止搅拌的情况下把取样传送走了。

（2）如果在搅拌以后的一小段时间里，样品不能保持住均质性（例如，混合物中包含水分或沉淀物），则应按照3）中的要求使用特殊方法来对搅拌效果进行验证。注意：这可能是因为石油的特性造成的，或者是由于在搅拌过程中进行二次取样所造成的。

（3）确保所抽取的取样填满容器的3/4左右，搅拌一定的时间（时间长度应为已知）并要加以记录。在此期间内，每隔一定时间就抽取出一小部分取样，并立即使用标准方法对其水分含量进行测试。当测试结果变得一致以后，将获得的数值作为实际含水量来加以记录。

# 第三节 原油含水量测定

蒸馏法测定原油中水含量指在试样中加入与水不混溶的溶剂，并在回流条件下加热蒸馏。冷凝下来的溶剂和水在接收器（也称集水管）中分离，水沉降到接收器下部带刻度部分，溶剂返回到蒸馏烧瓶中。读出接收器中水的体积，进而计算出试样中水的百分含量。

## 一、仪器

### 1. 蒸馏仪器

蒸馏仪器的规格及装配如图 8-11 所示。由玻璃蒸馏烧瓶、直管冷凝器、有刻度的玻璃接收器（也称集水管）组成：

（1）蒸馏瓶——使用 1000mL 圆底、带有 24/39 锥形磨口玻璃蒸馏烧瓶。

（2）接收器——最小刻度为 0.05mL，带有 24/39 锥形磨口的 5mL 玻璃制接收器。

（3）冷凝管——聚水器上安装的 400mm 冷凝器。

### 2. 加热器

任何可以把热量均匀地分布到蒸馏瓶下半部的气体或电加热器均可以使用。从安全因素考虑，最好使用电加热套更为合适。

### 3. 溶剂

使用符合《石油混合二甲苯》（GB/T 3407—2010）中优级品要求的二甲苯或油漆工业用溶剂油作为蒸馏溶剂，但仲裁试验应以二甲苯作溶剂的试验结果为准。在操作中应对样品充分均化，防止溶剂爆沸，并充分通风，避免吸入有害的溶剂蒸汽。

### 4. 接受器检定

在水分测定中水分测定器的接收器已作为计量器具，因此首次使用前仍需要进行检定。检定时可用能读准至 0.01mL 的微量滴定管或精密微量移液管，以 0.05mL 的增量逐次加入蒸馏水来检验接收器上刻度标线的准确度。如果加入的水和观察到的水量的偏差大于 0.050mL，就应重新检定或认为该接收器不合格。

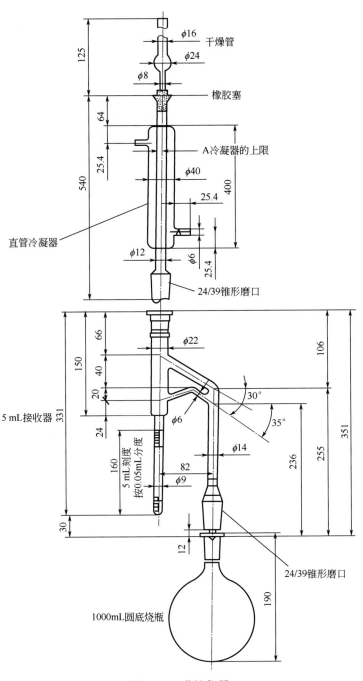

图 8-11　蒸馏仪器

## 二、试验准备

（1）试样制备：基于样品的预期含水量，根据表8-4按规定选择试样量。

表8-4　试样量

| 预期含水量（质量或体积分数），% | 大约试样量，g（或mL） |
| --- | --- |
| 50.1~100.0 | 5 |
| 25.1~50.0 | 10 |
| 10.1~25.0 | 20 |
| 5.1~10.0 | 50 |
| 1.1~5.0 | 100 |
| 0.5~1.0 | 200 |
| <0.5 | 200 |

（2）在量取试样之前，对已凝固或流动性差的试样，应加热到有足够流动性的最低温度。剧烈振荡试样，把黏附在容器壁上的水都摇下来，使试样和水混合均匀。如果对于混合试样的均匀性有怀疑时，则测定至少要进行3次，并报告平均结果作为水含量。

（3）测定水的质量分数时，按表8-4进行，把试样直接倒入蒸馏烧瓶中，如果必须使用转移容器（如烧杯或量筒），应仔细地把试样倒入烧瓶中，用与转移容器相同体积的溶剂分5份清洗转移容器，并把清洗液倒入烧瓶中，然后计算试样的质量。

## 三、试验步骤

（1）为确保测定结果的精密度，对全部测定仪器至少每天进行一次化学清洗，除去表面膜和有机残渣，因为这些物质会妨碍水在试验仪器中自由滴落。

（2）测定水的体积分数时，把足够的溶剂加到烧瓶中，使溶剂的总体积达到400mL。

（3）测定水的质量分数时，把足够的溶剂加到烧瓶中，使溶剂的总量达到400mL。

（4）按图8-11所示的装配仪器，要保证全部接头的气密和液密性。建议玻璃接头不涂润滑脂。把装有显色干燥剂的干燥管插到冷凝器上端，防止空气中的水分在冷凝器内部冷凝，干扰测定结果。通过冷凝器夹套的循环冷却水温度应保持在 20~25℃。

（5）加热蒸馏烧瓶：在蒸馏的初始阶段加热应缓慢（大约 0.5~1h），要防止突沸和在系统中可能存在的水分损失。初始加热后，控制加热速度：其一是蒸汽柱高度不超过冷凝器内管高度的 3/4；其二，馏出物应以大约每秒2~5 滴的速度滴进接收器。继续蒸馏，直到除接收器外仪器的任何部分都没有可见水。接收器中水的体积至少保持恒定 5min。如果冷凝器内管中有水滴积聚，就用溶剂冲洗，冲洗后，再缓慢加热，防止突沸，再蒸馏至少 5min（冲洗前，必须停止加热至少 15min，防止突沸）。重复这个操作，直到冷凝器中没有可见水和接收器中水的体积保持恒定至少 5min。如果仍不能除掉水，可使用聚四氟乙烯刮具、小工具等或相当的器具把水刮进接收器中。

（6）冷凝器内管壁上的水滴清理完后，把接收器和它的内含物冷却到室温，再用氟乙烯制的刮具或其他小工具把黏附在接收器壁上的水滴移到水层里。读出接收器中水的体积。接收器的分刻度为 0.05mL，但是水的体积要读到 0.025mL。

（7）将 400mL 溶剂倒入蒸馏烧瓶中，按（1）~（6）的步骤进行空白试验。

（8）结果表示：试样中含水率 $X_1$（体积分数）或 $X_2$（质量分数），分别按式（8-1）、式（8-2）计算：

$$X_1=\frac{V_1-V_2}{V}\times100\% \tag{8-1}$$

$$X_2=\frac{V_1-V_2}{M}\times100\% \tag{8-2}$$

式中　$V_1$——接收器中水的体积，mL；

　　　$V_2$——溶剂空白试验水的体积，mL；

　　　$V$——试样的体积，mL；

　　　$M$——试样的质量，g。

需要注意的是：水在室温的密度可以视为 $1g/cm^3$，因此用水的毫升数作为水的克数。

（9）精密度。

① 重复性。由同一操作者用相同的仪器在规定的操作条件下对同一试样所取得的连续两个试验结果之间的差值，不应超过下列数值：水含量（体积分数）为 0.0%~0.1%，如图 8-12 所示；水含量（体积分数）为0.1%~1.0%，体积分数为 0.08%。

② 再现性。由不同操作者在不同的试验室中对同一试样所取得的两个试验结果之间的差值，不应超过下列数值：水含量（体积分数）为 0.0%~0.1%，如图 8-12 所示；水含量（体积分数）为 0.1%~1.0%，体积分数为 0.11%。

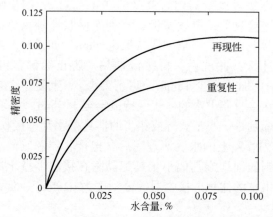

图 8-12　水含量为 0.0%~0.1%的方法精密度示意图

# 第四节　密度测量

## 一、工作原理

密度测量的工作原理是：使油品试样处于规定温度，将其倒入温度大致相同的密度计量筒中，将合适的密度计放入已调好温度的试样中，让它静止；当温度达到平衡后，读取密度计刻度读数和试样温度；用石油计量表把观察到的密度计读数换算成标准密度。

## 二、使用的仪器

### 1. 密度计量筒

密度计量筒由透明玻璃、塑料或金属制成，其内径至少比密度计躯体外径大 25mm，其高度应使密度计在试样中漂浮时，密度计底部与量筒底部的间距至少有 25mm。

### 2. 密度计

密度计应符合《石油密度计技术条件》（SH/T 0316—1998）和表 8-5 给出的技术要求。但仍可使用 SY-Ⅰ、SY-Ⅱ型密度计。

表 8-5　密度计技术条件

| 型号 | 单位 | 密度范围 | 刻度间隔 | 最大误差 | 弯月面修正值 |
|---|---|---|---|---|---|
| SY-02<br>SY-05<br>SY-10 | kg/m³<br>（20℃） | 600~1100<br>600~1100<br>600~1100 | 0.2<br>0.5<br>1.0 | ±0.2<br>±0.3<br>±0.6 | +0.3<br>+0.7<br>+1.4 |
| SY-02<br>SY-05<br>SY-10 | g/cm³<br>（20℃） | 0.600~1.100<br>0.600~1.100<br>0.600~1.100 | 0.0002<br>0.0005<br>0.0010 | ±0.0002<br>±0.0003<br>±0.0006 | +0.0003<br>+0.0007<br>+0.0014 |

### 3. 恒温浴

恒温浴的尺寸大小应能容纳密度计量筒，使试样完全浸没在恒温浴液体表面以下，在试验期间能保持试验温度在 ±0.25℃ 以内。

### 4. 温度计

温度计的范围、刻度间隔和最大误差范围见表 8-6。

表 8-6　温度计技术条件

| 范围,℃ | 刻度间隔,℃ | 最大误差范围,℃ |
|---|---|---|
| −1~38 | 0.1 | ±0.1 |
| −20~102 | 0.2 | ±0.15 |

## 三、样品制备

（1）用于试验的试样必须充分混合，尽可能地代表整个测定的油品。在试样的混合操作中，应始终注意保持样品的完整性。

（2）为了减少轻组分损失，对挥发性原油和石油产品应在原来的容器和密闭系统中混合。

（3）对倾点高于 10℃ 或浊点高于 15℃ 的含蜡原油，在混合样品前，要加热到高于倾点 9℃ 以上，或高于浊点 3℃ 以上。为了减少轻组分损失，样品应在原来容器和密闭系统里混合。

（4）对于含蜡的液体石油产品，在样品混合前，应加热到浊点的 3℃ 以上。

（5）试验温度：①把样品加热到能充分流动，但温度不能高到引起轻组分损失，或低到样品中的蜡析出；②对于原油样品，要加热到20℃，或高于倾点9℃以上，或高于浊点3℃以上中较高的一个温度。

## 四、测定操作

（1）在试验温度下把试样转移到温度稳定、清洁的密度计量筒中，避免试样飞溅和生成空气泡，并要减少轻组分的挥发。

（2）用一片清洁的滤纸除去试样表面上形成的泡。

（3）把装有试样的量筒垂直地放在没有空气流动的地方。在整个试验期间，环境温度变化应不大于2℃。当环境温度变化大于±2℃时，应使用恒温浴。

（4）用合适的温度计或搅棒作垂直旋转运动搅拌试样，使整个量筒中的试样，其密度和温度达到均匀。记录温度接近到0.1℃，并从量筒中取出温度计或搅拌棒。

（5）把合适的密度计投入液体中，达到平衡位置时放开，让其自由地漂浮。要注意避免弄湿液面以上的干管。把密度计按到平衡点以下1mm或2mm，并让它回到平衡位置，观察弯月面形状，如果弯月面形状改变，应清洗密度计干管，重复此项操作直到弯月面保持不变。

（6）对于不透明液体，要等待密度计慢慢地沉入液体中。

（7）对透明低黏度液体，将密度计压入液体中约两个刻度，再放开。由于干管上多余的液体会影响读数，在密度计干管液面以上部分应尽量减少残留液。

（8）在放开时，要轻轻地转动一下密度计，使它能在离开量筒壁的地方静止下来自由漂浮。要有充分的时间让密度计静止，并让所有气泡升到表面，读数前要除去所有气泡。

（9）当密度计离开量筒壁自由漂浮并静止时，读取密度计刻度值，读到最接近刻度间隔的1/5。

（10）测定透明液体，先使眼睛稍低于液面的位置，慢慢地升到表面，先看到一个椭圆，然后变成一条与密度计刻度相切的直线。密度计读数为液体下弯月面与密度计刻度相切的那一点，如图8-13所示。

（11）测定不透明液体，使眼睛稍高于液面的位置观察，如图8-14所示。密度计读数为液体上弯月面与密度计刻度相切的那一点。注意：使用SY-Ⅰ型、SY-Ⅱ型石油密度计，仍读取液体上弯月面与密度计干管相切处的刻度。

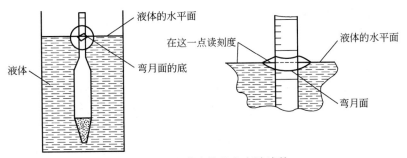

图 8-13　透明液体的密度计读数

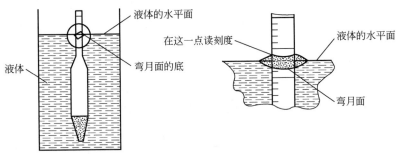

图 8-14　不透明液体的密度计读数

（12）记录密度计读数后，立即小心地取出密度计，并用温度计垂直地搅拌试样，记录温度接近到 0.1℃。如果这个温度值与开始试验温度相差不大于 0.5℃，应重新读取密度计和温度计读数，直到温度变化稳定在 ±0.5℃以内。

# 五、计算

（1）对观察到的温度计读数作有关修正后，记录到接近 0.1℃。

（2）由于密度计读数是按液体下弯月面检定的，对不透明液体，按表 8-5 中给出的弯月面修正值对观察到的密度计读数做弯面修正。做修正后，记录到 $0.1kg/m^3$（$0.0001g/cm^3$）。

（3）按不同的试验油品（原油、成品油、润滑油）用《石油计量表》（GB/T 1885—1998）中的表 59A、表 59B 或表 59D，把修正后的密度计读数（视密度）换算到 20℃下标准密度。

（4）报告结果：密度值报告到 $0.0001g/cm^3$，20℃。

## 六、测量结果要求

### 1. 重复性

同一操作者用同一仪器在恒定的操作条件下对同一种测定试样，按试验方法正确地操作所得连续测定结果之间的差，不超过表 8-7 规定的值。

表 8-7　重复性

| 石油产品 | 温度范围,℃ | 单位 | 重复性 |
|---|---|---|---|
| 透明低黏度 | −2~24.5 | g/cm$^3$ | 0.0005 |
| 不透明 | −2~24.5 | g/cm$^3$ | 0.0005 |

### 2. 再现性

不同操作者在不同实验室对同一测定试样，按试验方法正确地操作得到的两个独立的结果之间的差，不超过表 8-8 规定的值。

表 8-8　再现性

| 石油产品 | 温度范围,℃ | 单位 | 再现性 |
|---|---|---|---|
| 透明低黏度 | −2~24.5 | g/cm$^3$ | 0.0012 |
| 不透明 | −2~24.5 | g/cm$^3$ | 0.0012 |

# 第五节　油品氯盐的测量

油品氯盐的测量原理是用水抽提原油中的氯盐，用指示剂法测定水抽提液中氯盐含量。常用的测量方式有分手工测量和自动测量，以手工测量为主，仲裁试验选用手工测量。

## 一、试验仪器和溶剂

（1）玻璃分液漏斗：容积为 500cm$^3$；
（2）搅拌器：转速可调但不低于 600r/min；

（3）量筒和烧瓶：250mL；

（4）锥形瓶；

（5）移液管（50L和10L）；

（6）滴定管；

（7）漏斗：尺寸为56mm×80mm；

（8）吸耳球；

（9）滴定玻璃杯；

（10）滤纸：中速；

（11）石蕊试纸；

（12）甲苯；

（13）硝酸：浓度为0.2mol/dm³；

（14）硝酸汞：浓度为0.005mol/dm³。

## 二、试验的准备

1. 0.01mol/dm³（0.01N）氯化钠溶液的制备

将氯化钠于600℃的条件下煅烧1h，并于干燥器中冷却。

称取氯化钠0.57~0.59g，准确称至0.0002g，用蒸馏水溶解于1000mL的容量瓶中，并用蒸馏水溶解至刻线。

2. 1%二苯基对二氨基脲乙醇溶液的制备

准确称取二苯基对二氨基脲1.00±0.01g，加入至100cm³的精馏乙醇中，置于水浴中加热，直至完全溶解。二苯基对二氨基脲乙醇溶液于使用前一天制备，保存期限不超过两个月。

3. 0.005mol/dm³（0.01N）硝酸汞溶液的制备和滴定度的计算

（1）将1.67g经仔细研磨的硝酸汞分散在少量的蒸馏水中（大约为5mL），逐渐加入浓硝酸直至浑浊物消失，之后全部转至1000mL的容量瓶中，用蒸馏水稀释至刻线。于250cm³的锥形瓶中，用移液管量取10cm³氯化钠溶液，150cm³的蒸馏水，再加入2cm³的0.2mol/dm³的硝酸，10滴二苯基对二氨基脲溶液，用0.005mol/dm³的硝酸汞溶液滴定，直至出现暗玫瑰红色，并保持1min不褪色。

（2）硝酸汞溶液的滴定度通过加有双苯胺基脲指示剂的0.01mol/dm³（0.01N）的氯化钠溶液计算。

（3）硝酸汞溶液的滴定度 $T$ 以1cm³溶液中所含氯化钠的毫克数表示，其公式为：

$$T = \frac{m}{V - V_1} \tag{8-3}$$

式中　$m$——用于滴定溶液中氯化钠的质量，mg；

　　　　$V$——电位滴定时所消耗的 $0.005\,mol/dm^3$ 硝酸汞溶液的体积，$cm^3$；

　　　　$V_1$——电位滴定空白试验时所消耗的 $0.005\,mol/dm^3$ 硝酸汞溶液的体积，$cm^3$。

（4）取三次测定结果的算术平均值作为硝酸汞溶液的滴定度，且三个测量结果之间的差值不应大于 $0.008\,mg/cm^3$。对滴定度的检验两周之内不少于 1 次。

### 4. 2%破乳剂水溶液的制备

称取 $(2.00\pm0.01)\,g$ 破乳剂，溶解于 $100\,cm^3$ 的蒸馏水中。在使用破乳剂时，应放在水浴中加热至完全溶解。破乳剂水溶液在使用前一天开始制备，保存期不超过 10 天。

### 5. 0.01mol/dm³ 硝酸银溶液的制备和滴定度的计算

（1）称取 1.70g 硝酸银，于 $1000\,cm^3$ 的容量瓶中用蒸馏水溶解，再加入蒸馏水至刻线。溶液应保存在深色的玻璃瓶中，且需避光。

（2）$0.01\,mol/dm^3$ 硝酸银溶液的滴定度通过前面配制的 $0.01\,mol/dm^3$ 氯化钠溶液滴定计算。需在滴定开始前 30min 接通 pH 计。

（3）用移液管量取 $10\,cm^3$ 的氯化钠溶液至滴定杯中，加入 $6.5\sim7.0\,cm^3$ 的丙酮，再加入蒸馏水至 $20\,cm^3$，加入 $0.5\,cm^3$（约 10 滴）的 $6\,mol/dm^3$ 的硫酸。

（4）把滴定杯放在滴定台架上，将电极插入溶液中，电极的插入深度不小于 10mm，接通搅拌器，记录最初的电位值。

（5）用滴定管进行滴定。每滴入 $1\,cm^3$ 的硝酸银溶液就记录一次产生变化的电位。当硝酸银的加入使电位差超过 10mV 时，硝酸银的加入量应减少，在电位等当点附近，硝酸银逐次滴入的量为 $0.04\,cm^3$。

（6）当达到电位突变的等当点时（该电位值应不小于 20mV），继续滴加硝酸银溶液，直到电位突变明显减小。

（7）等当点根据电位滴定的记录确定。这个等当点应在两三次连续滴加硝酸银溶液的时候出现，此时会产生电位突变。

（8）硝酸银溶液的滴定度 $T$ 以 $1\,cm^3$ 溶液中所含氯化钠的毫克数表示，其计算公式为：

$$T = \frac{m}{V - V_1} \tag{8-4}$$

式中　$m$——用于滴定溶液中氯化钠的质量，mg；

　　　$V$——电位滴定时所消耗的 0.01mol/dm$^3$ 硝酸银溶液的体积，cm$^3$；

　　　$V_1$——电位滴定空白试验时所消耗的 0.01mol/dm$^3$ 硝酸银溶液的体积，cm$^3$。

（9）取三次测定结果的算术平均值作为硝酸银溶液的滴定度，且三个测量结果之间的差值不应大于 0.008mg/cm$^3$。对滴定度的检验两周之内不少于1次。

## 三、试验步骤

根据油样粗略的氯盐含量确定试样体积（$V_3$）为 50cm$^3$（按表 8-9 确定试样体积）。

表 8-9　取样量

| 氯盐含量，mg/dm$^3$ | 原油体积，cm$^3$ | 原油质量，g |
| --- | --- | --- |
| 小于 50 | 100 | 100.0±0.1 |
| 50~100 | 50 | 50.00±0.05 |
| 100~200 | 25 | 25.00±0.02 |
| 大于 200 | 10 | 10.00±0.01 |

（1）使用移液管和洗耳球从玻璃瓶移取 50cm$^3$ 试样至分液漏斗；用量筒量取 40cm$^3$ 甲苯溶剂冲洗移液管并将剩余的倒入分液漏斗（黏附在移液管壁上的残留原油按表 8-10 中规定用量的甲苯（或二甲苯）仔细冲洗）。

表 8-10　溶剂量

| 原油体积，cm$^3$ | 溶剂体积，cm$^3$ |
| --- | --- |
| 10~25 | 20 |
| 25~50 | 40 |
| 50~100 | 80~100 |

（2）开启搅拌器旋转 1~2min，搅拌器停止旋转后，将 100cm$^3$ 热蒸馏水（60~99℃）用量筒量取倒入分液漏斗萃取氯盐，开启搅拌器旋转 10min；

（3）搅拌器停止旋转后，等待 2min 使水和油样完全分层（若未分层可使用吸液球向分液漏斗滴定 2% 破乳剂 5~7 滴）；

（4）使用旋塞开启分液漏斗下出口，当带滤纸的过滤漏斗内溶液达到其容积的 3/4 时关闭分液漏斗出口，待过滤漏斗内溶液全部流入锥形瓶后再继续开启分液漏斗下出口过滤试样，依此重复直至分液漏斗内上层的油样流入分液漏斗下部细管入口连接处；

（5）用量筒量取 50cm³ 热蒸馏水，用其中的 35cm³ 冲洗分液漏斗，剩余的 15cm³ 冲洗带滤纸的过滤漏斗；

（6）将锥形瓶放入冷却器皿冷却；

（7）若未萃取干净，可再用 100cm³ 热蒸馏水倒入分液漏斗，开启搅拌器搅拌不少于 5min，重复步骤（3）~（6）直至萃取干净；

（8）指示剂法滴定时硫化氢的检验：将锥形瓶放入加热器上加热至烧瓶内产生蒸汽，将已用蒸馏水湿润的醋酸铅滤纸置于水抽提液锥形瓶的蒸气当中，如果其中含有硫化氢则滤纸变黑。当有硫化氢存在时，将抽提液煮沸 5~10min，直至放在蒸气上润湿的含铅滤纸没有颜色变化为止。如果通过煮沸的方法不能保证除去硫化氢，则向氯盐的水抽提液中加入 1cm³ 的 6mol/dm³ 的硫酸并继续煮沸 5~10min（直至置于抽提液蒸气上润滑的含铅滤纸不变黑），然后用 5% 的氢氧化钠中和抽提液，并用石蕊试纸检验。

（9）进行空白试验：向锥形瓶中加入 150cm³ 的蒸馏水，2cm³ 的 0.2mol/dm³ 的硝酸溶液，10 滴双苯胺基脲溶液，用 0.005mol/dm³ 的硝酸汞溶液滴定，直至出现暗玫瑰红色并持续 1min 不消失，记录消耗的硝酸汞体积 $V_2$。

（10）向装有抽提液的锥形瓶中加入 0.2mol/dm³ 的 pH 值小于 4 的硝酸溶液和 10 滴指示剂（对苯胺基脲溶液），用 0.005mol/dm³ 的硝酸汞溶液滴定，直至出现暗玫瑰红色并持续 1min 不消失，将被滴定溶液的颜色与蒸馏水做对比，记录消耗的硝酸汞体积 $V_1$（若萃取多次，则将消耗的体积分别记录为 $V_{12}$，$V_{13}$，…，$V_{1n}$，当 $V_{1n}$ 小于或等于 $V_2$ 时即可停止滴定）。

# 四、结果处理

试样氯盐含量 $X_1$（单位 mg/cm³）的计算公式为：

$$\begin{cases} X_{11} = \dfrac{(V_{11} - V_2)\,T \times 1000A}{V_3} & (8-5) \\[3mm] X_{12} = \dfrac{(V_{12} - V_2)\,T \times 1000A}{V_3} & (8-6) \\[3mm] \qquad\qquad \cdots\cdots\cdots \\[3mm] X_{1n} = \dfrac{(V_{1n} - V_2)\,T \times 1000A}{V_3} & (8-7) \\[3mm] X_1 = X_{11} + X_{12} + X_{1n} & (8-8) \end{cases}$$

式中　$V_{11}$——滴定抽液时消耗的硝酸汞溶液的体积（$V_{12} \sim V_{1n}$ 同），$cm^3$；

　　　$V_2$——滴定空白试验时消耗硝酸汞溶液的体积，$cm^3$；

　　　$V_3$——原油试样的体积，$cm^3$；

　　　$T$——滴定时，$0.005mol/dm^3$ 硝酸汞溶液或 $0.01mol/dm^3$ 硝酸银溶液的滴定度，以 $1cm^3$ 溶液中所含氯化钠的毫克数表示；

　　　$1000$——$1dm^3$ 原油中所含氯盐的换算系数；

　　　$A$——体积稀释系数，待测试样抽提液稀释后体积与从容量瓶中吸取用于滴定的溶液的体积之比（当抽提液全部用于滴定时，该系数为1）。

原油中氯盐含量 $X_2$ 的计算公式为：

$$X_2 = \frac{X_1 100}{BC\rho} \qquad\qquad (8-9)$$

式中　$X_1$——原油中氯盐含量，以 $1dm^3$ 原油中所含氯氯化钠的毫克数表示；

　　　$B$、$C$——立方分米换算至立方厘米、克换算至毫克的换算系数；

　　　$\rho$——原油试样的密度，$g/cm^3$。

# 五、测量结果要求

同一操作者的两个测定结果之差不超过表 8-11 中规定的重复性的值（95%置信水平），再现性为表 8-11 中重复性的值的 2 倍。

表 8–11  重复性

| 氯盐含量，mg/dm³ | 重复性，mg/dm³ |
|:---:|:---:|
| 小于 10 | 1.5 |
| 10~50 | 3.0 |
| 50~200 | 6.0 |
| 200~1000 | 25.0 |
| 大于 1000 | 平均值的 4% |

# 第六节　油品机械杂质测量

油品机械杂质测量原理是把预先溶解于汽油或甲苯的试样进行过滤，然后用溶剂冲洗过滤器上的沉淀物质，再进行烘干和称重。

## 一、试验仪器和溶剂

（1）烘箱或恒温器：控制温度（105±2）℃；
（2）分析天平：称量误差不大于 0.0002g；
（3）烧杯和烧瓶；
（4）称量瓶；
（5）漏斗；
（6）干燥器；
（7）玻璃棒；
（8）带有梨形橡胶球的清洗瓶；
（9）"白带"牌或"红带"牌无灰滤纸（在对评价试样的性质产生分歧时，采用"白带"牌滤纸，且试验需在相同的条件下进行）；
（10）甲苯（机械杂质易溶于甲苯）。

## 二、试验准备

（1）用 50cm³ 热蒸馏水（60~99℃）冲洗滤纸（冲洗滤纸中的氯盐），然后将滤纸放入称量瓶；
（2）将装有滤纸的称量瓶在空气中干燥 15min；

（3）用 50cm³ 热甲苯（60~99℃）冲洗滤纸（冲洗滤纸中的机械杂质），然后将滤纸放入称量瓶；

（4）将装有滤纸的称量瓶在空气中干燥 15min；

（5）将装有滤纸的称量瓶放入烘箱干燥 45min；

（6）取出称量瓶，将其放入冷却干燥器干燥 30min；

（7）取出称量瓶，将其放在分析天平中间称重，记录称重结果；

（8）将装有滤纸的称量瓶再次进行烘干和称重，重复步骤（5）~（7），直至连续两次测量结果之差不大于 0.0004g，记录最后的称重结果 $M_1$。此时即可确定滤纸干燥完毕。

## 三、试验步骤

（1）将空烧杯放入技术天平称重（称重前天平须清零）；

（2）向空烧杯中加入试样 $M_3=50g$（误差控制在 0.01g）；

（3）用量筒将热的甲苯倒入试样烧杯，热甲苯体积量与试样质量的比例为 5~10 倍（即 250~500mL）；

（4）搅拌试样烧杯 5min；

（5）将已干燥的滤纸折叠放入漏斗，并将锥形烧瓶放置于漏斗下；

（6）将烧杯内试样沿着玻璃棒缓慢倒入漏斗，溶液的量不能超过滤纸高度的 3/4。

（7）黏附于烧杯壁上的试样残渣、固体杂质，用玻璃棒刮下并用加热至 80℃ 的甲苯冲洗，直至烧杯干净；

（8）用热甲苯冲洗漏斗边沿的油迹直至干净；

（9）用新滤纸放于漏斗细管出口查看漏斗内是否还有残液；

（10）用热蒸馏水冲刷滤纸和漏斗，并用小杯接受冲洗后的蒸馏水；

（11）将 0.1mol/cm³ 的硝酸银滴入小烧杯，查看滤纸中是否还有氯盐：若小烧杯内有沉淀产生则继续用热蒸馏水冲刷直至无沉淀产生；

（12）在空气中干燥滤纸 15min，然后将其放入称量瓶；

（13）将装有滤纸的称量瓶放入烘箱干燥 45min；

（14）取出称量瓶，将其放入冷却干燥器干燥 30min；

（15）取出称量瓶，将其放在分析天平中间称重，记录称重结果；

（16）将装有滤纸的称量瓶再次进行烘干和称重，重复步骤（13）~（15），直至连续两次测量结果之差不大于 0.0004g，记录最后的称重结果 $M_2$。

## 四、结果处理

试样机械杂质含量 $X$ 的计算公式为：

$$X = \frac{M_1 - M_2}{M_3} \times 100\% \qquad (8-10)$$

测量精度：重复性，同一操作者的两个测定结果之差不超过表 8-12 中规定的值（95% 置信水平）；再现性，不同试验室、不同操作者的两个测定结果之差不超过表 8-12 中规定的值（95% 置信水平）。

表 8-12　机械杂质含量重复性和再现性

| 机械杂质含量,% | 重复性,% | 再现性,% |
|---|---|---|
| <0.01 | 0.0025 | 0.005 |
| 0.01~0.1 | 0.005 | 0.01 |
| 0.1~1.0 | 0.01 | 0.02 |
| >1.0 | 0.1 | 0.2 |

如果机械杂质含量不大于 0.005%，则认为没有机械杂质。

# 第九章　油量计算

## 第一节　油量计算简介

油量计算是油品计量过程中最后一个环节，也是最重要的一个环节，该结果是作为交接双方财务结算的依据。因此，油量计算结果是否准确，直接关系到交接双方的经济利益。

我国已颁布了原油静态、动态油量计算标准和通用油量计算标准《石油计量表》（GB/T 1885—1998），规定我国石油计量采用质量计量方法，即在温度20℃、101.325kPa（标准状态）下，扣除含水在空气中的纯油质量。

### 一、定义

（1）指示体积：油品通过流量计期间，流量计计数器或其他显示单元所显示的数值。

（2）计量体积：指示体积或质量乘以与有关液体及其流量相应的流量计系数，没有进行温度和压力的修正。但是当采用在线实流检定或校准确定的流量计系数时，应明确并避免温度、压力的再次修正计算，它还包括通过流量计输送的所有沉淀物和水。

（3）总的标准体积：被修正到标准参比条件下的总计量体积。

（4）净的标准体积：通过流量计输送的总标准体积减去通过流量计输送的水和沉淀物体积后的体积。

（5）计数器：对于流量计记录器的一种称谓。

（6）记录器：指示出通过流量计液体量（体积量或质量）的一种装置。

（7）毛重量：含有水和沉淀物的油品在空气中的重量。

（8）净重量：扣除了水和沉淀物后油品在空气中的重量。

（9）重量换算系数（$F_w$）：将油品标准体积直接换算到空气中重量的换算系数。一般情况下该系数等于标准密度值减去平均空气浮力修正值 $1.1\text{kg/m}^3$，即 $F_w = \rho_{20} - 1.1$。

（10）质量换算系数（$F_a$）：将油品在真空中质量换算到空气中质量的换算系数（以下简称空气浮力修正系数）。

（11）流量计读数：流量计计数器所显示的体积的单位数或质量的单位数。

（12）流量计累积读数：在流量计的运行期间，其计数器的起始读数与终止读数之差。

（13）计量温度（$t$）：油品在计量时的温度。

（14）沉淀物和水：油品中的悬浮沉淀物、溶解水和悬浮水，总称为沉淀物和水。分别用 $V_{sw}$、$m_{sw}$、$SW$ 表示沉淀物、水含量和沉淀物和水的百分数（体积分数或质量分数）。

（15）沉淀物和水的修正系数（$C_{sw}$）：为扣除油品中的沉淀物和水的含量，将毛标准体积修正到净标准体积或将毛质量修正到净质量的修正系数，计算式为 $C_{sw}=1-SW$。

（16）表观质量：有别于未进行空气浮力影响修正的真空中的质量，表观质量是油品在空气中称重所获得的数值，也习惯称为商业质量或重量。通过空气浮力影响的修正也可以由油品体积计算出油品在空气中的表观质量。

（17）表观质量 $f$ 换算系数（$W_{CF}$）：将油品从标准体积换算为空气中的表观质量的系数。该系数等于标准密度减去空气浮力修正值，取空气浮力修正值为 $1.1kg/m^3$ 或 $0.0011g/cm^3$。

## 二、油量计算中扣除空气浮力的方法

### 1. 空气浮力对油量计算的影响

在贸易和生活中，人们习惯将质量称为重量。实际上它们是两个不同的概念，质量是表示物体惯性大小的物理量，可以理解为此物体所含物质的数量多少，单位是千克（kg）或吨（t），它与地心引力或空气浮力都没有关系。而重量则表示物体所受地心引力的大小，或者说是物体的重力，它的单位是牛顿（N）。一物体的重量和质量，如果分别用 N 和 kg 作单位，在数值上两者约相差9.8倍。但在我国计量法规定使用的法定计量单位中，已经认可了人们将质量称为重量、将 kg 视作重量单位的习惯，因此在油品计量中也常将油品质量称为油品重量。

理论上，根据密度的定义，只是将石油在某一温度下的体积与该温度下的密度相乘，即可得到石油的质量，用公式表示就是 $m=V\rho$，这也正是在计量工作中实际使用的方法。而根据量值传递的原理和目前科技发展的水平，确定物体质量的基本方法是使用砝码进行平衡比较（使用天平、弹性机构或者压力传感物质）。当使用砝码"称"油品重量时，因油品的体积比与之质量相当的砝码的体积大得多，油品将受到额外的空气浮力，这使得与之比较的砝码只需要比油品小一些的质量就可以与该油品平衡了。因为在生活和贸易中对油品数量的衡量都是在空气中进行的，这就使油品被"称"出来的质量永远都比它真正的、理论上的质量小。这个用砝码衡量的质量，被称为"空气中的质量""空气中的重量"或者"商业质量"。

在油量计算中，为了修正这种因空气浮力而对油品数量计算产生的影响，可以采用空气浮力修正值 $1.1\mathrm{kg/m^3}$ 和真空中质量换算到空气中重量换算系数 $F$ 这两种修正方法。

**2. 石油真空中质量换算到空气中重量换算系数 $F$**

对油品质量进行空气浮力修正的方法之一是使用 $F$ 值。$F$ 值的定义是将石油在真空中的质量换算到空气中重量的换算系数。使用 $F$ 值进行空气浮力计算油量的公式是：

$$m = V_{20}\rho_{20}F \tag{9-1}$$

式中　$m$——石油的质量，kg；

　　　$V_{20}$——石油在 20℃ 的体积，$\mathrm{m^3}$；

　　　$\rho_{20}$——石油在 20℃ 的密度，$\mathrm{kg/m^3}$。

下面用天平（图 9-1）说明公式(9-1) 的来源（如果用弹簧秤或其他称量原理，结论是相同的）。

图 9-1　天平称量物体质量原理

一等臂天平的一端放着被称量的质量为 $m_1$ 的油，另一端放着平衡它的质量为 $m$ 的砝码。

设等臂天平的臂长均为 $a$，油的密度是 $\rho_1$，砝码的密度是 $\rho$，空气的密度是 $e$，根据力矩平衡原理，天平两端平衡的条件为：

$$ag(m_1 - em_1/\rho_1) = ag(m - em/\rho) \tag{9-2}$$

式中　$g$——重力加速度，$\mathrm{m/s^2}$。

上式简化后为：

$$m = m_1(1 - e/\rho_1)/(1 - e/\rho)$$

因为 $m_1 = V\rho_1$，所以：

$$m = V\rho_1(1 - e/\rho_1)/(1 - e/\rho) \tag{9-3}$$

令：

$$F = (1 - e/\rho_1)/(1 - e/\rho)$$

可得：

$$m = V\rho F$$

在标准温度下，则有：

$$m = V_{20}\rho_{20}F$$

由上面表示 $F$ 的公式可以看出，$F$ 值是油品密度 $\rho_1$ 的函数，根据油品密度以及都是常数的砝码密度 $\rho$ 和空气密度 $e$，就可以算出 $F$ 值。这样确定的 $F$ 值已列在 GB/T 9109.5—2017《石油和液体石油产品动态计量　第 5 部分：油量计算》中。使用时，根据油品的标准密度 $\rho_{20}$，即可查得相应的 $F$ 值。

### 3. 空气浮力修正值

进行空气浮力修正的方法之二是使用空气浮力修正值 $1.1\text{kg/m}^3$。此修正值即以前说的 0.0011，只不过 0.0011 使用的单位是 $\text{g/cm}^3$。为了与新国标中的单位一致而便于计算和应用，今后应改用 $1.1\text{kg/m}^3$。这个修正值是用下述方法得到的。

因为空气密度 $e$ 与砝码密度 $\rho$ 的比值是一个很小的数，有：

$$1/(1 - e/\rho) \approx 1 + e/\rho$$

所以可将式（9-2）变换为：

$$m = V\rho_1(1 - e/\rho_1)/(1 - e/\rho) \approx V\rho_1(1 - e/\rho_1)(1 + e/\rho) = V\rho_1(1 - e/\rho_1 + e/\rho - e_2\rho_1\rho)$$

同样，$e_2\rho_1\rho$ 也是一个极小的数值，可以略去，得到：

$$m = V\rho_1(1 - e/\rho_1)/(1 - e/\rho) = V(\rho_1 - e + e\rho_1/\rho) = V[\rho_1 - e(1 - \rho_1/\rho)]$$

令 $\beta = e(1 - \rho_1/\rho)$，即可得 $m = V(\rho_1 - \beta)$，在标准温度下即为：

$$m = V_{20}(\rho_{20} - \beta) \tag{9-4}$$

砝码密度为常数 $8143.0\text{kg/m}^3$，空气密度在标准状况下为常数 $1.2\text{kg/m}^3$，当油品密度 $\rho_{20}$ 在 $600 \sim 1000\text{kg/m}^3$ 范围内时，可以举例算出的 $\beta$ 值为：

$$\begin{cases} \rho_{20} = 600\text{kg/m}^3, \beta = 1.11\text{kg/m}^3 \\ \rho_{20} = 700\text{kg/m}^3, \beta = 1.10\text{kg/m}^3 \\ \rho_{20} = 800\text{kg/m}^3, \beta = 1.08\text{kg/m}^3 \\ \rho_{20} = 900\text{kg/m}^3, \beta = 1.07\text{kg/m}^3 \\ \rho_{20} = 1000\text{kg/m}^3, \beta = 1.05\text{kg/m}^3 \end{cases}$$

可以看出在油品的密度范围内 $\beta$ 值都接近 $1.1\text{kg/m}^3$，因此可以取 $1.1\text{kg/m}^3$

作为空气浮力修正值进行空气浮力修正。将 $\beta = 1.1 \text{kg/m}^3$ 代入式(9-4)，得到用常数 $1.1 \text{kg/m}^3$ 进行空气浮力修正的油量计算公式为：

$$m = V_{20}(\rho_{20} - 1.1) \tag{9-5}$$

在油量计算中，将 $\beta$ 值取为常数 $1.1 \text{kg/m}^3$ 利用式(9-4)进行空气浮力修正比较简单、易记。1998 年颁布的国家标准《石油计量表》（GB/T 1885—1998）中就规定了这样的修正方法。不过从上面的计算可知，只有当 $\rho_{20}$ 等于某一定值（$\rho_{20} = 678.5 \text{kg/m}^3$）时 $\beta$ 才正好等于 $1.1 \text{kg/m}^3$，当 $\rho_{20}$ 取其他值时 $\beta$ 并不等于 $1.1 \text{kg/m}^3$。除液态烃之外，大多数油品的密度都大于 $678.5 \text{kg/m}^3$。所以用 $F$ 值的方法比较准确，即不同的油品密度选用不同的修正值，使用式(9-5)进行空气浮力修正，$F$ 值可以通过查《石油和液体石油产品动态计量 第 5 部分：油量计算》（GB/T 9109.5—2017）中的附录取得。

# 第二节 《石油计量表》的使用

## 一、《石油计量表》简介

《石油计量表》（GB/T 1885—1998）规定了将在非标准温度下获得的玻璃石油密度计读数（视密度）换算为标准温度下的密度（标准密度）和体积修正系数的方法。石油计量表组成包括（详见上述标准）：

（1）标准密度表：原油标准密度表表 59A，产品标准密度表表 59B，润滑油标准密度表表 59D。

（2）体积修正系数表：原油体积修正系数表表 60A，产品体积修正系数表表 60B，润滑油体积修正系数表表 60D。

（3）其他石油计量表：20℃密度到15℃密度换算表、15℃密度到20℃密度换算表、15℃密度到桶/吨系数换算表、计量单位系数换算表。

## 二、标准密度表的使用

1. 使用步骤

已知某种油品在某一试验温度下的视密度（按 GB/T 1884—2000《原油和液体石油产品密度实验室测定法（密度计法）》），换算标准密度的步骤：

（1）根据油品类别选择相应油品的标准密度表；

（2）确定视密度所在标准密度表中的密度区间；

（3）在视密度栏中，查找已知的视密度值，在温度栏中找到已知的试验温度值，该视密度值与试验温度值的交叉数即为该油品的标准密度。

如果已知视密度值正好介于视密度栏中两个相邻视密度值之间，则可以采用内插法确定标准密度。但温度值不内插，用较接近的温度值查表。

2. 实例

例 1：已知某石油产品在 40℃ 下用玻璃石油密度计测得的视密度为 753.0kg/m³，求该油品的标准密度。

（1）产品应查"表 59B　产品标准密度表"；

（2）视密度 753.0kg/m³ 所在的视密度区间为 733.0~753.0kg/m³；

（3）在视密度栏中找到 753.0kg/m³，在温度栏中找到 40℃ 者交叉数为 770.0kg/m³，即该油品的标准密度为 770.0kg/m³。

例 2：已知某原油在 40℃ 下用玻璃石油密度计测得的视密度为 805.7kg/m³，求该原油的标准密度。

（1）原油应查"表 59A　原油标准密度表"；

（2）视密度 805.7kg/m³ 所在的密度区间为 790.0~810.0kg/m³；

（3）在视密度栏中没有与 805.7kg/m³ 对应的视密度值，它介于 804.0~806.0kg/m³ 之间，应采用内插法。查表得温度为 40℃，视密度为 804.0kg/m³，所对应的标准密度为 818.7kg/m³；同温度下，视密度为 806.0kg/m³，所对应的标准密度为 820.6kg/m³，采用内插法得视密度变化 1.0kg/m³ 对应标准密度的变化量为（820.6-818.7）/（806.0-804.0）=0.95（kg/m³），由此得出该原油的标准密度为 818.7+（805.7-804.0）×0.95=820.3（kg/m³）。

# 三、体积修正系数表的使用

1. 使用步骤

已知某油品的标准密度，换算出该油品从计量温度下体积修正到标准体积的体积修正系数的步骤为：

（1）根据油品类别选择相应油品的体积修正系数表；

（2）确定标准密度在体积修正系数表中的密度区间；

（3）在标准密度栏中查找已知的标准密度值，在温度栏中找到油品的计量温度值，二者的交叉数即为该油品由计量温度修正到标准温度的体积修正系数。

如果已知标准密度介于标准密度行中两相邻标准密度之间，则采用内插法。准温度值不用内插，以较接近的温度值查表。

2. 实例

例1：已知某石油产品的标准密度为762.0kg/m³，求将该油品从40℃体积修正到标准体积的体积修正系数。

（1）产品应查"表60B　产品体积修正系数表"；

（2）标准密度762.0kg/m³所在的密度区间为750.0~770.0kg/m³；

（3）在标准密度栏中找到762.0kg/m³，在温度栏中找到40℃，二者的交叉数为0.9764，即为该油品从40℃体积修正到标准体积的体积修正系数。

例2：已知某原油的标准密度为826.5kg/m³，求将该油品从40℃体积修正到标准体积的体积修正系数。

（1）原油应"查表60A　原油体积修正系数表"；

（2）标准密度826.5kg/m³所在的密度区间为810.0~830.0kg/m³；

（3）在标准密度栏中没有826.5kg/m³所对应的标准密度值，它介于826.0kg/m³和828.0kg/m³之间，应采用内插法。查表得温度为40℃，密度为826.0kg/m³，所对应的体积修正系数0.9819；同温度下，视密度为828.0kg/m³，所对应的体积修正系数为0.9820，采用内插法得视密度变化1.0kg/m³对应体积修正系数的变化量为（0.9820−0.9819）/（828.0−826.0）＝0.00005（m³/kg），由此得出该原油的体积修正系数为0.9819+（826.5−826.0）×0.00005＝0.981925≈0.9819。

3. 单位换算

当视密度采用分数单位g/cm³和kg/L时，查表前应先乘以10³，将单位转化为kg/m³。

# 第三节　动态油量计算

## 一、油量计算过程

1. 流量计读数

（1）对流量计配玻璃密度浮计的计量站（点），当计量时间不大于8h

时，仅记录流量计始末体积指示值。当计量时间大于 8h 时，需记录计量始末和每 8h 的流量计体积指示值。

（2）对流量计配在线密度计的计量站（点），应按第（1）条所要求记录质量仪表显示的质量值和流量计表头指示的体积值。

2. 测温、测压

测温方法应符合《石油和液体石油产品温度测定 手工法》（GB/T 8927—2008）的规定，温度计分度值为不大于 0.5℃；测压方法应符合有关标准的规定，压力表等级为 0.4 级。测温、测压有以下要求：

（1）对装车计量，应在计量开始后（罐内油品流过流量计）10min 和计量结束前 10min 以及计量中间各测温、测压一次，取三次温度和压力的算术平均值作为油品的平均温度和压力。

（2）对装船计量，应在计量开始后（罐内油品流过流量计）10min 和计量结束前 10min 以及每间隔 1h 各测温、测压一次，以计量时间内各次所测温度、压力的算术平均值作为油品的平均温度和压力。

（3）对管道连续输油计量，每 2h 测温、测压一次，以 8h 内四次测温、测压的算术平均值作为 8h 内原油的平均温度和压力。

3. 取样

自动取样应符合《石油液体管线自动取样法》（GB/T 27867—2011）的规定，人工取样应符合《石油液体手工取样法》（GB/T 4756—2015）的规定。

取样部位应设在靠近流量计出口端管线上，有争议时应以流量比例样为准。取样的要求为：

（1）对未配自动取样器的装车计量，取样应在计量开始、中间和结束前10min 各取样一次，并将所采油样以相等体积掺和成一份组合试样。

（2）对未配自动取样器的装船计量，应在计量开始，罐内油品流到取样器时取样一次，以后每隔 1h（装船流量大于 2000m³/h）或 2h（装船流量不大于 2000m³/h）以及计量结束前 10min 各取样一次，将所采油样以相等体积掺和成一份组合试样。

（3）对管线连续输油计量，每 2h 取样一次，每 4h 掺和成一份组合试样。

4. 测定原油密度

测定方法应符合《原油和液体石油产品密度实验室测定法（密度计法）》（GB/T 1884—2000）的规定。

（1）对装车、装船计量，整个计量过程做一个组合试样，测定密度。

（2）对管道连续输油计量，每 4h 做一个组合试样，将 8h 内的二次组合试样所测结果的算术平均值作为 8h 的密度测定结果。

5.原油的含水测定

原油含水测定应符合《石油产品水含量的测定 蒸馏法》（GB/T 260—2016）或《原油水含量的测定 蒸馏法》（GB/T 8929—2006）的规定：

（1）对装车、装船计量，整个计量过程做一个组合试样。

（2）对管道连续输油计量，每 4h 做一个组和试样，测定其质量含水量，将 8h 内二次测定结果取算术平均值，作为 8h 内的原油含水量。

6.计算油量

按《石油和液体石油产品动态计量 第 5 部分：油量计算》（GB/T 9109.5—2017）计算油量。

## 二、油量计算

### 1.油量计算用符号

表 9-1 油量计算用符号

| 符号 | 名称 | 量纲 | 单位 |
|---|---|---|---|
| $V_{t_1}$ | 在计量期间，流量计 $t_1$ 时刻的指示体积 | $L^3$ | $m^3$ |
| $V_{t_2}$ | 在计量期间，流量计 $t_2$ 时刻的指示体积 | $L^3$ | $m^3$ |
| $V_t$ | 在计量期间，油品累积的指示体积，$V_t = V_{t_2} - V_{t_1}$ | $L^3$ | $m^3$ |
| $V_{gs}$ | 在标准参比条件下，油品的毛标准体积 | $L^3$ | $m^3$ |
| $V_{ns}$ | 在标准参比条件下，油品的净标准体积 | $L^3$ | $m^3$ |
| $V_{60℉}$ | 在 60℉、101.325kPa 参比条件下，油品的体积 | $L^3$ | $m^3$ |
| $V_{15}$ | 在 15℃、101.325kPa 参比条件下，油品的体积 | $L^3$ | $m^3$ |
| $V_{sw}$ | 油品毛标准体积扣水量 | $L^3$ | $m^3$ |
| $q_v$ | 在计量期间，流量计的平均流量 | $L^3T^{-1}$ | $m^3/h$ |
| $\Delta t$ | 在计量期间，流量计连续计量累积的时间 | $T$ | $h$ |
| $C_{tl}$ | 油品体积温度修正系数 | 1 | $1/℃$ |
| $C_{pl}$ | 油品体积压力修正系数 | 1 | $kPa^{-1}$ |
| $MF$ | 流量计系数 | 1 | — |
| $N_{t_1}$ | 在计量期间，流量计在 $t_1$ 时刻累积的脉冲数 | 1 | — |
| $N_{t_2}$ | 在计量期间，流量计在 $t_2$ 时刻累积的脉冲数 | 1 | — |
| $N$ | 在计量期间，流量计累积的脉冲数，$N = N_{t_2} - N_{t_1}$ | 1 | — |

| 符号 | 名称 | 量纲 | 单位 |
|---|---|---|---|
| $K$ | 单位体积或质量，流量计发出的脉冲数表示的 $K$ 系数 | 1 | $1/m^3$，$1/kg$ |
| $F$ | 油品压缩系数 | — | $kPa^{-1}$ |
| $F_w$ | 油品重量换算系数 | $ML^{-3}$ | $kg/m^3$ |
| $F_a$ | 油品空气浮力修正系数 | 1 | — |
| $t$ | 油品计量温度 | $\theta$ | ℃ |
| $t'$ | 油品实验温度 | $\theta$ | ℃ |
| $p$ | 油品计量压力（表压） | $ML^{-1}T^{-2}$ | kPa |
| $p_e$ | 油品计量温度下饱和蒸汽压（表压） | $ML^{-1}T^{-2}$ | kPa |
| $\rho_{20}$ | 油品标准密度 | $ML^{-3}$ | $kg/m^3$，$g/cm^3$ |
| $\rho_{15}$ | 油品 15℃时密度 | $ML^{-3}$ | $kg/m^3$，$g/cm^3$ |
| $\rho_t$ | 油品实验温度下密度（也称实验温度下的视密度） | $ML^{-3}$ | $kg/m^3$，$g/cm^3$ |
| $m_g$ | 在计量期间，油品累积的指示质量 | M | kg |
| $m_w$ | 油品空气中重量 | M | kg |
| $m_{gm}$ | 油品空气中毛质量 | M | kg |
| $m_{nm}$ | 油品空气中净质量 | M | kg |
| $m_{gw}$ | 油品空气中毛重量 | M | kg |
| $m_{nw}$ | 油品空气中净重量 | M | kg |
| $m_{sw}$ | 油品空气中毛油重量的扣水量 | M | kg |
| $SW$ | 油品水的百分数（体积分数或质量分数） | 1 | — |
| $C_{sw}$ | 油品水的修正系数（体积修正系数或质量修正系数） | 1 | — |

注：量纲中，M 为质量，L 为长度，$\theta$ 为热力学温度。

### 2. 计量参数有效位数和数值修约

1）计量参数有效位数

（1）视密度读数精确到 $0.1kg/m^3$。

（2）油品含水测定（蒸馏法）读数精确到 0.00025。

（3）温度读数精确到 0.1℃，平均温度精确到 0.25℃。

（4）压力读数精确到 50kPa（表压）。

（5）流量计累积体积值读数精确到 $0.001m^3$，长输管道连续计量可取数精确到 $1m^3$。

（6）质量仪表显示质量值的取数精确到 0.001t，长输管道连续计量可精确到 1t。

2）数值修约

（1）数值修约的方法应符合《数值修约规则与极限数值的表示和判定》（GB/T 8170—2008）中的规定。在多数情况下，所使用的小数位数受数据来源的影响，在没有其他限制因素的情况下，使用者应依照表9-2规定的小数位进行修约。表中的数据不可认为是计量仪器的准确度要求，在检验计算法与本标准的一致性时，显示和打印硬件应具有至少32位二进制字长或能显示10位数。

**表9-2　油量计算中相关量应保留的小数位数**

| 序号 | 量和符号 | 单位 | 小数位数 | 序号 | 量和符号 | 单位 | 小数位数 |
|---|---|---|---|---|---|---|---|
| 1 | 体 积 （$V_t$、$V_{gs}$、$V_{ns}$、$V_{sw}$） | L<br>$m^3$ | ×××.×<br>×××.××× | 6 | 计量温度、实验温度（$t$、$t'$） | ℃ | ×.×× |
| 2 | 质 量 （$m_g$、$m_{gm}$、$m_{nm}$） | kg<br>t | ××××.×<br>×××.××× | 7 | 流量计系数（$MF$） | | ×.×××× |
| | | | | 8 | 温度修正系数（$C_{t1}$） | — | ×.×××× |
| 3 | 重 量 （$m_{gw}$、$m_{nw}$、$m_{sw}$） | kg<br>t | ××××.×<br>×××.××× | 9 | 压力修正系数（$C_{p1}$） | — | ×.×××× |
| | | | | 10 | 压缩系数（$F$） | $kPa^{-1}$ | ×.×××× |
| 4 | 密度（$\rho_t$、$\rho_{20}$、$\rho_{15}$） | $g/cm^3$<br>$kg/m^3$ | ×.××××<br>×××.× | 11 | 空气浮力修正系数（$F_a$） | | ×.×××× |
| | | | | 12 | 含水百分数（$SW$） | % | ×.×× |
| 5 | 计量压力（表压）（$p$） | kPa<br>MPa | ×××.×××<br>××.×× | 13 | 含水修正系数（$C_{sw}$） | — | ×.×××× |
| | | | | 14 | 重量换算系数（$F_w$） | $kg/m^3$ | ×××.× |

（2）流量计系数（$MF$）、标准密度（$\rho_{20}$）、温度修正系数（$C_{t1}$）、压力修正系数（$C_{p1}$）、含水系数（$C_{sw}$）、空气浮力修正系数（$F_a$），遵循"四舍六入五单进"规则修约到小数点后第四位。

（3）油量结算值遵循"四舍六入五单进"原则，体积值精确到 $0.001m^3$，质量值精确到 $0.001t$。

3. 油量计算

1）体积量结算

（1）计算公式。

空气中毛标准体积为：

$$V_{gs} = V_t MFC_{t1}C_{p1} \tag{9-6}$$

空气中净标准体积为：

$$V_{ns} = V_{gs}C_{sw} \tag{9-7}$$

或：

$$V_{ns} = V_t MFC_{t1}C_{p1}C_{sw} \tag{9-8}$$

式中符号的意义见表 10-1，其中 $C_{sw}$ 是油品体积含水修正系数。

（2）计算步骤。

① 确定 $V_t$：

$$V_t = V_{t_2} - V_{t_1} \tag{9-9}$$

式中　$V_{t_2}$、$V_{t_1}$——流量计运行时计数器停止时记录值和开始时记录值，$m^3$。

如果流量计使用 $K$ 系数，则依照下式计算：

$$V_t = (N_{t_2} - N_{t_1})/K \tag{9-10}$$

式中　$N_{t_2}$、$N_{t_1}$——流量计运行时计数器停止时和开始时记录脉冲数；

　　　　$K$——流量计的 $K$ 系数，脉冲数/$m^3$。

② 确定 $MF$。

采用基本误差法，则 $MF = 1.0000$。

采用流量计系数法，根据流量计计量时间段内平均流量对应的流量计系数表，计算或查表得到 $MF$。

③ 确定 $C_{tl}$。

如果流量计读数经过温度补偿修正，则设 $C_{tl} = 1.0000$；否则，依据油品计量温度的密度值 $\rho_t$ 和计量温度 $t$ 值，通过查石油计量表或依据公式确定标准密度值 $\rho_{20}$。由计量温度 $t$、标准密度值 $\rho_{20}$，查《石油计量表》（GB/T 1885—1998）中的"表 60A"，得到油品体积温度修正系数 $C_{tl}$。

④ 确定 $C_{pl}$。

如果流量计读数经过压力补偿修正，或低压下忽略其影响，则设 = 1.0000；否则按下式计算：

$$C_{pl} = \frac{1}{1 - (p - p_e)F} \tag{9-11}$$

其中　　　　　　　　　　$F = e^x \times 10^{-6}$

　　$x = -1.62080 + [21.592t + 0.5 \times (\pm 1.0)] \times 10^{-5} + [87096.0/\rho_{152} + 0.5 \times (\pm 1.0)] \times$

　　　　$10^{-5} + [420.92t/\rho_{152} + 0.5 \times (\pm 1.0)] \times 10^{-5}$

式中　$p$——油品工作压力，取流量计出口压力的平均值（表压），kPa；

　　　$p_e$——油品饱和蒸气压，在计量温度下，饱和蒸气压不大于 101.325kPa 时，设 $p_e = 0$；

　　　$F$——烃压缩系数，按照上述标准"附录 A"计算或查"附录 B 烃压缩系数表"；

　　　$t$——原油计量下温度，℃；

　　　$\rho_{15}$——原油在 15℃ 时的密度，kg/$m^3$。

⑤ 确定 $C_{sw}$。

如油品中沉淀物的体积百分含量为 $S$，水的体积百分含量为 $W$，油品中沉淀物和水的体积百分含量为 $SW$，则

$$C_{sw} = 1 - SW \qquad (9-12)$$

⑥ 计算扣水量：

$$V_{sw} = V_{gs} \times SW \qquad (9-13)$$

式中 $V_{sw}$——毛油标准体积扣水量，$m^3$。

（3）质量流量计体积量计算公式：

$$V_{gs} = m_g MF / \rho_{20} \qquad (9-14)$$

式中 $m_g$——流量计在计量期间指示的质量数，kg；

$\rho_{20}$——油品标准密度值，可以取代表性样品在实验室测定值，$kg/m^3$。

2）空气中重量结算

按计量方式分为 3 种：一是以体积计量的流量计配玻璃浮计计量方式；二是以体积计量的流量计配在线密度计计量系统，通常配备流量计算机；三是直接显示质量计量结果的质量流量计。

（1）流量计配玻璃浮计计量方式。

① 油量计算公式。

空气中毛油质量为：

$$m_{gm} = V_{gs} \rho_{20} \qquad (9-15)$$

空气中毛油重量为：

$$m_{gw} = V_{gs} \rho_{20} F_a \qquad (9-16)$$

空气中净油质量为：

$$m_{nm} = V_{ns} \rho_{20} \qquad (9-17)$$

空气中净油重量为：

$$m_{nw} = V_{ns} \rho_{20} F_a \qquad (9-18)$$

式中符号的意义见表9-1。

② 计算步骤。

确定 $V_{gs}$、$V_{ns}$：由体积量计算式（9-6）、式（9-7）得到 $V_{gs}$、$V_{ns}$。

确定 $\rho_{20}$：依据油品计量温度的密度值 $\rho_t$ 和计量温度 $t$ 值，通过查石油计量表或依据公式确定标准密度值 $\rho_{20}$。

式（9-16）、式（9-18）中空气浮力修正系数 $F_a$ 可用 $F_w = \rho_{20} - 1.1$ 代替计算，在有争议的情况下，建议使用 $F_a$，$F_a$ 由 $\rho_{20}$ 通过查表确定。

（2）流量计配在线密度计计量方式。

① 油量计算公式。

毛油质量为：

$$m_{gm} = m_g \times MF \qquad (9-19)$$

空气中毛油重量为：

$$m_{gw} = m_g \times MF \times F_a \qquad (9-20)$$

净油质量为：

$$m_{nm} = m_{gm} C_{sw} \qquad (9-21)$$

空气中净油重量为：

$$m_{nw} = m_{nm} F_a \qquad (9-22)$$

或者：

$$m_{nw} = m_{gm} C_{sw} F_a \qquad (9-23)$$

式中符号的意义见表9-1，其中 $C_{sw}$ 在此处是质量含水百分数。

② 计算步骤。

计算混油质量 $m_g$，由流量计算机（或流量积算机）显示获得混油质量 $m_g$：

$$m_g = V_t \rho_t \qquad (9-24)$$

式中符号的意义见表9-1。

采用基本误差法，则 $MF=1.0000$；采用流量计系数法，根据流量计计量时间段内平均流量对应的流量计系数表，计算或查得得到 $MF$。

查表得 $F_a$，即式(9-20)、式(9-22)、式(9-23) 中空气浮力修正系数 $F_a$ 可用 $F_a = \rho_{20} - 1.1$ 代替计算，在有争议的情况下，建议使用 $F_a$，$F_a$ 由 $\rho_{20}$ 通过查表确定。

如油品中沉淀物的质量百分含量为 $S$，水的质量百分含量为 $W$，油品中沉淀物和水的质量百分含量为 $SW$，则油品质量含水修正系数为：

$$C_{sw} = 1 - SW \qquad (9-25)$$

（3）质量流量计油量计量方式。

① 油量计算公式。

对于设置成质量输出的科里奥利质量流量计，其所指示的是质量。油品油量的计算公式同式(9-19) 至式(9-23)。只是此时的 $K$ 系数和 $MF$ 都是对应的质量系数。

② 计算步骤。

确定 $m_g$：

$$m_g = (N_{t_2} - N_{t_1}) / K \qquad (9-26)$$

确定 $MF$、$F_a$、$C_{sw}$ 的方法同上。

确定 $m_{gm}$、$m_{gw}$，对应式(9-19)、式(9-20)，有：

$$m_{gm} = m_g \times MF \qquad (9-27)$$

$$m_{gw} = m_g \times MF \times F_a \qquad (9-28)$$

确定 $m_{nm}$、$m_{nw}$：

$$m_{nm} = m_{gm}C_{sw} \qquad (9-29)$$

$$m_{nw} = m_{nm}F_a \qquad (9-30)$$

或者：

$$m_{nw} = m_{gm}C_{sw}F_a \qquad (9-31)$$

当流量计采用基本误差法时，式(9-27)、式(9-28)中 $MF = 1.0000$。采用流量计系数法，根据流量计计量期间平均质量对应的流量计系数表，计算或查表得到 $MF$。

注意：某些质量流量计的变送器具有 $MF$ 组态修正功能，应事先确认变送器组态 $MF$ 值（原始值应为 1.0000），防止进行二次 $MF$ 修正流量计测量值。

（4）油品含水量计算公式：

$$m_{sw} = m_{gw} \times SW \qquad (9-32)$$

3）油量计算过程

油品计量计算过程中，各个计量参数排列顺序应照油量计算公式各计量参数排列的次序为准，不可更选。如油品净标准体积计算公式为：

$$V_{ns} = V_t(MF \times C_{tl} \times C_{pl})C_{sw} \qquad (9-33)$$

则各计量参数计算顺序为：$V_t \rightarrow MF \rightarrow C_{tl} \rightarrow C_{pl} \rightarrow C_{sw}$

油品和重质成品油体积计量和质量计量计算流程分别如图9-2、图9-3所示。

4.油量计算举例

1）油品标准体积量计算法

某港口油库采用流量计配玻璃浮计的计量方式，接收油轮上岸原油，已知条件如下：

（1）油品计量温度下饱和蒸气压低于标准大气压；

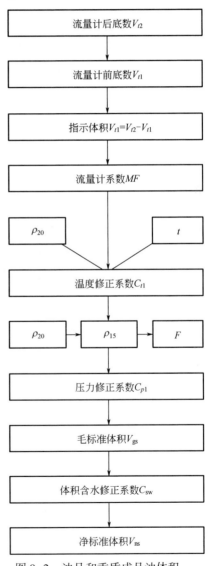

图 9-2　油品和重质成品油体积
计量计算流程图

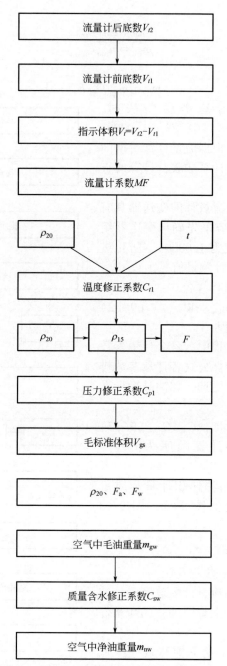

图 9-3　油品和重质成品油质量计量计算流程图

（2）计量参数见表9-3；

**表 9-3  计量参数表**

| 时间 | 计量温度 $t$<br>℃ | 计量压力<br>$p$（表压）<br>kPa | 密度 $\rho_t$<br>kg/m³ | 标准密度（20℃）<br>kg/m³ | 体积含水量<br>$SW$ | 流量计<br>示值 $V_t$<br>m³ | 平均流量 $q_v$<br>m³/h |
|---|---|---|---|---|---|---|---|
| 8：00 | 30.30 | 350 | 833.5 | 845.3 | 0.15 | 57709 | — |
| 10：00 | 30.70 | 360 | | | | 58629 | 450 |
| 12：00 | 30.40 | 350 | 833.5 | 845.3 | 0.175 | 59729 | 550 |
| 14：00 | 30.40 | 400 | | | | 60949 | 510 |
| 16：00 | 30.40 | 360 | — | — | — | 61889 | 470 |
| 平均 | 30.44 | 364 | | 845.3 | 0.1625 | — | 522.5 |
| 取值 | 30.50 | 350 | — | 845.3 | 0.16 | 4180 | — |

（3）流量计平均流量计系数计算方法见表9-4。

**表 9-4  流量计各检定点对应流量计系数及适用范围表**

| 检定点，m³/h | 300 | 500 | 700 | 900 |
|---|---|---|---|---|
| 流量计系数 $MF$ | 1.0015 | 1.0005 | 0.9990 | 0.9995 |
| 适用范围 $q_v$，m³/h | $200<q_v\leq400$ | $400<q_v\leq600$ | $600<q_v\leq800$ | $800<q_v\leq1000$ |

（1）基本误差法计量油品体积量计算。

依据式（9-6），计算油品净标准体积量。

确定油品体积温度修正系数 $C_{tl}$。由 $t=30.50℃$，$\rho_{20}=845.3\text{kg/m}^3$，查表9-5得到。

**表 9-5  油品体积修正系数表 I （据 GB/T 1885—1998《石油计量表》）**

| $t$，℃ | $\rho_{20}$，kg/m³ | | | |
|---|---|---|---|---|
| | 844.0 | 846.0 | 848.0 | 850.0 |
| | $C_{tl}$ | | | |
| 30.25 | 0.9912 | 0.9912 | 0.9912 | 0.9913 |
| 30.50 | 0.9909 | 0.9910 | 0.9910 | 0.9911 |
| 30.75 | 0.9907 | 0.9908 | 0.9908 | 0.9909 |

由于845.3kg/m³介于844.0~846.0kg/m³之间，故用内插法计算：

$$C_{tl}=0.9909+\frac{0.9910-0.9909}{846.0-844.0}\times(845.3-844.0)\approx0.9910$$

确定压力修正系数 $C_{pl}$，由 $\rho_{20}$ 查 $\rho_{15}$（表9-6）。

表9-6    $\rho_{20}$ 与 $\rho_{15}$ 关系          单位：$kg/m^3$

| $\rho_{20}$ | $\rho_{15}$ |
|---|---|
| 844.0 | 847.6 |
| 845.0 | 848.6 |
| 846.0 | 849.6 |
| 847.0 | 850.6 |

因 $\rho_{20} = 845.3kg/m^3$ 介于 $845.0 \sim 846.0kg/m^3$ 之间，用内插法计算：

$$\rho_{15} = 848.6 + \frac{849.6 - 848.6}{846.0 - 845.0} \times (845.3 - 845.0) = 848.6 + 0.3 = 848.9(kg/m^3)$$

再由 $t = 30.50℃$，$\rho_{15} = 848.9kg/m^3$，查本标准《石油计量表》（GB/T 1885—1998）中的附录B，求得 $F = 0.797 \times 10^{-6}kPa^{-1}$。

将已知值代入压力修正系数公式(9-11)，得：

$$C_{pl} = \frac{1}{1-(p-p_e)F} = \frac{1}{1-(350-0) \times 0.797 \times 10^{-6}} = \frac{1}{0.99972} = 1.00028 \approx 1.003$$

计算净标准体积量：

$$V_{ns} = 4180 \times 0.9910 \times 1.0003 \times (1-0.0016) = 4136.993(m^3)$$

折合（美）桶，先由式(9-18)计算出油品在空气中的净油重量（商业质量）：

$$m_{nw} = V_{ns}\rho_{20}F_a = 4136.993 \times 845.3 \times 0.99870 = 3492.454(t)$$

然后根据15℃密度848.9kg/m³查《石油计量表》（GB/T 1885—1998）中的"附表E3 15℃密度到桶/t系数换算表"，查得桶/t系数为7.421，则有：

$$桶数 = 3492.454t \times 7.421 桶/t = 25917.5 桶$$

折合60℉体积 $V_{60℉}$，若需要折合60℉体积数，则可根据（美）桶数，按同温下1（美）桶=158.984升，按下式计算：

$$V_{60℉} = 桶数 \times 158.984 升/桶 = 25917.5 \times 158.984 = 4120.468(L)$$

折合15℃体积 $V_{15}$，先由式(9-17)计算出油品的净质量：

$$m_{nm} = V_{ns} \times \rho_{20} = 4136.993 \times 845.3 = 3497000(kg)$$

然后根据15℃密度848.9kg/m³，按下式计算：

$$V_{15} = m_{nm}/\rho_{15} = 3497000/848.9 = 4119.449(m^3)$$

（2）流量计系数法计量油品体积量计算。

确定流量计系数：根据流量计各检定点对应的流量计系数，规定其适用范围，见表9-4。

流量计系数一般按计量时间段内的平均流量就近靠取确定（也可采用其他方法确定，如加权算术平均法、普通算术平均法等）。

求平均流量：

$$q_v = V_t / \Delta t$$

本例中为从 8：00 至 16：00，白班 8h 流量计连续计量平均体积流量为：

$$q_v = 4180 \text{m}^3 / 8\text{h} = 522.5 \text{m}^3/\text{h}$$

求标准体积量。由 $q_v = 522.5 \text{m}^3/\text{h}$，对应 $500 \text{m}^3/\text{h}$ 流量点，取流量计系数 $MF = 1.0005$，则依据公式（9-8）得：

$$V_{ns} = 4180 \times 1.0005 \times 0.9910 \times 1.0003 \times (1 - 0.0016) = 4139.061 (\text{m}^3)$$

折合（美）桶或其他参比体积，可按本例基本误差法中的方法计算，结果区别只是相差流量计系数。

2）油品质量及空气中重量计算

原油长输管道连续计量，采用流量计配玻璃浮计人工测定密度的计量方式，并使用了流量计系数，计算其空气中油品重量：

（1）计量参数测量值见表 9-7。

（2）油品计量温度下饱和蒸气压低于标准大气压，流量计系数 $MF = 1.0015$。

表 9-7　计量参数测量值表

| 次数 | 计量温度 $t$ ℃ | 计量压力 $p$（表压）kPa | 密度 $\rho_t$ kg/m³ | 标准密度 $\rho_{20}$ kg/m³ | 含水系数 $SW$ | 空气浮力修正系数 $F_a$ |
|---|---|---|---|---|---|---|
| 一 | 37.80 | 550 | 833.5 | 845.3 | 0.150 | 0.9987 |
| 二 | 37.70 | 550 | | | | |
| 三 | 37.70 | 550 | 833.5 | 845.3 | 0.175 | 0.9987 |
| 四 | 37.60 | 600 | | | | |
| 平均 | 37.70 | 562.5 | — | 845.3 | 0.1625 | 0.9987 |
| 取值 | 37.75 | 550 | | 845.3 | 0.16 | 0.9987 |

（3）8h 流量计指示体积值。结束时读数 $40086.465 \text{m}^3$，修约后为 $40086.5 \text{m}^3$；开始时读数 $24315.456 \text{m}^3$，修约后为 $24315.5 \text{m}^3$；累积总计量体积 $15771.0 \text{m}^3$。

（4）温度修正系数 $C_{tl}$。由 $t = 37.75$℃ 和 $\rho_{20} = 845.3 \text{kg/m}^3$ 表 9-8。由于 $845.3 \text{kg/m}^3$ 介于 $844.0 \text{kg/m}^3$ 和 $846.0 \text{kg/m}^3$ 之间，故用内插法计算：

$$C_{tl} = 0.9847 + \frac{0.9847 - 0.9847}{846.0 - 844.0} \times (845.3 - 844.0) = 0.9847$$

表 9-8　油品体积修正系数表 Ⅱ

| $t$,℃ | $\rho_{20}$，kg/m³ | | | |
|---|---|---|---|---|
| | 840.0 | 842.0 | 844.0 | 846.0 |
| | $C_{tl}$ | | | |
| 37.50 | 0.9847 | 0.9848 | 0.9849 | 0.9850 |
| 37.75 | 0.9845 | 0.9846 | 0.9847 | 0.9847 |
| 38.00 | 0.9843 | 0.9844 | 0.9844 | 0.9845 |

（5）压力修正系数 $C_{pl}$。

由 $\rho_{20}$ 查 $\rho_{15}$。由 $\rho_{20}$ 查 GB/T1885《石油计量表　原油部分》（油品表 E1）。

因 $\rho_{20}=845.3\text{kg/m}^3$ 介于 845.0~846.0kg/m³ 之间，用内插法计算：

$$\rho_{15}=848.6+\frac{849.6-848.6}{846.0-845.0}\times(845.3-845.0)=848.6+0.3=848.9(\text{kg/m}^3)$$

依 $t=37.75℃$，$\rho_{15}=848.9\text{kg/m}^3$，查上述标准"附录 B"，求得 $F=0.832\times10^{-6}\text{kPa}^{-1}$。

依据压力修正系数计算公式，将已知值代入，得：

$$C_{pl}=\frac{1}{1-(p-p_e)F}=\frac{1}{1-(550-0)\times0.832\times10^{-6}}=\frac{1}{0.99954}=1.00046\approx1.0005$$

（6）将已知用于油量计算的计量参数列于表 9-9 中。

表 9-9　油量计算表

| 序号 | 计量参数名称 | 符号 | 单位 | 数值 |
|---|---|---|---|---|
| 1 | 流量计累积计量体积 | $V_t$ | m³ | 15771.0 |
| 2 | 流量计系数 | $MF$ | — | 1.0015 |
| 3 | 温度修正系数 | $C_{tl}$ | — | 0.9847 |
| 4 | 压力修正系数 | $C_{pl}$ | — | 1.0005 |
| 5 | 标准密度 | $\rho_{20}$ | kg/m³ | 845.3 |
| 6 | 空气浮力修正系数 | $F_a$ | — | 0.9987 |
| 7 | 体积含水百分数 | $SW(\%)$ | — | 0.16 |
| 8 | 体积含水修正系数 | $C_{sw}$ | — | 0.9984 |
| 9 | 毛标准体积[①×（②×③×④）] | $V_{gs}$ | m³ | 15560.775 |
| 10 | 净标准体积（⑧×⑨） | $V_{ns}$ | m³ | 15535.878 |

续表

| 序号 | 计量参数名称 | 符号 | 单位 | 数值 |
|------|------------|------|------|------|
| 11 | 扣水量（⑦×⑨） | $V_{sw}$ | $m^3$ | 24.897 |
| 12 | 毛油质量（⑤×⑨） | $m_{gm}$ | kg | 13153523.1 |
| 13 | 净油质量（⑤×⑩） | $m_{nm}$ | kg | 13132477.7 |
| 14 | 空气中毛油重量（⑥×⑫） | $m_{gw}$ | kg | 13136423.5 |
| 15 | 空气中净油重量（⑥×⑬） | $m_{nw}$ | kg | 13115405.5 |

3）采用质量流量计计量油品计算

某计量站汽油采用质量流量计计量，计量参数测量值及计算程序见表9-10。

**表 9-10 油量计算表**

| 基础计量数据 | | | | |
|------|------|------|------|------|
| 序号 | 计量数据 | 符号 | 单位 | 数值 |
| 1 | 质量流量计始读数 | $m_{g1}$ | kg | 120452 |
| 2 | 质量流量计末读数 | $m_{g2}$ | kg | 904891 |
| 3 | 流量计系数 | $MF$ | — | 1.0011 |
| 4 | 标准密度 | $\rho_{20}$ | $kg/m^3$ | 732.5 |
| 5 | 质量含水 | $SW$ | — | 痕迹 |
| 7 | 空气浮力修正系数 | $F_a$ | — | 0.9985 |
| 计算交接油量 | | | | |
| 8 | 流量计计量总质量（②-①） | $m_g$ | kg | 784439 |
| 9 | 质量含水系数（1.00-⑤） | $C_{sw}$ | — | 1.0000 |
| 10 | 毛质量（⑧×③） | $m_{gm}$ | kg | 785302 |
| 11 | 净质量（⑧×③×⑨） | $m_{nm}$ | kg | 785302 |
| 12 | 空气中净重量（⑪×⑦） | $m_{nw}$ | kg | 784124 |
| 13 | 净标准体积（⑪/④） | $V_{ns}$ | $m^3$ | 1072.085 |

4）采用 $K$ 系数法计量油品计算

某计量站柴油采用涡轮流量计计量，计量参数测量值及计算程序见表9-11。

表 9-11　计量参数

| 序号 | 计量参数名称 | 符号 | 单位 | 数值 |
|---|---|---|---|---|
| 1 | 流量计计数器开始时的读数 | $N_{t_1}$ | 1 | 5054295 |
| 2 | 流量计计数器结束时的读数 | $N_{t_2}$ | 1 | 51487530 |
| 3 | $K$ 系数 | $K$ | 1/m³ | 2850 |
| 4 | 计量温度下体积 [（②-①）/③] | $V_t$ | m³ | 16292.363 |
| 5 | 流量计系数 | $MF$ | — | 1.0015 |
| 6 | 标准密度 | $\rho_{20}$ | kg/m³ | 848.4 |
| 7 | 油品平均温度 | $t$ | ℃ | 31.0 |
| 8 | 流量计出口压力（表压） | $p$ | kPa | 2550 |
| 9 | 温度修正系数 | $C_{tl}$ | — | 0.9908 |
| 10 | 压力修正系数 | $C_{pl}$ | — | 1.0020 |
| 11 | 体积含水率 | $SW$ | | 0.15 |
| 12 | 体积含水修正系数（1.00-⑪） | $C_{sw}$ | — | 0.9985 |
| 13 | 毛标准体积 [4×（⑤×⑨×⑩）] | $V_{gs}$ | m³ | 16199.020 |
| 14 | 净标准体积 [4×（⑤×⑨×⑩）×12] | $V_{ns}$ | m³ | 16174.721 |
| 15 | 扣水量（⑬×⑪） | $V_{sw}$ | m³ | 24.299 |
| 16 | 油品毛质量（⑬×⑥） | $m_{gm}$ | kg | 13743249 |
| 17 | 油品净质量（⑭×⑥） | $m_{nm}$ | kg | 13722633 |
| 18 | 空气中毛油重量 [13×（⑥-1.1）] | $m_{gw}$ | t | 13725.430 |
| 19 | 空气中净油重量 [14×（⑥-1.1）] | $m_{nw}$ | t | 13704.841 |

（1）计量温度：取计量时间段内油品温度的算术平均值。

（2）计量压力：取计量时间段内油品压力的算术平均值。

（3）计算 $C_{tl}$。由 $\rho_{20}=848.4\text{kg/m}^3$，$t=31.0℃$，查《石油计量表》（GB/T 1885—1998）"产品部分表 60B 油品体积温度修正系数表"，得 $C_{tl}=0.9908$。

（4）计算 $C_{pl}$。由 $\rho_{20}=848.4\text{kg/m}^3$，查上述标准中的表 E1 产品 20℃ 密度到 15℃ 密度换算表，得 $\rho_{15}=852.0\text{kg/m}^3$。再依 $\rho_{15}=852.0\text{kg/m}^3$，$t=31.0℃$，查上述标准中的"附录 B"得油品压缩系数 $F=0.791×10^{-6}\text{kPa}^{-1}$。因油品蒸汽压 $p_e$ 小于大气压，故 $p_e=0$，将已知参数带入式（9-11），得：$C_{pl}=\dfrac{1}{1-(2550-0)×0.791×10^{-6}}=1.0020$。

（5）所计量的油品为贸易交接油品，故应扣除含水量。

（6）不同标准参比条件下计算体积量：

20℃、101.325kPa 体积计算，计量原始数据及计量程序见表9-12。

表9-12 20℃、101.325kPa 体积计算程序表

| 计量日期 | 2004/12/8 | | |
|---|---|---|---|
| 计量介质 | 93#无铅车用汽油 | | |
| 仪表编号 | 454443 | | |
| 流量计型号 | — | | |
| 基础计量数据 | | | |
| 序号 | 计量数据 | 符号 | 单位 | 数值 |
| 1 | 质量流量计始读数 | $m_{t_1}$ | kg | 120452 |
| 2 | 质量流量计末读数 | $m_{t_2}$ | kg | 904891 |
| 3 | 流量计系数 | $MF$ | — | 1.0011 |
| 4 | 标准密度 | $\rho_{20}$ | kg/m³ | 732.5 |
| 5 | 含水 | $SW$ | | 痕迹 |
| 6 | 空气浮力修正系数 | $F_a$ | — | 0.9985 |
| 计算交接油量 | | | |
| 7 | 流量计总计量质量（②-①） | $m_g$ | kg | 784439 |
| 8 | 真空中质量 7×3×（1.00-⑤） | $m_{gm}/m_{nm}$ | kg | 785302 |
| 9 | 空气中重量（⑧×⑥） | $m_{gw}/m_{nw}$ | kg | 784124 |
| 10 | 20℃油品体积（⑧/④） | $V_{ns}$ | m³ | 1072.085 |

15℃、101.325kPa 体积计算，计量原始数据及计量程序见表9-13。

表9-13 15℃、101.325kPa 体积计算程序表

| 计量日期 | 2004/12/8 | | |
|---|---|---|---|
| 计量介质 | 93#无铅车用汽油 | | |
| 仪表编号 | 454443 | | |
| 流量计型号 | — | | |
| 基础计量数据 | | | |
| 序号 | 计量数据 | 符号 | 单位 | 数值 |
| 1 | 质量流量计始读数 | $m_{t_1}$ | kg | 120452 |
| 2 | 质量流量计末读数 | $m_{t_2}$ | kg | 904891 |
| 3 | 流量计系数 | $MF$ | — | 1.0011 |

| 序号 | 计量数据 | 符号 | 单位 | 数值 |
|---|---|---|---|---|
| 4 | 20℃密度 | $\rho_{20}$ | kg/m³ | 732.5 |
| 5 | 15℃密度 | $\rho_{15}$ | kg/m³ | 737.1 |
| 6 | 含水 | $SW$ | — | 痕迹 |
| 7 | 空气浮力修正系数 | $F_a$ | — | 0.9985 |
| 计算交接油量 | | | | |
| 8 | 流量计总计量质量（②-①） | $m_g$ | kg | 784439 |
| 9 | 真空中质量［8×3×（1.00-⑥）］ | $m_{gm}/m_{nm}$ | kg | 785302 |
| 10 | 空气中重量（⑨×⑦） | $m_{gw}/m_{nw}$ | kg | 784124 |
| 11 | 15℃油品体积（⑨/⑤） | $V_{15}$ | m³ | 1065.394 |

由 $\rho_{20}$ 查上述标准中的"表 E1"，计算 $\rho_{15}$。因 $\rho_{20}=732.5\mathrm{kg/m^3}$ 介于 732.0kg/m³ 和 733.0kg/m³ 之间，用内插法计算：

$$\rho_{15}=736.6+\frac{737.6-736.6}{733.0-732.0}\times(732.5-732.0)=736.6+0.5=737.1(\mathrm{kg/m^3})$$

60℉、101.325kPa 体积计算，计量原始数据及计量程序见表9-14。

**表 9-14 60℉、101.325kPa 体积计算程序表**

| 计量日期 | 2004/12/8 |
|---|---|
| 计量介质 | 93#无铅车用汽油 |
| 仪表编号 | 454443 |
| 流量计型号 | — |

| 基础计量数据 | | | | |
|---|---|---|---|---|
| 序号 | 计量数据 | 符号 | 单位 | 数值 |
| 1 | 质量流量计始读数 | $m_{t_1}$ | kg | 904891 |
| 2 | 质量流量计末读数 | $m_{t_2}$ | kg | 120452 |
| 3 | 流量计系数 | $MF$ | 1 | 1.0011 |
| 4 | 20℃密度 | $\rho_{20}$ | kg/m³ | 732.5 |
| 5 | 15℃密度 | $\rho_{15}$ | kg/m³ | 737.1 |
| 6 | 桶/t 系数 | — | — | 8.552 |
| 7 | 含水 | $SW$ | — | 痕迹 |
| 8 | 空气浮力修正系数 | $F_a$ | — | 0.9985 |

| | 计算交接油量 | | | |
|---|---|---|---|---|
| 9 | 流量计总计量质量（②-①） | $m_g$ | t | 784.439 |
| 10 | 真空中质量[⑨×③×（1.00-⑦）] | $m_{gm}/m_{nm}$ | t | 785.302 |
| 11 | 空气中重量（⑩×⑧） | $m_{gw}/m_{nw}$ | t | 784.124 |
| 12 | 油品体积（⑪×⑥） | （美）桶 | 桶 | 6705.828 |
| 13 | 油品体积（⑫×158.984） | 升 | L | 1066119 |

计算桶/t 系数，由 15℃ 的密度，查 GB/T 1885—1998《石油计量表》产品部分中的"表 E3"对应的桶/t 系数。因为 $\rho_{15} = 737.1 \text{kg/m}^3$，介于 737.0kg/m³ 和 738.0kg/m³ 之间，用内插法计算：

$$桶/t 系数 = 8.553 + \frac{8.541 - 8.553}{738.0 - 737.0} \times (737.1 - 737.0) = 8.553 - 0.012 \times 0.1 = 8.552$$

计算桶数，$V_{60℉}$ = 油品空气中的重量×桶/t 系数 = 784.124 × 8.552 = 6705.828（美桶），当需要计算毛油桶数时，其桶/t 系数仍依据油品 15℃ 密度值查表，但是需要换算的油品质量数一定应是毛油质量（即真空中质量数），而不能采用油品在空气中的重量数（或习惯定义的商业质量数），这个要求同样适应于净油桶数的换算，必须在计算中注意。

计算升数，因为 1 桶 = 158.984L，则同温度下换算结果：

$$V_{60℉} = 桶数 × 158.984 \text{L/桶} = 6705.828 × 158.984 = 1066119.359（\text{L}）$$

# 第四节　静态油量计算

## 一、油量计算程序

### 1. 计量罐内油品液位检测

原油宜检空尺，用量油尺检测计量罐内油品液位，其测得值应准确读到 mm。液位检测应在指定的检尺点下尺，应进行多次检测，取相邻两次的检测值相差不应大于 2mm。两次测得值相差大于 1mm 并小于 2mm 时，则取两次测得值的算术平均值作为计量罐内液位高度；两次测得值相差小于 1mm 则以前次测得值作为计量罐内液位高度。对于浮顶罐，计量时浮顶严禁处在非起浮段。

**2. 计量罐内油品温度检测**

计量罐内油品温度检测应符合《石油和液体石油产品温度测量 手工法》（GB/T 8927—2008）的规定。测得值应估读到 0.1℃，结果按 0.25℃ 间隔报告。

**3. 计量罐内取样**

计量罐取样按照批次进行，每批（罐）取样化验。取样执行《石油液体手工取样法》（GB/T 4756—2015）。

**4. 原油密度测定**

用玻璃密度浮计测定原油密度的方法应符合《原油和液体石油产品密度实验室测定法（密度计法）》（GB/T 1884—2000）的规定。

**5. 原油含水测定**

原油含水测定应符合《原油水含量测定 蒸馏法》（GB/T 8929—2006）的规定。

**6. 计算油量**

（1）根据油罐内液位高度查该油罐容积表，得到此液位高度下的表载体积 $V_c$。

（2）根据罐底明水高度查该罐容积表，得到罐底明水体积 $V_{fw}$。

（3）计算装油后油罐受压引起的容积增大值，根据液位高度查静压力容积增大值表，得液位高度下装水的静压力容积增大值 $\Delta V_C$，再乘以油品的相对密度，使其换算到该液位高度下的实际油品的静压力容积增大值。

（4）将罐内液位高度下的表载体积，修正到罐壁平均温度下的实际体积 $V_{go}$。

（5）查石油计量表体积修正系数 $V_{cf}$，计算标准体积 $V_{gs}$。

（6）计算油品在空气中的重量。

# 二、油量计算公式

**1. 数值修约**

数值修约方法应符合《数值修约规则与极限数值的表示和判定》（GB/T 8170—2008）。在多数情况下，所使用的小数位数受数据来源的影响。例如，如果油罐容积表检定值被修约到整数升，则随之导出的体积值也应作相应记录。然而，在没有其他限制因素的情况下，使用者应依照表 9-15 规定的小数位数进行修约。表中的数据不可认为是测量仪器的精度要求。在检验计算方法与本标准的一致性时，显示和打印硬件应具有至少 32 位二进制字长或能显示 10 位数。

表 9-15 数值修约表

| 量的名称 | 单位及符号 | 小数位数 |
|---|---|---|
| 密度 | 千克每立方米（kg/m$^3$） | ××××.× |
| 密度 | 克每立方厘米（g/cm$^3$） | ×.×××× |
| 体积修正系数 $V_{cf}$ | — | ×.×××× |
| 含水率 $SW$ | — | ××.××× |
| 油品温度 | 摄氏度（℃） | ××.×5 |
| 罐壁温度 | 摄氏度（℃） | ×××.0 |
| 罐壁温度修正系数 $C_{tsh}$ | — | ×.××××× |
| 体积 | 立方米（m$^3$） | ×××.××× |
| 质量 | 千克（kg） | ×××.0 |
| 质量 | 吨（t） | ×××.××× |

2. 计算毛体积

1）总计量体积

用测量的油品高度查油罐容量表，得到对应高度下的容量 $V_c$，即油品的总计量体积 $V_{to}$。

当油罐容量表按空罐容量和静压力容量分别编制时，总计量体积（$V_{to}$）按下式计算：

$$V_{to} = V_c + \Delta V_c \rho_w / \rho_c \qquad (9-34)$$

式中 $V_c$——由油品高度查油罐容量表得到的对应高度下的空罐容量；

$\Delta V_c$——由油品高度查液体静压力容量修正表得到的油罐在检定液静压力作用下的容量修正值；

$\rho_w$——油罐运行时工作液体的计量密度，可用标准密度乘以计量温度下的体积修正系数求得；

$\rho_c$——编制油罐静压力容积修正表时采用的检定液密度，通常为水的密度。

2）游离水体积

如所测罐内有游离水，根据所测游离水的高度，查容量表，得到游离水

体积 $V_{fw}$。

3）罐壁温度修正系数

油罐在温度发生变化时，其体积也要发生相应的变化。油罐容量表给出的是标准温度下的容量，实际计量时的罐壁温度通常不同于标准温度，应对检定容量做出相应修正。对于立式金属罐，罐壁温度对体积影响的修正系数可以用对横截面积影响的修正系数表示，因此罐壁温度修正系数 $C_{tsh}$ 按下式计算：

$$C_{tsh} = 1 + 2\alpha(T_s - 20) \tag{9-35}$$

式中　$\alpha$——罐壁材质的线膨胀系数（低碳钢取 0.000012），℃；

　　　　$T_s$——油罐计量时的罐壁温度，℃；

对于保温的立式金属罐，可以将罐内油品的平均温度作为罐壁温度。对于非保温的立式金属罐，罐壁温度按下式计算：

$$T_s = (7T_1 + T_a)/8 \tag{9-36}$$

式中　$T_1$——罐内油品的平均温度，℃；

　　　　$T_a$——油罐周围的环境空气温度，℃。

用罐壁温度修正系数修正油罐的检定容积，与计算产品自身体积膨胀或收缩的修正无关。根据特殊需要，罐壁温度修正系数也可以按特定的工作温度编入油罐容积表中。

4）计量体积

从总计量体积 $V_{to}$ 减去游离水体积 $V_{ws}$，再将结果乘以罐壁温度修正系数 $C_{tsh}$，得到计量体积 $V_{go}$，即：

$$V_{go} = (V_{to} - V_{ws})C_{tsh} \tag{9-37}$$

5）体积修正系数

查《石油计量表》（GB/T 1885—1998），由油品的计量温度和标准密度查对应油品的体积修正系数表，得到将计量体积修正到标准体积的体积修正系数 $V_{cf}$（即 $C_{tl}$）。

3. 计算毛标准体积

用计量体积 $V_{go}$ 乘以体积修正系数 $V_{cf}$，就得到毛标准体积 $V_{gs}$，即：

$$V_{gs} = V_{go}V_{cf} \tag{9-38}$$

4. 计算质量

1）毛表观质量的计算

油品的毛表观质量计算是将其质量以空气浮力修正值 $W_{cf}$ 进行修正，将真空中的质量换算成空气中的质量，再减去浮顶表观质量 $m_{fr}$，即：

$$m_g = V_{gs}(\rho_{20} - 1.1) - m_{fr} \tag{9-39}$$

2）纯油量的计算

油品纯油量 $m_n$、含水量 $m_w$ 的计算公式如下：

$$m_n = m_g(1-SW) \tag{9-40}$$

$$m_w = m_g - m_n \tag{9-41}$$

式中　$SW$——油中含水的质量分数。

5. 计算顺序

如果已拥有计算净油量所需的全部基础数据，则可以根据交接协议选定如下计算步骤中的一种进行计算。

1）基于质量的计算步骤

（1）由油水总高查油罐容积表，得到总计量体积 $V_{to}$。

（2）扣除用游离水高度查油罐容积表得到的游离水体积 $V_{fw}$。

（3）应用罐壁温度影响的修正系数 $C_{tsh}$，得到毛计量体积 $V_{go}$。

（4）将毛计量体积 $V_{go}$ 修正到标准温度，得到毛标准体积 $V_{gs}$。

（5）用毛标准体积 $V_{gs}$ 乘以表观质量换算系数 $W_{CF}$，再减去浮顶的表观质量 $m_{fr}$ 得到油品的毛表观质量 $m_g$。

（6）用沉淀物和水的质量分数 $SW$ 的修正值 $C_{SW}$ 修正油品的毛表观质量 $m_g$，可得到油品的净表观质量 $m_n$。

注：在基于表观质量的计算步骤中，由于浮顶的排液量在计算油品毛表观质量时扣除，步骤（3）和（4）涉及的毛计量体积和毛标准体积包含了浮顶的排液体积。将净表观质量 $m_n$ 除以表观质量换算系数 $W_{cf}$ 可间接计算出净标准体积 $V_{ns}$。

2）基于体积的计算步骤

（1）由油水总高查油罐容积表，得到总计量体积 $V_{to}$。

（2）扣除用游离水高度查油罐容积表得到的游离水体积 $V_{fw}$。

（3）应用罐壁温度影响的修正系数 $C_{tsh}$，得到毛计量体积 $V_{go}$。

（4）对于浮顶罐，还应从中扣除浮顶排液体积 $V_{frd}$。

（5）将毛计量体积 $V_{go}$ 修正到标准温度，得到毛标准体积 $V_{gs}$。

（6）用沉淀物和水的质量分数 $SW$ 的修正值 $C_{sw}$ 修正毛标准体积 $V_{gs}$，可以得到净标准体积 $V_{ns}$。

（7）如果需要油品的净表观质量 $m_n$，可通过净标准体积 $V_{ns}$ 与表观质量换算系数 $W_{cf}$ 相乘得到。

6. 油量计算举例（以基于质量计算方法为例）

油量计算举例见表9-16。

## 表 9-16  油量计算举例

| 数据名称 | 单位 | 符号 | 作业开始 | 作业结束 | 备注 |
|---|---|---|---|---|---|
| 油水总高 | m | $h$ | 4.500 | 8.421 | — |
| 游离水高 | m | $h_{FW}$ | 0.342 | 0.400 | — |
| 平均温度 | ℃ | $T_1$ | 40 | 41 | — |
| 环境温度 | ℃ | $T_a$ | — | — | — |
| 罐壁温度 | ℃ | $T_s$ | 40 | 41 | — |
| 标准密度 | kg/m³ | $\rho_{20}$ | 854.6 | 856.2 | — |
| 沉淀物和水 | — | $SW$ | 1.205% | 1.200% | 质量分数 |
| 总计量体积 | m³ | $V_{to}$ | 5654.866 | 10582.141 | 查罐容表 |
| 游离水 | m³ | $V_{ws}$ | 429.770 | 502.655 | 查罐容表 |
| 毛计量体积 | m³ | $V_{go}$ | 5225.096 | 10079.486 | 仅作为计算过程变量 |
| 罐壁温度修正值 | — | $C_{tsh}$ | 1.0045 | 1.00047 | — |
| 毛计量体积 | m³ | $V_{go}$ | 5227.447 | 10084.223 | 仅作为计算过程变量 |
| 体积温度修正系数 | — | $V_{CF}$ | 0.9831 | 0.9824 | 查石油计量表 |
| 毛标准体积 | m³ | $V_{gs}$ | 5139.103 | 9906.741 | 仅作为计算过程变量 |
| 表观质量换算系数 | kg/m³ | $W_{CF}$ | 853.5 | 855.1 | — |
| 毛表观质量 | kg | $m_g$ | 4386225 | 8471254 | 仅作为计算过程变量 |
| 减去浮盘表观质量 | kg | $m_{fr}$ | 40000 | 40000 | |
| 毛表观质量 | kg | $m_g$ | 4346225 | 8431254 | |
| 沉淀物和水修正值 | — | $C_{SW}$ | 0.98975 | 0.98800 | |
| 净表观质量 | — | $m_n$ | 4301676 | 8330079 | |
| 接收的油净表观质量 | kg | $\Delta m_n$ | 4028403 | | |
| 净标准体积 | m³ | $V_{ns}$ | 5040.042 | 9741.643 | |
| 接收油的净表观体积 | m³ | $\Delta V_{ns}$ | 4701.601 | | — |

# 第三部分

# 天然气流量计量

本部分根据天然气输气站场实际情况及运行维护操作，介绍了以下内容：天然气计量系统的构成、功能、技术要求；常用天然气流量计的安装要求、操作要求及日常维护；常用天然气计量辅助仪表的安装要求、操作要求及日常维护；计量回路的开启和停用、计量器具启用和停用、计量器具检定和校准、流量计算机测试、工况参数比对和验证、流量计比对流程及比对方法；计量系统检查和确认的目的和范围；体积流量计算、质量流量计算、能量计算。

# 第十章　天然气计量系统

## 第一节　典型天然气计量系统

天然气计量系统指用于实现天然气计量的全套计量仪表和其他设备。天然气计量系统应满足流量计的安装、使用、操作和运行等要求，应在所规定的压力、温度范围内正常工作，同时也应考虑气流中的杂质、粉尘和冷凝物对计量的影响。计量系统应安装成独立的装置或与其他系统安装在一起，宜室内或露天设置。

### 一、计量系统的构成

天然气计量系统除了包括流量计、配套直管段、流动整流器、温度和压力仪表、色谱分析仪、阀门、流量计算机（或数据采集与处理系统）等基本设备外，有的计量系统中还包括过滤器、分离器和降噪设备、在线实流检定或校准系统、发热量测量装置等。

典型分输站天然气计量橇工艺流程如图 10-1 所示，其中计量设备主要包括流量计、压力变送器、温度变送器、在线色谱仪和流量计算机等。

根据需要，天然气计量系统主要包括以下设备设施：

（1）计量天然气标准参比条件下的体积流量、质量流量或标准参比条件下的能量的设备；

（2）检测天然气特性的气质分析设备；

（3）控制天然气气流的截断阀；

（4）监视系统，如记录仪器和仪表；

（5）直管段、短节、衬垫和热绝缘等；

（6）天然气分离器、过滤器；

（7）预热天然气的加热设备；

（8）降低噪声的消声设备；

（9）控制流量、压力的设备；

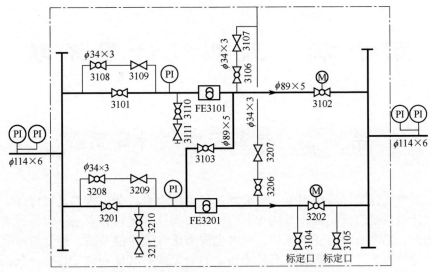

图 10-1　典型分输站天然气计量橇工艺流程图

（10）用来选择流量计量管路的适当数量以满足计量站实际负荷的切换设备；

（11）防止水合物和防止结冰的加热设备；

（12）降低脉动和减振的阻尼设备（脉动衰减器或缓冲装置）；

（13）防雷及其他设备；

（14）计量系统文件集。

## 二、计量系统的功能

天然气计量系统是根据天然气输送过程中测量的压力、温度、组分、瞬时流量等参数，计算出标准状态下的天然气流量。通常在流量计算机上完成流量计算和能量计算，并将数据上传至站控系统。根据系统的组成，输出量可以是：（1）标准参比条件下的体积；（2）质量；（3）标准参比条件下的能量。

在特定的情况下，对压力、温度和气体组成使用定值也是有效的，应适当考虑进行现场维护、检查、校准的可能性。

现场根据实际天然气交接要求，都需要用工作条件下和标准参比条件下的密度，把流量计在工作条件下测得的体积流量转换成标准参比条件下的体积流量/质量或标准参比条件下的能量，从而实现贸易结算。

## 三、计量系统的技术要求

1. 通用要求

（1）流量计的测量范围、准确度等级应符合《天然气计量系统技术要求》（GB/T 18603—2014）规定。

（2）计量设施的防爆、密封和接地措施应符合《天然气计量系统技术要求》（GB/T 18603—2014）规定。

（3）仪表的校准和回路试验（包括流量回路、压力回路、温度回路、控制回路等）应符合《自动化仪表工程施工及质量验收规范》（GB 50093—2013）规定。

（4）流量计上、下游直管段的长度应符合《天然气计量系统技术要求》（GB/T 18603—2014）规定。当场地条件不具备或不允许时，可安装流动调整器，流动调整器型式和安装位置应满足流量计技术要求。一般情况下，流量计的上游直管段至少为 $10D$，下游直管段至少为 $5D$。

（5）温度传感器的安装位置及插入深度应符合《输气管道计量导则》（Q/SY 1447—2011）规定。对单向流测量，应将温度计插孔设在超声流量计下游距法兰端面 $(2\sim5)D$ 之间；对双向流进行测量，温度计插孔应设在距超声流量计法兰端面至少 $3D$ 的位置。对 $DN50mm$ 和 $DN80mm$ 的测量管路，温度变送器套管宜按迎流 45°方式安装，插入深度到管中心；对于口径大于或等于 $DN300mm$ 的管道，套管插入深度宜为 $75\sim125mm$。

（6）对大部分天然气流量计而言，如超声、涡轮和旋进旋涡流量计，一般为表体取压。但如安装在同一管段上时，因测温元件的套管所产生的阻力对被测压力有影响，故取压口应选在温度取源部件的上游侧。压力变送器与温度变送器在同一管段上时，压力变送器应安装在温度变送器上游侧。

（7）测量压力的变送器宜选用绝压变送器，不宜选用表压变送器。

（8）导压管与气分析的取样导管不能共用；差压测量管路的正负压管连接正确，安装在环境温度相同的位置；在导压管低处安装仪表，应有防止液体或污物沉积的措施。

（9）计量系统考虑流量计比对流程时，宜在几路并联的流量计测量管路中保留一路作为比对回路，其他回路可分别与其串联。检定接口上、下游应设置有检漏功能的截止阀。采用移动式流量标准装置检定时，站内道路的转弯半径、停放处的道路宽度、站场道路承载重量应符合《输气管道计量导则》（Q/SY 1447—2011）规定。

2. 流量计

（1）流量计的测量范围、准确度等级和测量条件应满足实际计量条件要求。

（2）流量计直管段必须与流量计同心、同径。

（3）流量计上、下游直管段的长度和（或）流动调整器型式及其安装位置应符合相应标准的要求。

（4）超声流量计的安装和使用应符合《用超声流量计测量天然气流量》（GB/T 18604—2014）规定。

（5）涡轮流量计的安装和使用应符合《用涡轮流量计测量天然气流量》（GB/T 21391—2008）规定。

（6）标准孔板流量计的安装和使用应符合《用孔板流量计测量天然气流量》（GB/T 21446—2008）规定。

（7）标准喷嘴流量计的安装和使用应符合《用标准喷嘴流量计测量天然气流量》（GB/T 34166—2017）规定。

（8）旋转容积式流量计的安装和使用应符合《用旋转容积式气体流量计测量天然气流量》（SY/T 6660—2006）规定。

（9）科里奥利质量流量计的安装和使用应符合《用科里奥利质量流量计测量天然气流量》（SY/T 6659—2016）规定。

（10）旋进旋涡流量计的安装和使用应符合《用旋进旋涡流量计测量天然气流量》（SY/T 6658—2006）规定。

3. 配套仪表

1）温度仪表

温度变送器的准确度等级应符合《天然气计量系统技术要求》（GB/T 18603—2014）规定。温度传感器的安装位置及插入深度应符合《输气管道计量导则》（Q/SY 1447—2011）规定。

2）压力变送器/差压变送器

压力变送器/差压变送器的准确度等级应符合《天然气计量系统技术要求》（GB/T 18603—2014）规定。

4. 阀门

（1）每条计量回路应至少安装一只上游截断阀和一只下游截断阀。

（2）与计量系统相关的阀门应能无漏关断，并有检漏方法。

5. 流量计算机

流量计应配备流量计算机。流量计算机应具备以下功能：

（1）接收现场的流量、温度、压力、组分等信号，具备计算、显示、存储等功能；

（2）支持组态、数据传输以及与在线色谱通信；

（3）具备小信号切除功能；

（4）具备时钟自动校时功能；

（5）支持在操作条件和标准参比条件下的瞬时和累积体积流量计算；

（6）支持质量流量和能量计算；

（7）具备用户流量数据汇总功能；

（8）可实现计量数据实时在线传输、交接各方同时共享；

（9）具备分级授权管理与使用功能。

（10）数据采集与处理的标准参比条件应符合《天然气标准参比条件》（GB/T 19205—2008）或交接计量协议规定。

采用的天然气压缩因子、发热量、密度、相对密度和沃泊指数的计算方法，应符合《天然气压缩因子的计算》（GB/T 17747—2011）、《天然气发热量、密度、相对密度和沃泊指数的计算方法》（GB/T 11062—2014）或交接计量协议规定。

# 第二节　天然气能量计量

国际上商品天然气作为结算依据采用的计量方式主要有 3 种：体积计量、质量计量和能量计量。我国目前主要采用是体积计量。由于不同国家和地区所产天然气的组成有很大差异，所以，体积计量和质量计量难以正确反映商品天然气的品质。因此，采用能量计量取代传统的体积计量已经成为贸易交接计量的发展趋势。

## 一、天然气能量计量原理及系统构成

1. 天然气能量计量值

天然气能量计量值等于天然气的量值（体积或质量）与天然气发热量的乘积，即：

$$E = QH_s \tag{10-1}$$

式中　$E$——天然气的能量，MJ 或 W·h；

$Q$——天然气质量或标准参比条件下的体积，kg 或 $m^3$；

$H_s$——天然气标准参比条件下的高位发热量，kW·h(MJ)/kg 或 kW·h (MJ)/$m^3$。

由式(10-1) 可见，天然气流量（体积或质量）和天然气发热量是实现天然气能量计量的两个重要参数。

**2. 天然气流量值计量**

天然气流量值（体积或质量）可用常规的天然气计量系统测量。

**3. 天然气发热量测定**

天然气发热量测定可以分为间接测定和直接测定两种，两种发热量测定方法的原理、标准方法、使用设备、溯源体系等均不相同。

发热量间接测定方法是用色谱分析仪测得的组分进行计算。天然气发热量间接测定的准确性需要气体标准物质来保证，我国气体标准物质是作为计量器具实行法制管理，分为国家一级和国家二级，国家一级代表我国最高水平。使用气相色谱法间接测量时，依据《天然气发热量、密度、相对密度和沃泊指数的计算方法》（GB/T 11062—2014），用气体组成计算发热量。

发热量直接测定是通过燃烧一定量的气体直接获得气体的发热量，其作为天然气发热量测定的标准方法已经得到世界各国的一致认可，是气相色谱间接测定法的核查和保证手段。

**4. 典型天然气能量计量系统**

典型天然气能量计量系统构成如图 10-2 所示。可见，计算天然气标准参比条件下的体积量所需的流量计工况条件下的量值及工况条件下的温度和压

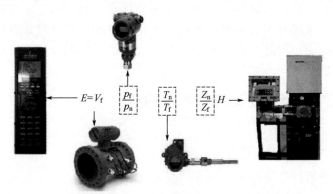

图 10-2 典型天然气能量计量系统构成

$E$—气体能量，J；$V_f$—工况体积，$m^3$；$p_f$—工况压力，Pa；$p_n$—101.325kPa；$T_n$—293.15K；

$T_f$—工况温度，K；$Z_n$—标况压缩因子；$Z_f$—工况压缩因子；$H$—发热量，J/$m^3$

力量值分别来自天然气计量系统的流量计、温度变送器和压力变送器；计算发热量和压缩因子所需要的天然气组分值来自色谱分析仪。这些参数在流量计算机内进行运算，最后给出天然气的能量值。

目前我国天然气长输管道计量场站大多都具备能量计量的条件。

## 二、天然气取样系统

### 1.取样的目的

计算天然气的压缩因子和发热量均需要天然气的气质组分数据。常用的气质分析仪器是色谱分析仪。色谱分析仪分析管道中天然气组分，需要不断从管道中获取天然气样品，经过预处理后送入色谱分析仪中分析，因此取样系统是能量测量系统中的一个关键环节。

### 2.取样的分类

取样分为离线取样和在线取样。

离线取样顾名思义，就是样品在被送往分析单元之前被储存在容器中；而在线取样是样品直接从气源输送到分析单元，它具有很强的时效性。长输管道一般采用在线取样。

### 3.取样的注意事项

安装取样系统应注意如下事项：

（1）取样探头应该安装在管道阻流元件（弯管、集管、阀门和 T 形管等）下游至少 50 倍管径处。

（2）探头位置应该安装在水平管道的上部，探头插入管道 1/3 处。

（3）取样管线应有保温措施，特别是阻流部位，样气一旦凝析，将失去代表性，分析结果与管道中实际组分存在偏差。

（4）取样时应保证样气到达分析仪的连接管距离尽量短，减少滞后时间。

## 三、标准气体

### 1.标准气体定义

标准气体简称标气，是国家标物中心或其他授权气体配置单位根据用户要求，为实现对使用分析仪器进行校准，确保分析仪分析结果的准确性，按照用户使用样气实际情况采用相近配气原则配置的已知浓度的标准气。色谱分析仪通过定期分析标气，并将分析结果与标气组分值进行比对，从而判断设备运行是否正常，并在分析样气时获得必要的修正值，提高分析的准确度。

2. 对标准气体的要求

标气瓶内气体组分应与所分析管道气的气质组分相近。对于摩尔分数不大于 5%的组分，与样品相比，标准气中相应组分的摩尔分数应不大于 10%，也不低于样品中相应组分浓度的一半；对于摩尔分数大于 5%的组分，标准气中相应组分的浓度，应不低于样品中组分浓度的一半，也不大于该组分浓度的两倍。

随标气所附的检验报告应包括所用样气所有组分；使用标气对色谱分析仪校准时，应在当地相同海拔高度大气压下进行。组成分析使用的气体标准物质至少采用国家二级标准物质。

3. 使用标气的注意事项

标准气应在 15℃ 或高于露点的温度下保存。如果标准气在低温下放置，使用前，气瓶应加热几小时。如果对异戊烷和正丁烷的含量有怀疑，应用纯组分检查。确定标准气与仪器校正口相连接，使标气压力调整为 0.21MPa（30psi）。当标气瓶内压力小于 0.4MPa 时，应对标气进行更换。

# 第十一章　计量系统投运前检查

## 第一节　计量系统检查确认的目的和范围

### 一、计量系统检查确认的目的

针对影响计量系统准确性的重要因素，检查计量器具正常工作的各项条件，包括仪表、工艺、信号传输、参数设置等；将存在和暴露的问题及时处理，排除流量计量系统异常故障因素；确保流量计系统可靠、稳定、有效、准确运行。

### 二、计量系统检查确认的范围

计量系统检查重点有 5 个方面：流量计本体性能指标、辅助计量器具（压力/温度变送器）检查、安装条件检查、流量计算机检查、操作条件检查等。这 5 个方面是流量计系统运行准确性、可靠性和稳定性的关键环节。在计量系统运行前和运行中，操作人员应检查确认这些因素是否满足流量计量系统运行的基本条件。

## 第二节　计量系统检查确认内容

计量系统检查确认是计量操作人员在流量计运行过程中对计量系统例行检查的一种规定动作，是为了确认流量计在运行过程是否满足计量系统运行的基本条件和基本要求。检查确认内容包括流量计本体性能指标、压力变送器、温度变送器、安装条件、流量计算机、操作条件检查等方面。

# 一、流量计本体性能指标检查确认

### 1. 计量系统的完整性检查

检查计量系统组成的各个部件是否完好，包括：

（1）检查流量计的防潮密封、法兰密封和数据线的完好性。

（2）检查流量计安装方向是否正确。

（3）检查流量计是否有合格的检定报告。主要关注流量计是否通过检定，是否在有效期内运行，检定有效期是否被缩短；并分析计量设备最近三次检定结果的变化，通过分析选择设备状态更优的计量设备使用。

### 2. 校准修正系数检查确认

流量计在实流检定之后，需要对修正系数进行重新置入，才能确保流量计准确计量：

（1）超声流量计的修正系数是由第三方检定机构检定完成后置入的，需要通过专用的诊断软件连接超声流量计本体查看。

（2）涡轮流量计的修正系数（常称 $K$ 系数）在第三方检定机构出具的检定报告中，由用户根据检定报告自行在流量计算机中修正。$K$ 系数检查确认就是查看置入在流量计算机中的修正系数是否与检定报告中的一致。$K$ 系数和校准修正系数应由交接计量双方共同确认，确认后双方应实施铅封。

### 3. 流量计现场显示屏检查确认

（1）检查流量计显示参数，判断流量计状态。在正常分输情况下，应确保显示屏有示数、有瞬时流量跳动，累计流量不断增大，流量大小处于测量范围之内。如果流体正常流动时显示屏无显示，总量计数器字数不增加，或者流体不流动时，瞬时流量显示不为零，显示值不稳等，则说明流量计有故障。

（2）检查是否有不稳定流的存在，如压力脉动、流速脉动和振动现象等，应注意避免脉动流和振动。

### 4. 涡轮流量计机械转动检查确认

（1）在运行情况下，观察涡轮流量计无振动或异响；

（2）在拆卸情况下，轻轻拨动导流叶轮，叶轮能自如转动，无弯曲或者损毁；

（3）油杯内润滑油不少于1/3，定期加注厂家指定的润滑油。

## 二、压力变送器检查确认

压力变送器检查确认的主要内容为：判断压力变送器测量值是否是绝对压力，检查压力变送器零点及通道是否漂移，检查导压管及阀门是否存在泄漏。

1. 检查压力变送器测量值是否是绝压

（1）在运行状态下，现场比对计量橇上绝对压力表的压力值与附近非计量压力表的压力值。绝对压力表应该比非计量压力表示值大一个大气压。

（2）在停输状态下，关闭压力变送器根部阀，与天然气管道隔离，放空压力变送器表腔和导压管，直接与大气相连，显示值应为当前的大气压力值。

2. 检查压力通道是否漂移

计量橇上的压力变送器通过信号线接到机柜间的计量柜中，目前普遍采用的是 4~20mA 的电流信号传输，在传输过程中可能出现线路损耗、搭接损耗、短路或断路导致信号失真，或者现场压力变送器与流量计算机压力通道量程设置不一致，都会影响压力值的准确传输。

可以采用比较一次表和二次表示值的方法进行核对，即压力变送器的现场显示模块与站控机或者流量计算机进行实时核对。如果显示一致，则表示压力通道传输没有失真。对于压力变送器没有现场显示功能的，需要在停输状态下，用手操器或者信号发生器在现场强加一个电流信号，在计量柜中检查接收的数据是否跟现场强加的电流信号一致。

3. 检查压力变送器零点漂移

流量计的压力变送器按检定规程应至少每年检定 1 次。在检定之后到下一个检定时间，零点漂移测试是一种非常有效的检查确认方法。

对于间断分输场站：应在停输时将两路同时进行零点漂移排查，将计量橇上压力变送器根部阀门关闭，打开压力变送器放空阀，比较两台压力变送器测量的大气压力值，并填入记录表中。检查完成之后关闭压力变送器放空阀，打开压力变送器根部阀门，恢复正常取压。

对于24h 不间断分输场站：应在分输压力相对稳定情况下进行零点漂移排查，将流量计算机的压力通道取值更改为键盘值再同时开展零点漂移测试，按照前述方法进行零点检查。零点测试值应与当地大气压力值一样。

4. 检查导压管及阀门是否存在泄漏

检查导压管及阀门是否泄漏是为了防止因导压管接头泄漏导致压力测量

失真。用皂沫水或洗涤剂泡沫水对要压管接头和仪表阀门进行验漏，如果1min后没有任何气泡形成，则说明密封完好。

## 三、温度变送器检查确认

对于温度变送器主要应检查通道是否漂移。温度变送器在工艺区内的测量结果，需要通过硬线接到机柜间的计量柜中，在传输过程中可能出现线路损耗、搭接损耗、短路或断路，或者量程设置不一，需要定时检查漂移情况。

现场显示的温度值应与流量计算机的温度值完全一致。一次表和二次表的数据核对与压力变送器的检查一样。

## 四、安装条件检查确认

安装条件是决定流量系统是否达到正常工作的重要指标，对流量计准确稳定运行起到至关重要的作用。流量计安装条件检查包括流量计本体、压力变送器、温度变送器、配套附件安装条件检查确认。

1. 流量计安装条件检查确认

（1）流量计应水平安装，避免与管线不对中产生附加应力。两边法兰面光滑无划伤。

（2）流量计正向流动方向应与箭头方向一致，流量计表体应安装接地线，且接地电阻小于4Ω。流量计的测量范围、准确度等级应符合《天然气计量系统技术要求》（GB/T 18603—2014）规定。

（3）新安装或修理后的管路必须进行吹扫。吹扫计量管路时，必须拆下流量计，用相应短节代替流量计进行吹扫。

2. 压力变送器安装条件检查确认

计量橇上的压力变送器是计量系统的重要组成部分，在设计和选型上有别于普通工艺压力变送器。要求稳定可靠，准确度等级高：

（1）取压口位置一般为流量计表体取压。部分流量计非表体取压的，取压口应在温度变送器的上游，压力变送器的导压管与气质分析的取样导管不能共用；如在导压管低处安装仪表，应有防止液体或污物沉积的措施。

（2）压力变送器挠性管应水平安装，或加装隔离措施，避免雨水顺着挠性管流入压力变送器内部；冗余接头应用安装堵头，并且用防爆胶泥封堵；压力变送器表体需接地；压力变送器安装方向应便于巡检，根部阀门便于操作。

3. 温度变送器安装条件检查确认

（1）温度变送器测温孔应安装在流量计下游直管段距离法兰端面 $2D \sim 5D$ 之间。

（2）对 $DN50$ 和 $DN80$ 的测量管路，温度变送器套管宜按迎流 45°方式安装，插入深度到达管路中心。

（3）温度计套管应伸入管道至公称内径的大约 1/3 处，对于大于 300mm 口径的管道，设计插入深度应在 75～150mm。

4. 配套附件安装条件检查确认

（1）检查直管段内径。流量计前后直管段、流动整流器必须与流量计同心、同径，管道内径偏差不超过 1%，且最大偏差不超过 3mm。

（2）检查直管段长度。超声流量计上游直管段长度一般不少于 $30D$，需要安装流动整流器，流动整流器应和流量计原装配套，且流动整流器安装在流量计上游 $10D$ 处，流动整流器的凸面应朝向流量计一侧，并刚好能够嵌入管道内。流量计后直管段一般不少于 $5D$。涡轮流量计上游直管段长度不少于 $10D$，需要安装流动整流器，且流动整流器安装在流量计上游 $5D$ 处，流量计后直管段不少于 $5D$。

（3）检查截止阀阀门状态。计量回路截止阀发生内漏时，若漏气量很小，会造成流量计无法准确计量此部分气体。若截止阀处于半开闭状态，会造成气体流态紊乱，速度剖面不对称，影响流量计精确计量。计量回路截止阀宜采用线密封强制密封阀。开关时，要对计量回路截止阀操作到位，不能存在半开半关的状态。

# 五、流量计算机检查确认

流量计算机检查确认主要包括通信检查、参数设定检查、时钟核对检查。

1. 通信检查确认

（1）检查流量计算机通道测试的流量、温度、压力是否与现场数据一致。

（2）检查流量计和流量计算机通信是否正常。流量计算机与超声流量计通信方式一般为 RS-485 通信，主要需要对波特率、数据位、停止位和奇偶校验等参数进行相同设置，通信正常后，可以在流量计算机的通信设置中实时查看到数据包的发送和接收数量。通信正常情况下发送和接收的数据包应该相同，不同设备对丢包率有不同的要求，丢包意味着计量精度降低。流量计算机与涡轮流量计一般为脉冲通信，或者是两种通信方式同时采用，如果通信故障，流量计算机显示屏将显示通信失败报警。

（3）检查流量计算机与压力变送器和温度变送器通信是否正常，该通信方式一般为 4~20mA 的模拟电流信号或者 HART 数字信号，可以通过查看流量计算机面板报警界面，也可以查看输入的压力或温度值是否是现场显示的值。

（4）检查流量计算机与上位机的通信情况，一般通信出现故障，站控机会自动报警。

（5）检查流量计算机中流量信号是否计算正确。

（6）检查气质组分，一般流量计算机可以通过在线色谱分析仪、面板输入和上位机下达 3 种方式获得气质组分，需要确认核对输入的组分与在用组分值一致。不同气源的气质组分往往差别很大，混合气源进入天然气管道后，会有一段不充分混合的区域，色谱分析仪安装在混合气体辐射的范围内，测量结果将不准确。对于使用离线气质的场站，混合气体对计量结果的影响将更大，需要通过加强计量管理应对这种情况。

2. 参数设定检查确认

（1）检查确认流量计检定报告：对于涡轮流量计配套的流量计算机，对照检定报告，检查流量计算机中单点修正情况；对于超声流量计配套的流量计算机，对照检定报告，检查流量计算机中检定修正系数写入是否正确。

（2）检查确认标准参比条件是否为 20℃、101.325kPa。检查流量计算机压力、温度是否与现场流量计、站控端相一致；检查标况压缩因子、工况压缩因子是否计算正确。

（3）检查确认温度、压力的键盘值是否为管线常用压力与温度值。

（4）检查确认气质组分：对于配置色谱分析仪的场站，流量计算实时采集的气质组分要与色谱仪上传的组分一致；对于手动输入气质组分的场站，检查组分数据输入是否与气质分析报告数据一致，输入各组分摩尔比之和是否为 100%。手动输入组分时，应观察输入气质组分前后的声速偏差，以便判断气质组分是否合适。与提供气质组分来源站场较远的，天然气组分改变滞后，应该根据经验倒推使用合适的气质组分。

（5）检查确认流量计算机中小流量切除值是否为流量计说明书或厂家要求的小流量切除值。

（6）检查确认流量计算机里的涡轮流量计 $K$ 系数是否正确设置。对于超声流量计，每次检定之后，修正系数直接由检定机构植入超声流量计的处理单元中。

（7）检查确认流量计算机中设置的超声流量计内径和外径是否与实际相符，单位是否一致。超声流量计内径和外径可以在流量计铭牌中查找。

（8）检查确认流量计算机中设置的温度和压力通道的量程是否与现场温度变送器和压力变送器的量程及检定证书的测量范围一致。检查流量计算机压力设置状态是否正确；检查温度、压力信号的传输方式；核对流速、瞬时流量是否正确。

（9）对长期停用的设备，应封存处理，锁定相应的工艺流程，并对设备进行断电处理，定时通电驱潮，防止电子部件受潮损坏。

（10）检查确认流量计工况范围配置是否与流量计设备铭牌一致。

3. 时钟核对检查确认

（1）手动校时，核查流量计算机与站控系统的时钟，如果有较大偏差，参照站控系统时钟对流量计算机的时钟进行重置，保证流量计与站控系统的时钟一致。

（2）自动校时，将流量计算机的时钟校准设置为自动校时模式，出现偏差时自动校准。

## 六、操作条件检查确认

（1）确认计量系统上传到流量计算机及站控系统中的数据无报警值，各参数上传、显示输出均正常。

（2）检查确认计量、调压系统中各阀门、管件、弯头连接处紧固、密封、无泄漏。

（3）检查确认现场计量仪表就地指示状态与流量计算机、站控系统数值是否一致。

（4）检查确认备用路流量计算机时钟是否与站控系统的时钟一致，若不一致，需校准。

（5）检查确认备用计量器具及设备的检定证书是否在有效期内。

（6）检查确认机械设备的润滑情况。

（7）检查确认气质组分是否正确。

（8）检查确认超声流量计平均流速、声速、增益值、信噪比是否在设备允许的参数范围内。

## 七、阀门内漏的检查确认

（1）对越站阀门进行检查。防止因越站阀门发生内漏，内漏部分的气体不经过流量计，造成此部分气体无法计量。

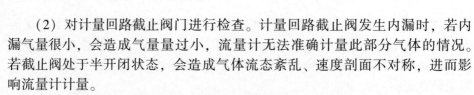

（2）对计量回路截止阀门进行检查。计量回路截止阀发生内漏时，若内漏气量很小，会造成气量量过小，流量计无法准确计量此部分气体的情况。若截止阀处于半开闭状态，会造成气体流态紊乱、速度剖面不对称，进而影响流量计计量。

（3）对放空阀门进行检查。流量计上游管线放空阀未关到位时，会造成部分气体泄漏，无法计量。计量压力变送器放空阀未关到位时，会造成压力变送器测量值偏低，从而影响流量计算机输出的最终数据，使得计量值偏小。

（4）对排污阀门进行检查。流量计上游管线排污阀未关到位时，会造成部分气体泄漏，无法计量。

# 第十二章 计量系统的运行与维护

## 第一节 计量系统的运行

### 一、计量回路的启用和停用前检查

计量回路在首次启用及改造后重新投用前，应按照天然气计量系统中常用流量计投运前的步骤进行检查确认。

1. 计量回路启用

（1）长时间停用的计量回路，启动前应先打开旁通流程，用被测流体冲出管道中的污物和杂质。如果没有旁通流程，应先用一根两端带法兰的短管代替流量计，待焊渣、管锈等杂质冲洗干净，并清洗过滤器后，再重新安装流量计。

（2）计量回路在启用前应按照以下步骤进行上电操作：

① 流量计及计量橇座附属仪表上电前，应确保仪表接线正确；

② 应按照图纸端子号进行上电操作，现场监护人应随时将断电情况与PLC机柜操作人员沟通；

③ 如果发现PLC机柜内保险片上红灯亮，说明现场有短路现象，保险已经烧毁，应检查现场接线，排除故障后可再次上电；

④ 流量计上电后应进行现场查看流量计及流量计计算机是否有报警，确保状态指示灯绿色常亮，附属设备显示数据是否正常。如果出现故障灯常亮或不显示等异常情况，进行故障排除。

2. 计量回路停用

（1）计量回路在停用时，应对阀门及附属仪表功能完好情况进行确认，短期停用时应定期观察计量设备是否完好备用，长期停用时对计量回路进行断电，并对计量回路内进行泄压放空，加装盲板进行能量隔离。

（2）计量回路在停用后应按照以下步骤进行断电操作：

① 流量计及计量橇座附属仪表进行断电时，宜选择在停输期间进行，如果因特殊原因确需进行断电，应在此支路未启用状态时断电；

② 断电时从 PLC 机柜上根据图纸端子号进行断电；

③ 现场监护人应随时将断电情况与 PLC 机柜操作人员沟通。

## 二、计量器具启用和停用

计量回路正常运行期间，对计量回路内流量计的切换及投用、关闭等按照流量计操作方法进行启停操作，并在投用初期进行现场监护，在无人计量站场应密切关注流量计工况参数及进出口压力等参数变化。

1. 流量计开启操作与监护

（1）安装就位后，应确保所有的切屑和残渣均已清除，系统已经吹洗、试压，气流进入并升压至流量计入口阀前。

（2）启输运行时，流量计启动应按工艺要求及相关安全要求进行。

（3）检查流量计仪表电源和接线正确后接通流量计仪表电源，使仪表投入运行并记录投运时间。

（4）缓慢打开流量计入口阀（或管路平衡阀），为流量计管路升压，观察流量计、附属设备及连接管线有无渗漏：

① 进行涡轮流量计操作时，缓慢打开流量计上游旁通截止阀，听到有轻微气流声立即停止开阀动作，给管道缓慢加压（增压速度<35kPa/s）直到达到流量计的运行压力。如现场不能测量压力变化，则监视流量计瞬时流量不能超限。压力剧烈振荡或升压过快会损坏流量计。

② 质量流量计启动时，出口阀应处于关闭状态，缓慢地打开流量计入口阀至20%的开度。观察流量计、附属设备及其连接管线有无渗漏，在工作压力下稳压 10min 应不渗不漏，然后全开进口阀。

（5）压力平衡后，缓慢打开流量计出口阀门，观察流量计显示单元，判断流量计转动与显示是否正常运行，如无异常，调节流量计下游流量调节阀，使流量计在所需的流量范围内运行。进行涡轮流量计操作时，应缓慢打开流量计下游阀门（至少持续 1min），电动阀门使用手动操作，不能使涡轮流量计超速运转。

（6）缓慢打开流量计出口阀，并使出口保持一定的背压，观察计数器和仪表运行是否正常，同时监听流量计的运转有无杂音，如运转无异常，调节流量计，使流量计在低流量下运行 30min（新投产的流量计应在中、小流量下至少运行 72h），然后再调节流量计在所需的流量范围内运行。

（7）观察流量计的前后压差，如压差已达额定最大压差，且相关的工艺阀门确已打开，压力并不超过流量计正常工作压力时，流量计仍没有启动运转，则应停止投运，立即关闭流量计的进、出口阀门，待查明原因排除故障后，方可继续投运。

（8）流量计运行时，检查流量计脉冲发讯器工作是否正常；计数器（二次仪表）的计数量是否与机械表头的显示数相对应；如果不对应，则应对流量计的脉冲发讯器的安装进行检查和处理，直至工作正常。

（9）根据站内工作流量和流量计的额定流量，通过启停流量计后电动阀门，选择合适的工作台数。

（10）多台流量计并联运行时，如果没有工艺上的特殊需要，应调节流量计的下游流量调节阀，保持每台流量计的流量均衡。

（11）流量计运行初期，计量人员应每小时对计量系统的相关设备巡查一次，观察流量计是否运行正常。若发现异常，应及时投用备用流量计，并停运该台流量计，同时做好记录。

（12）涡轮流量计不宜用在频繁中断和有强烈脉动流或压力脉动的场合。

（13）启用过程中，监护人员应监控瞬时流量的变化情况，如果出现异常，现场操作人员应立即按顺序关闭调节阀门、出口阀和入口阀。

2. 流量计停运

（1）流量计停运应按工艺要求及相关安全要求进行。

（2）流量计的切换应先投用备用流量计，待备用流量计运行正常后，方可停运待停流量计。

（3）流量计停运前记录流量计进、出口的压力和温度值。停运时，应先缓慢关闭流量计的进口阀，然后再关闭出口阀。待流量计停运后，记录流量计累积计数器数值，关闭仪表电源并记录停运时间。

（4）如有旁路侧通管，应先打开旁路侧通管的阀门，缓慢关闭出口阀门，再缓慢关闭入口阀门，最后缓慢关闭旁路侧通管的阀门。

（5）如无旁路侧通管，应先缓慢关闭出口阀门，后缓慢关闭入口阀门。

（6）停止过程中，如果减压阀后的压力上涨过快，应立即停止关闭调节阀门并全开此支路调节阀，查看工艺流程是否正确。

（7）流量计停运后，流量计所在回路的进、出口阀门等相关阀门应处于关闭状态。对有伴热的流量计系统，或太阳直晒可能造成温度上升的系统，在停运后，应采取防止热膨胀憋压的相应措施。

# 三、计量器具检定和校准

为保证计量数据准确可靠，需定期对计量器具进行检定和校准。目前天然气流量计大多数都采用离线检定，温度变送器、压力变送器、在线色谱分析仪采用现场检定的方式，因此在检定和校准前应对流量计拆卸后托运至检定站进行检定和校准工作。检定工作完成，现场回装后对流量计性能进行确认，并开展定期检查的方式确保检定有效期内流量计稳定运行。

1. 流量计的拆卸、装运

（1）流量计拆卸前，应排出管道内残存的气体。

（2）拆卸流量计时，可先把表头卸下，并装入特制的减振箱内，用包装材料把表头与壳体连接处包好，再把流量计从台位上卸下。

（3）流量计不能倒置，搬运时应避免磕碰，流量计卸下后，应检查壳体内有无杂物、两侧法兰是否有划伤及壳体内壁、转子有无磨损、腐蚀等并做好记录。用包装材料把流量计的进、出口法兰包扎好或加装盲板。

（4）流量计运送时，应固定牢靠，尽量减少震动。

（5）流量计存放应避免潮湿，防止锈蚀。

2. 计量器具检定或校准管理

（1）流量计拆卸送检后须加装盲板。

（2）检定完流量计回装后的一个月内对流量计进行复核（声速核查等）。

（3）在安装后对流量计系数植入情况进行核实，或对流量计算机进行系数植入。

（4）回装后须检查流量计信号传输状态正常后方可投用。

（5）流量计送检完成后双方需核实本体铅封锁定情况，并在计算机中完成相关系数的修改确认后进行加密锁定管理，对已加密密码双方各持一半。

（6）流量计算机及流量计本体向外传输数据应具备防止未经授权人员修改系统参数的功能。

（7）贸易计量及自用气流量计应按照检定规程采用天然气实流检定，检定压力应尽量接近现场工况压力。流量计送检时应与检定单位沟通，检定时上下流量范围应在 $Q_{min} \sim Q_{max}$ 范围内，整流器与直管段送检前与检定单位进行核实，确保检定时直管段和整流器与现场一致。如检定单位无法确认时应将整流器，直管段与流量计整体送检，要求检定单位进行整体检定以复原现场工况。

（8）温度变送器校准时应将铂电阻与变送器整体进行校准。温度校准结果应以输入温度与测量输出温度误差判断温度变送器是否需要调整。

（9）压力变送器检定时应以输入压力与测量输出压力误差判断压力变送器是否需要调整。

（10）因特殊情况无法按时进行检定或校准的计量器具，应向上级主管部门汇报，经同意后与交接相关方协商，双方出具同意延期使用的正式公文、会议纪要等文件，并明确具体检定时间后，方可延期使用。延期检定的设备在下次检定校准后对于系数等超过协议要求时进行退补。

**3. 超声波流量计工程师专业检查**

（1）每月用软件对流量计进行一次诊断测试，分析信噪比、波形、声速、自动增益值是否正常，核查仪表系数，检查报警信息；负责保管流量计最新的组态软件。

（2）核查气体组分数据、天然气的真实相对密度、标准工况下压缩因子等数据在正常范围之内。

（3）检查流量计算机的压力、温度、流量等参数是否在正常范围内；各种参数报警限的设置是否合理；检查预设值（或键值）是否与当前的工艺相符。

（4）输入、输出通道和通信接口的工作状态是否正常。

（5）流量计算机的时钟是否正常，小时归档、日归档数据是否正常。

（6）未实现自动同步功能的场站需由计量人员每月进行同步操作，并在《流量计运行记录》中进行记录。

**4. 超声换能器常见故障处理**

（1）在流量计运行过程中，出现与超声换能器相关的故障报警，或者信噪比明显减小、自动增益值明显增大、波形失真等情形，此时应对超声换能器进行清洗。

（2）优先选用增大流量进行冲洗，通常采用放空泄压清洗，如果有条件的话，可使用厂家提供的专用工具进行带压清洗（原则上不推荐）。

（3）清洗前需要准备好超声换能器的密封圈，防止因继续使用老化的密封圈造成泄漏。

（4）每次送检前对流量计拆卸后对超声换能器探头进行清洗。清洗前需要准备好超声换能器的密封圈，防止因继续使用老化的密封圈造成泄漏。

（5）清洗完成后，对清洗超声换能器的声道的信噪比、增益值等参数进行查看，确保超声换能器工作正常。

（6）对于清洗后性能仍然不达标的超声换能器要进行更换，更换时要求成对进行更换。

# 四、流量计算机测试

流量计算机通过接收现场信号进行标况流量计算。流量计算机测试主要包括两部分的内容：一是信号传输通道准确性测试，二是流量计算结果正确性验证。

## 1. 信号传输通道测试

流量计算机采集的现场参数主要有介质的温度、压力及流量，其中温度、压力分为频率数字（HART）信号与模拟 4~20mA 信号。在测试流量计算机的信号采集与转换通道误差时，用标准信号源来模拟现场各参数信号，从而可以检测出通道的转换误差，以便对流量计算机的信号采集与转换通道进行调整与校准。测试内容包括：

（1）温度与压力信号如采用频率数字（HART）信号，不存在传输通道衰减，因此可采用现场显示与流量计算机显示值直接比较，看是否一致的方式来检验通道信号是否正确。由于模拟信号存在通道衰减风险，因此建议现场优先使用频率数字（HART）信号进行数据传输。

（2）温度也可以通过热电阻检测或温度变送器来转换和传送：

① 如果采用热电阻检测温度信号，需区分该热电阻的分度号及传送线制。可用标准电阻源加在流量计算机的温度信号的电阻输入端子上，按照相应的分度值模拟温度输入再检测其温度示值。

② 如果是温度变送器传输温度信号，采用标准直流电流源 4~20mA 来模拟温度信号，直流电流源可采用 Fluke744 或 754 手操器提供，并加在流量计算机的温度信号输入端子上，检测其温度示值。

（3）压力信号包括正压、负压、差压和绝对压力，如果这些压力信号都是通过压力变送器来转换成可传送的统一输出信号，可以用标准直流电流源 4~20mA 来模拟压力或差压信号，直流电流源可采用 Fluke744 或 754 手操器提供，并加在流量计算机的压力（或差压）信号输入端上检测其压力（或差压）示值，即可计算出该转换传输通道的误差。

（4）流量计输出信号通常为脉冲数字信号，其输出信号的频率与介质流量成正比，所以通过给流量计算机的流量计输入信号端子上加上标准的频率信号源，再检测流量计算机的输出频率或相应的流量示值即可计算出该通道转换的误差大小。

贸易计量系统不推荐采用热电阻进行温度测量，建议采用温度变送器。最优的测试方法为采用高精度恒温仪给温度变送器的铂电阻一定的温度值，对温度变送器显示值与流量计算机显示值进行记录，计算出该转换传输通道的误差。

2. 流量计算结果正确性验证

流量计算机通过脉冲信号或 RS485 信号采集流量计工况流量或流速数据，并使用介质的温度、压力、密度及气质组分等进行换算，计算出标况下的流量。由于与不同流量计配套使用的流量计算机的流量计算模型不同，所以，在对流量计算机计算结果正确性进行验证时，要求的输入信号形式以及流量验证算法也不同。一般采用以下方法进行正确性验证：

（1）利用函数信号发生器或专用软件模拟现场信号，并加在流量计算机信号输入端子上。

（2）用直流电阻箱、多功能校验仪，给出模拟温度对应的电阻值或模拟信号 4～20mA、压力对应的模拟信号 4～20mA 以及数字信号，并将温度、压力信号对应地连接到流量计算机温度、压力输入端子上（也可以在流量计算机中设置温度、压力、密度、组分、流速或流量等数据）。

（3）当所有参数设定完毕后，流量计算机按照相应流量计的流量公式进行数据处理，计算出相应的瞬时流量，并计算一定期间的累积流量等计量结果。

（4）将同一组参数，按照流量计流量计算公式进行理论计算，得出标准值，根据计算标准值与流量计算机显示值计算示值误差。

进行流量计算结果正确性验证时应注意以下几点：

（1）流量计算机的数据处理模型与所配套的流量计类型相关，也与测量介质以及配套的温度和压力等参数的测量范围有关。所以在对流量计算机测试前，应对流量计算机进行组态设置，并检查各参数是否正确。

（2）在线运行时，流量计算机中天然气组分一般直接采集气相色谱仪的数据或者直接手动输入至流量计算机中；在对流量计算机进行测试时，需要将天然气组分数据输入至流量计算机中，输入完成后，一定要检查流量计算机组分状态是否为已接受状态，否则最新组分数据没有参与到此次测试计算中，从而导致测试数据不准确。

（3）为保证流量计算机日常计量数据的连续性，在对流量计算机进行测试前，应该将流量计算机的状态调成维护状态，以保证在对流量计算机校准时不会改变日常计量数据。在测试结束后，切记将流量计算机调回运行状态，否则造成计量数据丢失。

流量计算机流量计算结果误差用下式计算：

$$E = \frac{Q_m - Q_s}{Q_s} \times 100\% \qquad (12-1)$$

式中　$E$——流量计算机的计算误差；

　　　$Q_s$——理论计算的流量值，$m^3/h$ 或 $m^3$；

　　　$Q_m$——流量计算机的流量示值，$m^3/h$ 或 $m^3$。

流量计算机测试应依据《流量积算仪检定规程》（JJG 1003—2016），贸易计量用流量计算机主示值最大允许误差不应大于±0.05%。

# 五、工况参数比对和验证

天然气计量中工况参数比对主要有流量、温度、压力及组分参数的比对。流量参数可通过串联流量计进行比对，温度与压力测量结果比对主要采用高精度压力表与温度校验仪进行现场比对，以验证现场仪表的测量准确性。因现场不具备标气组分评价能力，组分参数准确性主要通过对标准气采购与现场管理进行控制，同时通过定期邀请有资质的单位在现场对使用的标气组分及色谱分析仪进行评价，验证组分测量结果的准确性。

1. 温度测量结果比对

（1）选择便携温度校验仪（准确度等级不低于±0.15℃），开机后设定常用工作温度，待温度稳定 20min 后在测温孔插入一体化温度变送器，待温度变送器显示值稳定后，在同一时间对便携温度校验仪与温度变送器读数，并进行记录。

（2）设定便携温度校验仪常用工作温度 10℃，待温度稳定 20min 后在测温孔插入一体化温度变送器，待温度变送器显示值稳定后，在同一时间对便携温度校验仪与温度变送器读数，并进行记录。

（3）设定便携温度校验仪常用工作温度-10℃，待温度稳定 20min 后在测温孔插入一体化温度变送器，待温度变送器显示值稳定后，在同一时间对便携温度校验仪与温度变送器读数，并进行记录。

（4）重复以上步骤（1）~（3），完成其他温度变送器与便携温度校验仪的比对测试。

2. 压力测量结果比对

（1）对于检定单位检定后压力变送器安装在流量计取压口，在流量计后管道（调压装置前）合适位置安装一块高准确度等级的数字压力表，如最大允许误差为±0.02%的 ConST211 数字压力表，打开取压口后在同一时间内记录压力变送器的读数与数字压力表的读数。

（2）如果压力变送器或高准确度等级的数字压力表测量的是表压，还要准确测量当地的大气压力，并用大气压力将压力变送器或高准确度等级的数字压力表测量的表压换算成绝压。

（3）重复以上步骤，完成其他压力变送器比对。

## 3. 组分测量结果验证

组分测量结果验证内容包括：

（1）标准气采购订单组分应与近一个月组分分析结果相近。

（2）用于比对的计量站所用的标气应与被比对计量站所用的标气一致。

（3）使用的标气应在有效期内，并附带出厂合格证。

（4）标气生产单位应有相应的资质。

（5）采购标准气到货进行验收时应根据标准气订单与标准气体证书组分进行比较，应满足《天然气组成分析 气相色谱法》（GB/T 13610—2014）要求。

（6）将每个组分的原始含量值乘以 100，再除以所有组分原始含量值的总和，即为每个组分归一的摩尔分数，所有组分原始含量值的总和与 100.0% 的差值不应超过 ±1.0%。

（7）对不具备在线总硫分析的天然气交接场站，由具备天然气分析认证资质的单位出具总硫分析结果，总硫至少每月分析一次。

（8）对于使用有效期较长的标气，或因运输及使用环境温度造成其准确性存在质疑时，可委托具有资质的研究单位对标准器组成进行分析评价，以核查其准确性。

（9）评价依据《天然气 在线分析系统性能评价》（GB/T 28766—2018）和《在线气相色谱仪》（JJG 1055—2009）进行。

色谱分析仪评价内容主要包括有效性试验、重复性试验、组分分离/干扰试验、进一步评价试验（分析结果符合性评价试验）、响应值/浓度关系试验物性不确定度评价试验：

（1）有效性试验。

空白试验：考查当组分不存在时的响应和分析系统有无被"空气污染"情况。

测量能力：将含全组分的气体标准物质作为样品气通入仪器，观察仪器是否能识别气体标准物质，且对气体标准物质中不存在的组分不应给出虚假的色谱峰，另外在分析过程中电磁阀的切换信号不应对待测组分产生干扰。

（2）重复性试验。

定量重复性：将 7 瓶标准气依次连接至仪器标准气体进样口，打开标准气瓶的开关让气体充分吹扫整个管路，然后进样分析，待检测结果稳定后，记录标准气各组分的峰面积，每瓶标准气体连续分析 11 次，计算各组分 11 次峰面积的相对标准偏差（RSD），以标准偏差的值来评价在线气相色谱仪测量性能的定量重复性。

分析结果的重复性：根据定量重复性实验得到的色谱峰，按《天然气在线分析系统性能评价》（GB/T 28766—2018）中公式计算组分两次独立测量值之差重复性：

$$r(x_i) = 2.8s(x_i) \tag{12-2}$$

式中　$r(x_i)$——测量值重复性限；

　　　$s(x_i)$——测量值的标准偏差；

对于同一样品经反复多次的测量，两次独立测量值之差应满足 $r(x_i) \leqslant 2.8s(x_i)$，以此结果来评价在线气相色谱仪分析结果的重复性。

（3）组分分离/干扰试验。

色谱法的组分分离/干扰试验，是用一对相邻色谱峰之间的分离度来描述，以《天然气组成分析 气相色谱法》（GB/T 13610—2014）中规定的在色谱图上测定分离度。以分离度的数值来衡量分析系统的组分分离/干扰试验影响大小。利用重复性实验得到的色谱峰，用分离度的计算公式，考察 $CO_2$、$C_2$ 之间相邻组分的干扰情况，根据《在线气相色谱仪检定规程》（JJG 700—2016）中对分离度（$R$）的要求是 $R = 1$。

（4）分析结果符合性评价试验。

比较组分分析结果与试验气体参考值之间一致性。$E_n$ 为参考值，当 $E_n \leqslant 1$ 时，表示试验气体测量结果与参考值相比较符合性满意，当 $E_n > 1$ 时，表示试验结果与参考值相比较符合性不满意。

（5）响应值/浓度关系试验。

响应值/浓度关系是确定组分浓度与其响应值的关系，以此关系在所试验浓度范围内用响应值/浓度关系计算样品中的组分浓度。经试验证明，气相色谱仪分析系统响应值/浓度关系是呈线性的，在图形上此关系曲线是通过原点的直线，因此仅需要确定常数（标准气体组分的校正因子），故可采用单点校准方法获得待测样品中组分的浓度。此时测量结果的误差取决于真实函数接近通过原点的直线程度，同时也取决标准气和样品气中浓度的差别。进行分析系统响应值/浓度关系试验，在于评价该台色谱仪在一定的浓度测量范围内其响应值/浓度关系曲线与通过原点的直线的接近程度。真实函数关系曲线越接近通过原点的直线，线性范围越宽，即使标准气浓度与样品气浓度相差较大，对分析结果的准确度影响也小。反之，若曲线偏离越远，线性范围窄，则要求标准气浓度与样品气浓度非常接近，才能保证测量结果的准确性。因此，《天然气的组成分析 气相色谱法》（GB/T 13610—2014）中要求标准气含量与样品气含量之间的差别不应超过 2 倍。在进行分析时标准气体组成含量应尽量与样品气相接近，以满足上述标准的要求，若样品气各组分含量变化较大时，则应配置多瓶标准气，根据气质变化情况选用合适的标准气。

（6）物性参数不确定度评价试验。

根据重复性试验得到的峰面积和响应值/浓度关系曲线测量组分含量，依据《天然气发热量、密度、相对密度和沃泊指数的计算方法》（GB/T 11062—2014）和《天然气—用组成计算发热量、密度相对密度和沃泊指数》（ISO 6976：2016）中提供的不确定度计算方法评价组分的物性参数不确定度。

## 六、流量计比对流程及比对方法

流量计比对主要采用流量计串联的方式，可比对工况流量以确定流量计本体性能，也可对标况流量进行比对以便对计量系统性能进行评价。

1. 比对流程

典型的比对流程如图 12-1 所示。

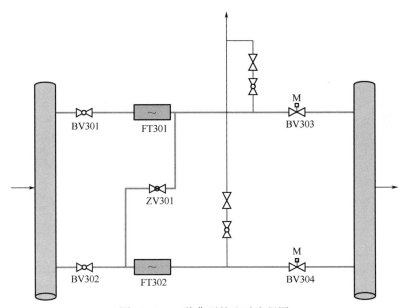

图 12-1　一种典型的比对流程图

对计量支路 FT301 运行时的比对操作如下：

（1）确认计量支路 FT302 上的放空阀、流量计 FT302 前后球阀 BV302 和 BV304 及主动密封阀 ZV301 处于全关状态。

（2）开启计量比对时，首先开启球阀 BV304，再开启主动密封阀 ZV301，然后再关闭球阀 BV303。

（3）计量比对开启并做好流量计相关数据记录。

对计量支路 FT302 运行时的计量比对操作如下：

（1）确认计量支路 FT301 上的放空阀，流量计 FT301 前后球阀 BV301、BV303 与主动密封阀 ZV301 处于全关状态。

（2）开启计量比对时，首先开启球阀 BV301，再开启主动密封阀 ZV301，然后再关闭球阀 BV302。

（3）计量比对开启并做好流量计相关数据记录。

2. 比对要求及注意事项

1）比对管理

（1）设有流量计比对回路的计量站，应定期进行比对核查测试，比对测试周期不宜超过 3 个月。

（2）比对流程中的阀门应严格纳入锁定管理。

（3）比对时应通过技术手段，防止出现计量漏失和重复计量。

（4）在进行过比对测试的计量结算日，在站控系统中应设置自动扣除比对重复计量数据功能，同时应进行人工核对。

2）计量监督比对管理

（1）计量监督比对管理场站要求主要针对监督比对计量管理及他方资产的监督管理。

（2）进线计量比对场站管理的计量设备应与被监督场站采用相同的量值溯源，协调同期同地点对计量仪表进行检定，优先采购相同厂家的标准气体，确保量值溯源的一致性。

（3）进行计量比对场站应合理选择管理的计量设备及运行情况，真实反映进线计量数据与公司管理的监督计量数据偏差。

（4）监督计量场站应做好计量器具检定监督管理工作，对于检定校准结果进行归零修正，确保计量设备检定满足计量器具检定管理要求，计量检定校准真实反映设备计量性能。

（5）计量监督比对管理场站应在设备投用前，根据检定单位出具的证书结果对流量计及计算机内置参数进行确认，确保检定结果置入有效，读写开关置于只读位置，记录变送器电流值与测量值投用后定期核验。

（6）监督及比对计量场站应对进线计量设备流量计算机温度、压力、气体流速、工况流量、标况流量、工况累积量、标况累积量、压缩因子、归一化前组分、归一化后组分、报警记录、事件记录等数据进行归档留存。

（7）对他方资产的监督管理应及时掌握计量系统运行状态，对于设备更换、维修及检定等情况及时协调沟通。

3）分输计量管理

（1）分输时的流量不应超过流量计的检定流量范围，超过检定流量范围的计量为非正常计量。应优先采用间歇式输气的方式进行计量。

（2）夏季计量橇温度套管受阳光直晒影响大，间歇式输气或正常分输期间应根据进站温度及计量橇前段温度与分输温度核对。应对温度变送器套管内加装硅油，加入硅油的量以硅油浸没铂电阻测量模块为准，硅油过多或不足时，测量温度将受管壁温度影响。对流量计上游 $10D$，下游 $5D$ 范围内应加装遮阳棚等方式消除阳光直晒影响。

（3）应加强对旁通工艺管线阀门进行检查和锁定，密切关注停止分输后ESD 出口及计量橇入口压力波动情况，不定期进行气密性检查，确保分输管线气密性完好。

（4）对于大规模的输气计量站，应严禁使用一体化流量测量仪表。温度、压力测量需配置独立的测量仪表，并经单独检定或校准合格。严禁使用计算模块等方式进行标况流量计算，应采用流量计算机等受控设备进行标况流量计算。

（5）分输及自用气计量数据应上传到 SCADA 系统中，上传数据严格按照《输气管道计量导则》（Q/SY 1447—2011）中的附录进行上传。

3. 比对数据处理

一般要求每月进行一次流量计备用计量回路切换。进行计量回路切换时，若具备比对流程则应至少进行自身 8h 比对，对比对数据进行记录并加以分析。取两台串联流量计至少 8h 的累积量标况数据进行比对。若其相对偏差不超过 0.5% 则视为比对合格，合格方可进行回路切换；不合格的需要立即查找问题。

# 七、运行记录

运行记录主要对计量系统运行中的操作及数据进行记录，以真实反映计量系统使用过程中的性能情况，记录可以为纸质记录或者电子档案记录，记录的读取包括人工记录以及系统自动读取。

### 1. 计量器具维护更换

计量器具维护更换记录主要指：调试记录清单、流量计调试记录、流量计算机调试记录、分析仪调试记录、压力检测仪表调试记录、温度检测仪表调试记录、站场通信调试记录、站控 HMI 计量画面调试记录及与调控中心通信调试记录等。

### 2. 检定及校准证书

检定及校准证书包括计量站计量设施连续有效的检定或校准证书。计量设备应包括：流量计、压力仪表、温度仪表、气相色谱分析仪、流量计算机等。

### 3. 计量器具比对核查试验

测量设备的计量要求包括：测量范围、测量误差、重复性、稳定性、分辨力、滞后、漂移等。使用单位可通过计量器具比对核查试验等方式评定测量设备是否满足预期的用途，与设备检定情况进行比对以保证设备性能准确可靠。其具体内容包括：

（1）每季度可对温度、压力及差压测量设备进行比对核查。

（2）每月用软件对流量计进行一次诊断测试，分析信噪比、波形、声速、自动增益值是否正常，核查仪表系数，检查报警信息，保存流量计最新的组态软件。

（3）核查气体组分数据、天然气的真实相对密度、标准工况下压缩因子等数据在正常范围之内。

（4）检查流量计算机的压力、温度、流量等参数是否在正常范围内；各种参数报警限的设置是否合理。

（5）检查预设值（或键值）是否与当前的工艺相符。

（6）检查输入、输出通道、通信接口的工作状态是否正常。

（7）检查流量计算机的时钟是否正常，小时归档、日归档数据是否正常。

### 4. 天然气组分输入方式

天然气指标监测 $H_2S$、水露点、烃露点、总硫和色谱分析组分结果，安装在线色谱分析仪的计量系统，采集分析仪实时数据。配备离线色谱分析仪的计量系统，取样分析组分数据，手工输入到计量系统中。未配备组分分析设备计量站采用进线组分数据，根据上下游气质组分分析报告对流量计算机数据进行修改。

天然气组分参数的修改分 3 个步骤：输入参数—确定—备份。从流量计算机主菜单选择"OPERATOR—STREAM—COMPOSITION"，选择"keypadmoles"，依次输入。当百分数不能达到或超过 100% 时，应对组分进行归一化处理后进行输入，保证总组分百分比为 100%。

5. 交接记录

1）交接基础资料

计量人员核实现场累计数据与自动采集的流量计运行记录是否相符，核实无误后进行确认。

2）计量交接凭证

计量人员根据计量交接协议约定的时间，进行计量交接并开具计量交接凭证及气质分析报告，包括天然气计量交接凭证、天然气品质证书。

"天然气品质证书"数据项中高位发热量、总硫、硫化氢、二氧化碳、水露点参数必须填写，注明是否满足符合《天然气》（GB 17820—2018）要求。生效后的计量交接凭证分月装订成册，留存备查。交接记录存档时间为 2 年。

# 第二节　计量器具的安装与操作要求

## 一、超声流量计

1. 安装要求

不同制造厂生产的超声流量计推荐的安装要求有所不同，但应满足《用气体超声流量计测量天然气流量》（GB/T 18604—2014）的要求。

1）安装环境

超声流量计的安装环境有以下要求：

（1）环境温度。超声流量计的使用环境温度范围为 $-25 \sim 55℃$，同时应根据安装点的环境及工作条件，对超声流量计采取必要的隔热、防冻及其他保护措施（如遮雨、防晒等）。

（2）振动。超声流量计的安装应尽可能避开振动环境，特别要避开可引起信号处理单元、超声换能器等部件发生共振的环境。

（3）电磁干扰。在安装超声流量计及其相关的连接导线时，应避开可能存在较强电磁或电子干扰的环境，否则应咨询制造厂并采取必要的防护措施。

（4）超声波干扰。与超声流量计工作频率相近的噪声会影响超声流量计的正常工作，如果现场条件不可改变，则应咨询制造厂进行安装。

一般情况下应避免直接在调节阀之后安装超声流量计，控制阀宜安装在超声流量计的下游，如在上游则应该保证足够远的距离。下面情形所产生的超声噪声会干扰超声流量计的正常工作：

（1）上游有调节阀处于半开状态时；

（2）上游控制阀产生较大压降时；

（3）调节阀即使安装在超声流量计的下游，也可能干扰超声流量计正常工作；

（4）某些产生超声波的低噪声调节阀。

2）管路安装

（1）前、后直管段。紧邻超声流量计的上、下游安装一定长度的直管段。上游条件较为理想时，要求前直管段为 $10D$，后直管段为 $5D$（推荐上游直管段为 $20D$，下游直管段为 $5D$）。双向流动时，前、后直管段均应至少 $10D$。当有扰动流影响时，应使进口直管段足够长，以尽可能减小其对计量的影响。除取压孔、温度套管、天然气组成在线分析取样头或整流器外，在前、后直管段内不能有管道连接。

（2）超声流量计表体安装。超声流量计表体安装各厂家要求各不相同，一般应保证表体水平安装，有的还应将表体法兰上定位销孔与上、下游直管段相应销孔对齐。

（3）凸入物。超声流量计的内径、连接法兰及其紧邻的上、下游直管段应具有相同的内径，其偏差应在管径的 $\pm 1\%$ 以内；超声流量计及其紧邻的直管段在组装时应严格对中，并保证其内部流通通道的光滑、平直，不得在连接部分出现台阶及凸入垫片等扰动气流的障碍。

（4）内表面。与超声流量计匹配的直管段，其内壁应无锈蚀及其他机械损伤，在组装之前，应除去超声流量计及其连接管内的防锈油或沙石灰尘等附属物。使用中也应随时保持介质流通通道的干净、光滑。

（5）温度计插孔。对单向流测量，应将温度计插孔设在超声流量计下游距法兰端面 $(2\sim5)D$ 之间；对双向流进行测量，温度计插孔应设在距超声流量计法兰端面至少 $3D$ 的位置。

（6）流动整流器。是否安装流动整流器主要取决于所选择的超声流量计种类（单声道或多声道）及上游阻力件对流态干扰的程度，其相关技术要求应咨询超声流量计生产厂家。

（7）天然气组成在线分析系统。使用天然气组成在线分析系统时，应使所取气样尽可能接近超声流量计测量处的状态，但不可对超声流量计入口处流态产生影响或造成未经测量的旁通流，应尽量在超声流量计下游安装在线分析系统。

（8）过滤器。在气质较脏的场合，可在超声流量计的上游安装气体过滤器，过滤器的结构尺寸应能保证在最大流量下产生尽可能小的压力损失和流态改变。在使用过程中，应监测过滤器的差压，定期进行污物排放和清洗，确保过滤器在良好的状态下工作。

3）电气安装

安装前必须先认真阅读超声流量计的说明书或安装手册，并按所提供的接线图连接所有电源线、流量、压力和温度信号线。

4）防爆要求

流量计的电气设备和仪表防爆等级应符合《爆炸性环境　第 1 部分：通用要求》（GB 3836.1—2010）的规定，隔爆型电器设备和仪表应符合《爆炸性环境　第 2 部分：隔爆型外壳"d"保护的设备》（GB 3836.2—2010）的规定，本质安全型电路和电器设备符合《爆炸性环境　第 4 部分：由本质安全型"i"保护的设备》（GB 3836.4—2010）的规定，其他防爆型式的电器设备也应符合专用标准的规定。

电缆护套、橡胶、塑料和其他裸露部分应当耐紫外光、油脂和阻燃。

5）防雷与接地要求

（1）应设有适宜的防雷装置。防雷保护接地电阻应不大于 $10\Omega$，处在防雷设施的建筑群中可不设此接地；

（2）屏蔽接地应选择合适的接地点；

（3）交流工作接地电阻应不大于 $4\Omega$；

（4）安全保护接地电阻应不大于 $4\Omega$；

（5）采用联合接地系统接地电阻为 $1\Omega$；

（6）防雷接地点应远离蔽雷针接地点至少 15m，离强电接地点至少 5m。

2. 操作要求

1）超声流量计投用前的检查确认

（1）流量计的安装应符合设计和说明书的要求，天然气的流量、压力、温度范围符合流量计铭牌的规定；

（2）流量计、温度变送器、压力变送器具有有效的检定/校准证书；

（3）流量计前后阀门、调压阀、放空阀应关严；

（4）流量计法兰连接处应无泄漏，各个探头应牢固连接，探头连接信号线路应无松脱；

（5）流量计信号处理单元（SPU）单元供电应正常；

（6）流量计配套的温度变送器、压力变送器供电应正常，压力变送器阀门应全开；

（7）流量计算机工作应正常；

（8）在线分析仪上传数据应正常；

（9）确认流量计算机内采用的标准状况、流量计内径、流量计通道通信状态以及温度、压力、组分等参数；

（10）确认流量计检定修正系数已正确植入流量计内。

2）超声流量计运行操作

（1）缓慢打开流量计入口阀（或管路平衡阀），为超声流量计管路充压，观察流量计、附属设备及连接管线有无渗漏；

（2）压力平衡后，缓慢打开流量计出口阀门，观察流量计显示单元，判断流量计是否正常运行，如无异常，调节流量计下游流量调节阀，使流量计在所需的流量范围内运行；

（3）根据站内工作流量和流量计的额定流量，通过启停流量计后电动阀门，选择合适的工作台数；

（4）几台流量计并联运行时，如果没有工艺上的特殊需要，应调节流量计的下游流量调节阀，保持每台流量计的流量均衡；

（5）流量计运行初期，计量人员应每小时对计量系统的相关设备巡查一次，观察流量计是否运行正常，发现异常，应及时投用备用流量计，停运该台流量计，同时做好记录。

3）超声流量计运行中的检查

（1）流量计运行过程中，要注意观察流量计参数的变化情况，查看压力、温度、流速是否在允许的范围内，预防超压、超速的故障的发生；

（2）浏览气体组分数据画面及流量计量画面，观察压缩因子、密度、热值等数据变化应在允许的范围内，预防发生计量数据失准的故障发生；

（3）观察流量计算机显示的计算声速与测量声速的偏差，两者最大偏差不大于 0.2%；

（4）分析报警信息，及时发现影响计量系统准确性的隐患；

（5）现场巡检应对流量计安装法兰、变送器、取压管、测温管等连接部位密封情况进行检查。

## 二、涡轮流量计

具有转动部件的速度式涡轮流量计的安装与使用，总体上讲，应满足其计量特性、性能不受影响；在规定的流量范围内维持其准确性，不缩短其使用寿命。

1. 安装要求

（1）一般要求水平安装，避免垂直安装。

（2）涡轮流量计推荐上游至少 10D 直管段，当有整流器时，整流器出口到涡轮流量计入口端面至少为 5D 的直管段（分别从流量计的上、下游端面算起）。其内径与流量计公称内径之差，一般应不超过公称内径的 ±1%，并不超过 3mm。

（3）静压取压孔一般在流量计表体上，其直径一般在 3~12mm。

（4）测温元件应安装在流量计下游，在叶轮下游的 5D 内，尽可能靠近流量计。

（5）当涡轮流量计安装于可能存在各种机械杂质的天然气管道中，必须安装过滤器。

（6）为避免涡轮流量计受到超高速天然气气流的冲击，可在其下游安装限流元件。通常涡轮流量计超速上限为额定上限值的 150%，对于高压天然气，宜为 120%。

（7）放空管应放在气体涡轮流量计的下游，且放空阀的口径应小于流量计口径的 1/6。

（8）对于重要的计量管路，应设置旁通管，旁通管应是零泄漏且可检漏，以便流量计的维修。

（9）对于没有安装限流元件的大口径测量管路（DN300）时，应在其上游截止阀处安装一小口径的旁通阀，以便对测量管路缓慢升压或降压，防止压力突然变化使流量计冲击损坏。

（10）其他安装要求：除按产品使用说明书，可参见《封闭管道中气体流量的测量　涡轮流量计》（GB/T 18940—2003）标准。

2. 操作要求

（1）初始启动。流量计开始安装前，特别是安装在新管路或经维修的管路前，首先应清扫管路，去除所有堆积的渣、铁锈及其他管路碎屑。在进行工艺管道试压和清扫管路操作期间，应拆下仪表机构或加装短节替代流量计，以避免测量部件的损坏。可通过安装滤网或过滤器来排除管线中的污物和杂质，并应监测过滤器两端的差压，以确保过滤器处于良好的工作状态。涡轮流量计应缓慢地加压和启动。快速打开阀门的冲击荷载通常会损坏涡轮流量计的叶轮。

（2）流量计投产操作要求。打开旁路截止阀；打开流量计上游截止阀；缓慢打开流量计下游截止阀；缓慢关闭旁路截止阀。

（3）流量计停运操作要求。打开旁路截止阀；关闭流量计下游截止；关闭流量计上游截止阀。

（4）流量计管路投产时，应缓慢升压，逐步增加流速。停产时，应缓慢降压。

（5）运行中检查涡轮流量计运转的声音或壳体振动来判断涡轮叶片及轴承是否工作正常。低流速下应关注其声音变化情况，高流速下观察其壳体振动的变化。

# 三、质量流量计

1. 安装要求

（1）流量计的安装应符合《用科里奥利质量流量计测量天然气流量》（SY/T 6659—2016）的要求。

（2）流量计一般无前后直管段要求。在上游流态较为复杂时，应向流量计生产厂家咨询有关上下游配管的安装和布置要求、上游安装整流器的要求等。

（3）振动管的安装方向应向上，以最大限度地降低较重气流组分（如凝液等）沉淀在传感器的振动部分。

（4）两侧的管道在同一水平面内且要对中，管道法兰应与管道轴线垂直，临近管道法兰处使用稳固的支撑固定管道，管道法兰与传感器法兰的螺栓孔对齐，不要使用传感器对中管线，不要使用传感器支撑管线，不要直接支撑在传感器上。

2. 使用前的检查确认

（1）投入使用前，必须按相应国家标准或规程检定合格，或校准结果不确定度符合使用要求。

（2）在使用前，在无流动介质的情况下，检查流量计的读数在规定的允许范围内。

（3）对流量计进行组态，重点对照该流量计的有效检定或校准证书，检查确认流量计组态数据与证书修正值是否一致。

（4）在零流量下进行测量，确认所测得的气体流速是一个稳定的低数值，在流量计算机中进行小流量切除设置。

# 四、标准孔板流量计

1. 安装要求

1）直管段安装

安装要求包括管道条件、管道连接情况、取压口结构、节流装置上下游直管段以及差压信号管路敷设情况等。安装节流装置必须按规范施工。因偏离要求而产生的测量误差，虽然有些可以修正，但大部分是无法定量确定的，因此现场的安装应严格按标准的规定执行，否则产生的测量误差有时不但不能定量估计，甚至也无法定性确定。

（1）直管段长度要求。节流装置上、下游必须安装具有最低长度要求的直管段。在节流装置的上游可以安装符合标准要求的整流器，它可以改善流动状态，因此可有效地缩短节流装置上游的直管段长度。在直管段上除了取压、测温孔外，应无其他障碍和连接支管。

（2）直管段管道内径的确定。用于流量计算的计量管内径 $D$ 值，应为距孔板上游端面 $0.5D$ 长度范围内的管道内径平均值。该内径平均值应是至少在垂直轴线的三个横截面内（$0D$、$0.5D$、$0 \sim 0.5D$）所测得的内径平均。每个横截面至少应进行 4 次等角度测量，并求其平均值。

（3）直管段的直度和圆度要求。直度：安装在节流装置上下游的直管段应该是直的，它只需目测检验。

圆度：在离孔板上游端面至少 $0.5D$ 的长度范围内，管道内径应是圆筒形的。当在要求长度范围内的任何平面上测量直径时，任意直径与直径平均值之差不得超过直径平均值的 $\pm 0.3\%$，则认为管道是圆的。

（4）直管段的内表面要求。直管段的内表面应保持清洁、光滑，无污物杂质堆积。对于测量脏污介质的应定期进行清洗。具体的技术要求可参见《用标准孔板流量计测量天然气流量》（GB/T 21446—2008）。

2）导压管路安装

（1）取压口。

取压口一般设置在法兰、环室或夹持环上，取压口的取向应考虑防止液滴或污物进入导压管。当测量管道为水平安装或倾斜安装时，取压口的安装方向如图 12-2 所示。

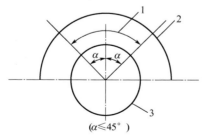

（$\alpha \leqslant 45°$）

图 12-2　取压口位置图

1—含凝析液气；2—干燥气；3—测量管

（2）导压管。

导压管及管路附件应按介质及使用条件确定。导压管应按最短距离敷设，并且应垂直或倾斜安装，当可能出现凝液时，其倾斜度不得小于 1∶12。当引压管传送距离大于 30m 时，应分段倾斜，并在最低点设置沉降器和排污阀。对不出现凝液时可酌情降低倾斜度。导压管长度和管径应按表 12-1 的规定选用。当可能出现凝析液时，导压管内径一般不得小于 13mm。

表 12-1　导压管长度和内径表　　　　单位：mm

| 导压管长度 | <16000 | 16000~45000 | 45000~90000 |
|---|---|---|---|
| 导压管内径 | 7~9 | 10 | 13 |

导压管弯曲处应圆滑，弯曲半径应不小于导压管外径的 5 倍。导压管对接时，不应有焊瘤突入和内径错位。导压管连接前和焊接后均应吹扫，并且应进行强度和密封性试验。强度试验压力为工作压力的 1.5 倍，稳定 5min，压力降不得超过 3%；密封性试验压力为工作压力，检查各连接部位无渗漏为合格。正负导压管应平行并列敷设，并远离发热源，在寒冷地区要采取防冻措施。如果被测介质具有一定强度的腐蚀性，则应在取压孔与测量仪表之间安装隔离器，隔离器应垂直安装在导压管上。需要注意的是，差压测量的正负压隔离器安装标高应一致并且隔离器液面必须一样高。

3）二次仪表安装

孔板流量计主要由节流装置、信号管路（导压管）及差压计三部分组成，其中差压计有机械式计量仪表（如 CWD-430）和微机自动化计量系统两种。

根据被测介质的脏污、洁净程度可选择图 12-3、图 12-4 所建议的方式对二次仪表进行安装。需要注意的是，在靠近节流装置的导压管上应装设截

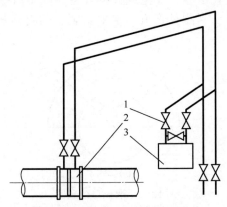

图 12-3　差压仪表常见安装方法
1—截断阀门；2—节流装置；3—差压计

断阀。如果在信号管路上装有冷凝器，那么在靠近冷凝器的位置上也应装设截断阀。截断阀的耐压与耐腐蚀性应与测量管相同。截断阀的流通截面积应与导压管的流通截面积相同。截断阀的结构应能防止在其本体中积聚气体或液体，以免阻碍静、差压信号的传递，因此建议采用直通式的。

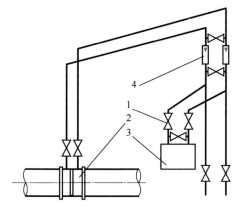

图 12-4　差压仪表带隔离器安装方法
1—截断阀门；2—节流装置；3—差压计；4—隔离器

2. 操作要求

（1）安装就位后，应确保所有的切屑和残渣均已清除，系统已经吹洗、试压、气流进入并升压至流量计入口阀。

（2）打开孔板流量计上游旁通小球阀。

（3）缓慢打开孔板流量计上游旁通小截止阀，气体缓慢充入直到孔板流量计下游电动强制密封球阀前。注意：压力剧烈振荡或过快的高速加压会损坏孔板流量计。为了保护气体孔板流量计，加到孔板流量计上的压力升高不能超过 35kPa/s。如现场不能测量压力变化，则监视孔板流量计流量不能超限。

（4）关闭旁通小球阀和截止阀。

（5）转动手轮打开入口强制密封阀。

（6）缓慢打开孔板流量计下游电动强制密封球阀（至少持续 1min），最好使用电动执行机构上的手动开关，一定要小心，不要使孔板流量计超速运转。

（7）按（2）~（6）步骤操作，整个系统充压完毕，天然气开始被计量。

（8）在线比对气体孔板流量计（工作路和主路进行比对）：

① 确保主路的入口和出口阀门是关闭的；

② 按照前面的步骤（2）~（4），给主路充压；

③ 关闭工作路出口电动强制密封球阀，缓慢打开比对管路的强制密封球阀，缓慢打开主路出口电动强制密封球阀；

④ 气体依次通过工作路和主路，两台孔板流量计可以互相比对，来检查是否有大的偏差；

⑤ 当比对结束后，关闭比对管路上和主路上的两个强制密封球阀，打开工作管路的出口球阀，工作路重新投入工作。

## 五、温度变送器

1. 安装要求

1）安装

温度变送器的安装步骤如下：

（1）缓慢松动测温口堵头，确认无漏气声、套管无腐蚀穿孔后，拆下堵头。

（2）清理干净套管内的废油，添加导热油（如硅油）。

（3）将变送器尾部插入套管，使用扳手紧固，同时调整好与挠性管之间的角度。

（4）拆下密封盖锁紧螺钉，用工具打开变送器密封盖，拆下电源线上的防护装置，将电源线从穿线口插入变送器，调整好挠性管角度，拧紧与变送器外壳间的连接活头。

（5）去掉电源线端的绝缘胶布，按照极性将电源线与变送器端子进行连接、紧固。

（6）盖上并拧紧变送器密封盖，拧紧密封盖锁紧螺钉，连接外壳接地线。

（7）在 PLC 机柜内确认对应的变送器电源线并接通。

（8）对更换的变送器应进行参数设置。

（9）观察上位机温度示值，并与相应的温度示值进行比对，确认示值正常。

（10）清理现场。

2）拆卸

温度变送器的拆卸步骤如下：

（1）从 PLC 机柜内断开该路变送器电源，到现场拆下密封盖锁紧螺钉，用工具打开变送器密封盖，用万用表确认电源已经断开。

（2）拆下电源线，线头用绝缘胶布防护，同时进行整理。

（3）将外壳接地线与变送器外壳分离。

（4）拧开挠性管与变送器外壳间的连接活头，调整好挠性管角度，将电源线从变送器壳体缓慢抽出，用防爆接线盒等做好防护措施。

（5）用扳手拆下变送器。

（6）使用堵头封堵测温口。

（7）清理现场。

2. 操作要求

（1）温度变送器的安装应保证其周围的环境温度不超过技术标准规定的范围，尽量安装在无振动或振动小的地方，探头插入的深度符合《天然气计量系统技术要求》（GB/T 18603—2014）的要求。

（2）不同型号的温度变送器应按各自的说明书接线，对于具有安全防爆要求的仪表，接线时特别注意不能短路。

（3）在本质安全防爆系统中使用温度变送器时，要特别注意使用配套的安全栅。

（4）对于防爆仪表，原则上不允许带电拆卸变送器或仪表接线，需要更换或拆卸时，应按防爆要求停电后进行。

（5）定期检查校验各项技术指标是否符合要求。

（6）变送器在运行中应保持清洁、零部件完整。

（7）热电阻变送器输入为三线制各连接导线的线路电阻应相等并处于同一环境温度内。

（8）使用温度变送器时，要特别注意普通型与本安型之分，普通型不能安装在危险区，本安型可以安装在危险区。

# 六、压力（差压）变送器

1. 安装要求

1）安装要求

（1）安装压力（差压）变送器时要按照连接线图来正确连接。

（2）在安装使用压力（差压）变送器时需要对压力（差压）变送器进行检测，以防止压力变送器在运输途中因损坏或振动破坏测量的准确度。

（3）压力（差压）变送器应垂直于水平面安装。

（4）压力（差压）变送器测定点与压力变送器安装应处在同一水平位置。

（5）为保证压力变送器不受振动的影响应加装减振装置及固定装置。

（6）为保证压力变送器不受被测介质高温的影响，应加装充满液体的弯管装置。

（7）保证密封性，不应有泄漏现象出现，尤其是易燃易爆气体介质和有毒有害介质。

（8）注意保护变送器引出电缆，使用金属管保护或者架空。

（9）压力（差压）变送器安装处与测定点之间的距离应尽量短，以免指示迟缓。

2）压力（差压）变送器安装程序

压力变送器的安装步骤如下：

（1）用 U 形卡将变送器固定在支架上。

（2）用卡套将引压管与仪表阀连接：拆下仪表阀上的堵头，擦拭卡套密封面，确认密封面无损伤，先用手将卡套拧紧，最后用扳手紧固；紧固时应使用一把扳手固定接头，另一把扳手转动卡套。

（3）人员处于上风口，避开排气口，缓慢开启仪表阀对引压管进行吹扫，听到气流声后关闭仪表阀。

（4）参照步骤（2）将引压管与变送器连接。引压管倾斜角度、长度应合规。

（5）用工具打开变送器密封盖，拆下电源线上的防护装置，将电源线从穿线口插入变送器，调整好挠性管角度，拧紧与变送器外壳间的连接活头。

（6）去掉电源线端的绝缘胶布，按照极性将电源线与变送器端子进行连接、紧固。

（7）盖上并拧紧变送器密封盖，安装锁紧螺钉，连接外壳接地线。

（8）缓慢打开仪表阀，用肥皂水对引压管连接部件进行泄漏检测，确认无泄漏。

（9）从 PLC 机柜内确认对应的变送器电源线接通。

（10）对更换的变送器应进行参数设置。

（11）观察变送器上位机示值，并与相应的压力示值进行比对，确认示值正常。

（12）清理现场。

差压变送器的安装步骤如下：

（1）确认变送器的配套阀组垫片完整，过滤网清洁，接触面无杂质，然后将变送器与配套阀组进行连接。

（2）用 U 形卡将变送器固定在支架上。

（3）用卡套将引压管与仪表阀连接：拆下仪表阀上的堵头，擦拭卡套密封面，确认密封面无损伤，先用手将卡套拧紧，最后用扳手紧固；紧固时应使用一把扳手固定接头，另一把扳手转动卡套。

（4）参照步骤（3）将引压管与变送器配套阀组连接。引压管倾斜角度应为5°~12°。如果重新制作引压管，长度不宜超过2m。注意高、低压气路不能接反。

（5）用工具打开变送器密封盖，拆下电源线上的防护装置，将电源线从穿线口插入变送器，调整好挠性管角度，拧紧与变送器外壳间的连接活头。

（6）去掉电源线端的绝缘胶布，按照极性将电源线与变送器端子进行连接、紧固。

（7）盖上并拧紧变送器密封盖，安装锁紧螺钉，连接外壳接地线。

（8）气路吹扫：

① 确认配套阀组的平衡阀处于打开状态；

② 确认配套阀组的泄放阀处于关闭状态；

③ 确认配套阀组高、低压侧的截止阀处于打开状态；

④ 打开变送器高压侧的泄放口，缓慢打开高压气路仪表阀进行吹扫，听到气流声后关闭该仪表阀，然后关闭变送器高压侧的泄放口；

⑤ 打开变送器低压侧的泄放口，缓慢打开低压气路仪表阀进行吹扫，听到气流声后关闭该仪表阀，然后关闭变送器低压侧的泄放口。

（9）差压变送器投运：

① 确认配套阀组的平衡阀处于打开状态；

② 确认配套阀组高、低压侧的截止阀处于打开状态；

③ 确认配套阀组的泄放阀处于关闭状态；

④ 缓慢打开高压气路仪表阀；

⑤ 关闭配套阀组的平衡阀；

⑥ 缓慢打开低压气路仪表阀；

⑦ 用肥皂水或便携式可燃气体检测仪检查配套阀组、引压管连接部件、泄放阀，确认无气体泄漏；

⑧ 若该差压源同时安装了差压表，应打开差压表配套阀组的高、低压侧截止阀。

（10）从 PLC 机柜内确认对应的变送器电源线并接通。

（11）对更换的变送器应进行参数设置。

（12）观察变送器上位机示值，并与相应的差压示值进行比对，确认示值正常。

（13）清理现场。

3）参数查看与设置

参数查看与设置作业应按照下列步骤进行：

（1）在 PLC 机柜端子排处用 FLUKE 过程校验仪连接变送器回路。对于有专用配套手操器的变送器，可用手操器进行操作。

（2）通过 HART 通信方式查看、设置变送器位号、量程、测量值、单位、HART 地址等参数。FLUKE 过程校验仪及专用手操器的具体操作参见设备说明书。

（3）当现场具备变送器带电开盖条件时，可在现场使用 HART 通信仪器进行参数查看和设置、调零等操作。

4）零点检查与调整

零点检查与调整作业应按照下列步骤进行（作业过程中禁止操作根部阀）：

（1）参照拆卸作业步骤停用气路，并泄放气路内气体。

（2）在 PLC 机柜端子排处用 FLUKE 过程校验仪测量变送器输出，若输出值偏差超出允许偏差，则应进行零点调整。

（3）调零操作：一人在现场缓慢调整零点螺钉，一人从 PLC 机柜内用 FLUKE 过程校验仪测量变送器输出，现场每做一次调整后应暂停 10s，通知站控室内人员进行读数。

（4）参照安装作业步骤投运仪表。

5）压力（差压）变送器拆卸程序

压力（差压）变送器的拆卸步骤如下：

（1）先确认计量路运行状态，若本身计量路在运行状态时，先在流量计算机上设置好替代值后关闭仪表阀，再缓慢打开泄放阀，至检测无气体泄放、压力指示为"0"后关闭泄放阀；注意泄放时人员应避开泄放口，并处于上风口。

（2）静置 1min 后确认变送器指示无变化，同时确认流量计算机上替代值生效。

（3）先松动引压管一端的卡套，再松开另一端的卡套，拆下引压管；松卡套时应使用一把扳手固定接头，另一把扳手转动卡套。

（4）从 PLC 机柜断开该路变送器电源，再到现场拆下密封盖锁紧螺钉，用工具打开变送器密封盖，并用万用表确认电源已经断开。

（5）拆下电源线，线头用绝缘胶布防护，整理电源线以便抽出。

（6）将外壳接地线与变送器外壳分离。

（7）拧开挠性管与变送器外壳间的连接活头，调整好挠性管角度，将电源线从变送器壳体缓慢抽出，用防爆接线盒等对电源线做好防护措施。

（8）抓住变送器本体，拆下 U 形卡。

（9）使用堵头对仪表阀进行封堵（若下一步马上要进行安装操作，则可省略封堵步骤）。

（10）清理现场。

2. 操作要求

1）压力（差压）变送器使用中的检查

压力（差压）变送器使用过程中定期进行检查，以保证变送器的正常工作：

（1）泄漏检查。检查变送器、接头和阀门等密封处有无泄漏，如有泄漏应进行处理。

（2）排污。如果天然气中带有液体，应定期从引压管的排污口和变送器的排污口进行排污。

（3）零位检查。变送器使用一段时间后零位可能漂移，应定期对变送器的零位进行检查。

2）停表验漏

（1）停计量。若变送器还参与控制，事先应将控制转入手动状态。

（2）关闭节流装置上、下游取压阀，观察静压、差压变化情况，检验导压系统泄漏情况。若取压阀、导压系统正常无泄漏，进入下一步。若取压阀或导压管泄漏，则打开差压变送器平衡阀，采取措施处理至恢复正常。

（3）打开差压变送器平衡阀（若有平衡阀）。

（4）确认节流装置上、下游取压阀关闭。

（5）打开导压管排污阀，放空吹扫导压管，检查导压管情况。

（6）确认节流装置取压阀无内漏、导压管通畅无堵塞方可进入下一步操作，否则应采取措施处理至恢复正常。

3）验漏启表

（1）关闭导压管排污阀；

（2）缓慢开启节流装置上、下游取压阀；

（3）用验漏液对导压系统进行验漏及处理；

（4）关闭差压变送器平衡阀；

（5）重新启动计量和控制。

# 七、色谱分析仪

以 DANIEL 570 为例。

1. 安装要求

1）安装采样气体管线

（1）首先除掉分析仪采样通道（SV）管线上 1/16 英寸的管线，上面标注有"SV"的记号。

（2）将载体气连接到分析仪中。

（3）将校正标准气连接到分析仪中（不要在此时打开气体）。

（4）采样气流与分析仪之间的连接（不要在此时打开气体）。

（5）在所有的管线均已经安装完成后，继续控制器的线路连接。

2）安装 GC 控制器

（1）Modbus 地址设定。

（2）控制器—PC 机连线（串行连接）。

（3）串行通信设置。

（4）控制器—打印机连线。

（5）数字 I/O 连接。

（6）模拟 I/O 连接。

（7）控制器交流电源连接。

3）分析仪泄漏检测

（1）如果测量管道（标注有"MV"）处于开放状态，则首先要将其塞住。采样管道（标注有"SV"）应该是开放的，不要塞住。

（2）缓慢地为各管线加热，然后将管线封闭，确保压力被封存。

（3）2min 后，关闭氦气瓶阀门，然后观察氦气瓶上的高端调节器仪表读数：

① 在 10min 内，仪表的读数不可以升到 200psi 以上。

② 如果氦气以高速流失，通常流失的地点在氦气载体瓶与分析仪之间。检查并加固所有的连接以及双级调节器。

（4）在泄漏检查完成后，重新开放氦气瓶阀，将塞子从"MV"线中撤除。

（5）首先关闭了位于流动面板上的旋转式流量计下面的计量阀门后，利用样品气和氦气重复上述过程。

4）首次校正前的清洗载体气体管线

（1）确保"MV"管线上的塞子已经被撤除，并且通气管线是开放的。

（2）将通往分析仪的交流电源置于"ON"的位置。交流电源开关处于"ON"的位置，并且防爆封装箱（XJT）盒的上部是开放的。此时，标注有"柱加热器"的标识的绿色 LED 应该是亮的。

（3）确认所有的分析仪阀门开关、XJT 盒都置于"AUTO"的位置。

（4）确认载体气（氦气）瓶的阀门是开放的。

（5）将载体气管线的压力设置为 110psig。在载体气瓶上使用双级调节器来调节压力。

（6）保持分析仪系统的稳定并保持载体气体管线完全被载体气（氢气）清洗。

（7）建议在4~8h（或者过夜）的时间段内，保持步骤（1）~（5）的操作。所有设置都保持稳定，不要进行其他调整。

5）首次清洗校正气体管线

（1）确认已经按照上述内容对载体气体管线进行了完全的清洗。

（2）关闭校正气体瓶阀门。

（3）完全开放与校正气体输入相关联的截止阀。

（4）完全开放计量阀（在流动面板上旋转式流量计下面）。

（5）在XJT盒的下部中的阀驱动板上将流开关置于"MAN"的位置。

（6）打开校正气体瓶阀。

（7）在校正气体瓶的调节器上将出口压力增加到20±5%psi。

（8）关闭校正气体瓶阀。

（9）让校正气体瓶阀上的两个仪表都下降到0psi。

（10）将步骤（6）~（9）的动作重复5遍。

（11）打开校正气体瓶阀。

（12）通过调节流动面板上的计量阀将通过旋转式流量计的流量保持在50cc/min的水平。

6）首次启动系统

（1）为了启动系统，首先运行一次对校正气体的分析。确认校正气体的流开关置于"AUTO"的位置。

（2）连接PC机，使用MON软件运行GC系统，MON软件使用方法参见色谱仪《MON 2000软件用户手册》，或通过前面板键盘和LCD运行GC系统。

2. 启动要求

1）操作要求

（1）打开标准气和载气的瓶口阀，并调节减压阀降压至仪器规定的压力值。

（2）充分吹扫载气管线，以确保气路系统中的空气被吹扫干净。

（3）按仪器说明书的要求启动仪器。对长期不用的仪器，应将仪器预热至少24h再进行分析操作。

（4）先将仪器用标准气进行校准，确认仪器分析结果准确、仪器设置的标准参比条件符合《天然气标准参比条件》（GB/T 19205—2008）的要求，仪器给出的密度、相对密度及发热量等物性参数正确后，才能开始样品分析。

（5）仪器投入正常运行后，应定期用标准气对仪器进行校准，以确保分析结果准确可靠。

2）载气更换及吹扫

DANIEL570 载气供气示意图如图 12-5 所示。更换空载气瓶步骤如下（以更换载气瓶 1 为例）：

（1）先确认载气瓶 2 气路已经投用后，关闭载气瓶 1 气路上截断阀 V-2、载气瓶 1 出口阀和与载气瓶 1 相连接的调压阀；

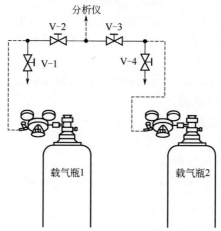

图 12-5　DANIEL570 载气供气示意图

（2）卸下与载气瓶 1 相连接的调压阀，移去空气瓶，安装充满的气瓶，并将调压阀与新换气瓶相连接；

（3）打开载气瓶 1 出口阀，观察调压阀高压侧（与载气瓶 1 相邻侧）压力表，确认载气瓶 1 内载气压力是否在要求的压力范围内；

（4）用肥皂水对连接接头进行泄漏检查；

（5）调节调压阀，观察调压阀低压侧压力表，指示为 110psi 后，关闭载气瓶 1 出口阀；

（6）打开放空阀 V-1，将载气排入空气，直到两个压力表指示均为零，关闭放空阀 V-1 及调压阀；

（7）打开载气瓶 1 出口阀及截断阀 V-2，调节调压阀，使载气压力为所需的压力值。

3）标气更换及吹扫

更换现场色谱标气瓶步骤如下：

（1）在 GC 控制器主菜单屏幕，按 5 键选择 "GC Control"；

（2）在 GC Control 子菜单，按 4 键选择"Halt"，出现"Halt-WriteChanges"，按 ENTER 确定，等待本周期分析结束；

（3）关阀气路上截断阀，先将标气瓶头阀关闭；

（4）卸下瓶头调压装置，移去空气瓶，装上满气瓶，并将调压装置装在新的气瓶上；

（5）打开标气瓶头阀阀门，调节瓶头阀压力，使出口压力为 20psi；

（6）打开标气气路阀门；

（7）通过流量调节旋钮，使流量设定在 50mL/min；

（8）用肥皂水或同等液体进检漏。

4）新标气的投用

（1）点击"application-ComponentDate"进入修改标气组分界面（图 12-6）；

| # | Component | Usr/Std | Det ID | Ret Time | Resp Factor | Fxd/Var | Calib Conc | Anly Meth | RT Sec Dev | RT Upd Meth | Resp Fact % |
|---|---|---|---|---|---|---|---|---|---|---|---|
| 1 | C6+ 47/35/17 | Std | 1 | 43.3 | 3.411634e+007 | Var | 0.0093% | Area | 3 | Cal | 10 |
| 2 | PROPANE | Std | 1 | 70.9 | 1.638092e+007 | Var | 0.0765% | Area | 4 | Cal | 10 |
| 3 | i-BUTANE | Std | 1 | 86.4 | 1.957575e+007 | Var | 0.00965% | Area | 4 | Cal | 10 |
| 4 | n-BUTANE | Std | 1 | 96.8 | 1.994927e+007 | Var | 0.00954% | Area | 4 | Cal | 10 |
| 5 | NEOPENTANE | Std | 1 | 105.3 | 1.968456e+007 | Var | 0.0101% | Area | 4 | Cal | 10 |
| 6 | i-PENTANE | Std | 1 | 134.5 | 2.199635e+007 | Var | 0.0126% | Area | 6 | Cal | 10 |
| 7 | n-PENTANE | Std | 1 | 150.5 | 2.074716e+007 | Var | 0.0123% | Area | 6 | Cal | 10 |
| 8 | NITROGEN | Std | 1 | 177.0 | 1.317204e+007 | Var | 1.68% | Area | 2 | Cal | 10 |
| 9 | METHANE | Std | 1 | 181.1 | 1.043649e+007 | Var | 94.92701% | Area | 3 | Cal | 10 |
| 10 | CARBON DIOXIDE | Std | 1 | 221.4 | 1.561676e+007 | Var | 2.73% | Area | 6 | Cal | 10 |
| 11 | ETHANE | Std | 1 | 254.1 | 1.611717e+007 | Var | 0.523% | Area | 6 | Cal | 10 |

图 12-6　新标气组分输入界面

（2）在"Calibconc"对应列中输入标气证书上的各组分值后，点击"OK"；

（3）从"Control-Calibration"菜单路径进入该功能，出现 StartCalibration 对话框；

（4）点击"Forced"按钮进行强制校准，点击"OK"；

（5）校准开始后，使用状态条检测该功能的进展；

（6）强制校准结束后，从"Control-Calibration"菜单路径进入，点击"Normd"按钮进行普通校准，通过状态条检测该功能的进展；

（7）确保校准正常后，再通入天然气样气自动分析。

5）常见问题及对策

（1）报警信息显示"Analyzer Failure"：

① 检查载气压力是否在 110psi；

② 载气瓶输出压力值不在 110psi 时，重新调节载气瓶压力，调节时有时

会因调压阀上压力表的不准确导致调节的压力不准，所以可以先把压力调节高些；

③ 检查载气气路是否有漏气现象；

④ 检查电磁阀是否有故障。

（2）报警信息显示"Preamp Input1 Out of Range""Preamp Input2 Out of Range""Preamp Input3 Out of Range""Preamp Input4 Out of Range"：

① 到现场检查载气瓶压力是否在 110psi；

② 检查载气气路是否有漏气现象；

③ 确定电源是否故障；

④ 检查分析仪恒温箱温度是否升到设定温度，待升到指定温度后，报警会自动消失；

⑤ 升温到指定温度后报警仍然存在时，将色谱分析仪用"Halt"命令停止，到现场测量电桥平衡，将电桥电压调在（0±5）mV。

# 八、水露点分析仪

## 1. 冷镜法

以 AMETEK CHANDLER 13-1200-C-N-2 型便携式水露点仪为例。

1）安装要求

（1）连接取样管线：

① 放空：关闭压力表进气阀，打开放空阀，压力表显示为"0"。

② 缓慢打开取样点进气阀，对取样点进行吹扫，排出污物，吹扫应持续约 2min。

③ 依次安装样气进气管线和排气管线。

④ 检漏：关闭仪器排气阀，再缓慢打开取样点进气阀门，进行检漏。检漏点有三处，分别为取样点接头、过滤器接头和排气阀接头。如发现泄漏，应立即关断取样点进气阀门，并打开仪器排气阀放空。然后重复上一步安装，并重新进行检漏，直至无漏点。

⑤ 连接制冷剂管线。

⑥ 安装二氧化碳气瓶接头和制冷器接头。

⑦ 检漏：关闭制冷器阀门，缓慢打开二氧化碳气瓶开关，进行检漏。接头如有泄漏，应立即关闭二氧化碳气瓶开关，并打开制冷器阀门进行泄压，然后重复上一步安装并重新进行检漏，直至无泄漏。

（2）拆卸：

① 关闭制冷剂气瓶阀门。

② 随着分析仪温度升高，对分析仪镜面进行晾干，若不能晾干，可以用天然气进行吹扫。

（3）关闭仪表电源。

（4）关闭取样点压力表放空阀门：

① 对取样管线和制冷剂管线以及高压釜进行泄压。

② 拆除管线。

③ 安装压力表放空管或堵头。

④ 检查并清理现场。

2）操作要求

（1）缓慢打开样气排气针阀，吹扫仪器约 5min。期间注意对排气管线进行固定，防止排气管线摆动伤人。

（2）调节样气排气针阀，直到测量压力与取样点压力基本一致，用手指尖感觉到出口有气体流量即可。

（3）打开仪器电源，确认最右边小数点不闪。若是小数点在闪动则表明目前温度处于"hold（保持）"状态，可按"hold"键一次，即可退出"hold"模式。

（4）间歇性开关制冷剂控制阀，降低镜面温度，保持温度降低速度不大于 $1\sim2℃/min$。

（5）观察镜面和温度显示，当镜面中心出现米粒大小的白色斑点时，此时显示的温度即为水露点温度。烃类也能在镜面上冷凝，当烃露点低于水露点时，不影响水露点检测。如果烃露点高于水露点，则烃类会先于水蒸气结露，此时应认真观察镜面，进行区分：烃类不容易凝聚，呈"分散"状态，而水在镜面上容易凝聚在一起，不容易分散。当镜面有烃类物质出现时，记录此时的温度即为烃露点温度。

（6）斑点形成后，关闭制冷剂控制阀，移动铜棒，让镜面温度回升，注意白色斑点消失的温度。重复以上操作步骤，直到观察到的露点值误差在 1℃以内，记录观察到的平均温度作为露点温度。

2. 晶振法

以 AMETEK 3050-OLV 水分仪为例进行描述。

1）安装要求

（1）机械安装。

把 AMETEK 3050-OLV 水分析仪尽可能放置于采样点旁，以提高响应时间。安装高度尽可能按照人体工程学，便于技术人员检修与维护。装置不能直接暴露于室外，以满足温度等条件要求。如果没有预装，需安装一个可关闭阀门和减压阀。

（2）干燥器安装。

把干燥器装入套管，不要暴露于空气中。空气中的水分将损坏或缩短干燥器寿命。

（3）电路连接。

电缆线必须用屏蔽单双芯绞合线，电缆信号线长度不能超过 1000m，RS-485 电缆线必须是低符合型。

（4）启动。

① 首次启动需将样品气管线与仪器连接处断开，用空气吹扫样品气管线 3~5min，确保管线干净不含脏物，样品气中不含液体物质和油雾或水雾气，然后将分析仪连接样品气管线。

② 调节样品气输入压力在 20~50psig 之间。入口至少大于出口 20psig，才能保证气体的正确流向和流量；如果大于 50psig，可能破坏线路密封。所以一般入口压力推荐设定在 25~35psig 之间。

③ 背压调节阀排气压力一般设定为 0psig，可以调高。

④ 检查电源，信号线接线正确无误后，送交流电源 220VAC。等待石英晶体温度到达（60±1）℃，流速（50±5）sccm。正常情况下，通常需分析仪通电稳定 2~3 天，分析仪才能进入正常工作状态。

（5）干燥过程。

干燥并稳定至少需要 2h。对采样系统来说，需要 3 天。系统在此期间处于报警状态，当干燥完成，石英晶体频率稳定，测量出的数据才稳定。

2）操作要求

（1）参数设置。

① AMETEK 3050-OLV 型水露点分析仪自动化程度高，现场安装调试完毕后即可开始稳定工作传输数据，现场操作很少，现场操作人员只需定期检查和出现问题报警后根据报警信号种类进行处理即可。设备的参数设置需用随机提供的组态软件来完成，将组态软件安装于个人电脑，并通过通信接口将电脑与分析仪连接后进行设置。

② PC 机通信设置：RS232 选择 COM1、波特率 9600，RS-485 地址选择 1，波特率 9600，四线制。

③ 系统设置界面如图 12-7 所示。根据所测气体介质，选择气体天然气、选择测量输出单位、过程气压力选择（仅在选择露点时使用）、选择确定 4~20mA 输出对应关系、选择确定高低限报警对应关系。

④ 校准设置界面如图 12-8 所示。根据现场需要，设定校准时长（一般

工厂设定，无须更改）、校准时间间隔、输入干燥器编号（仅更换干燥器时）、输入水分发生器编号（仅更换水分发生器时）。

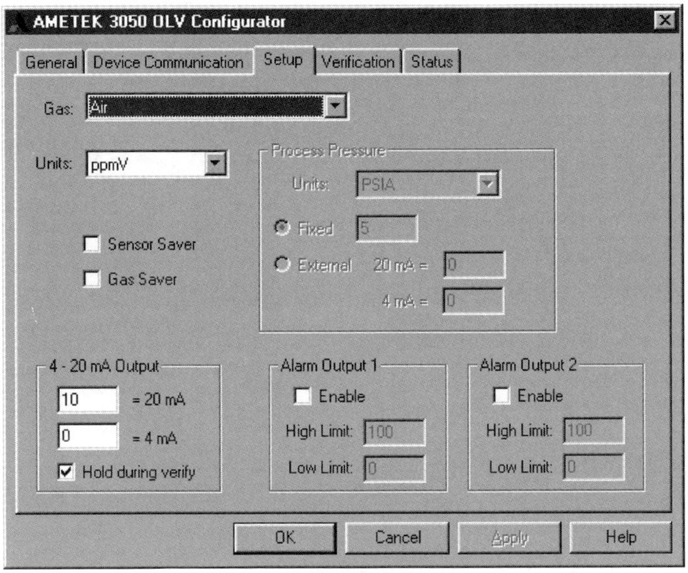

图 12-7　3050-OLV 软件系统设置

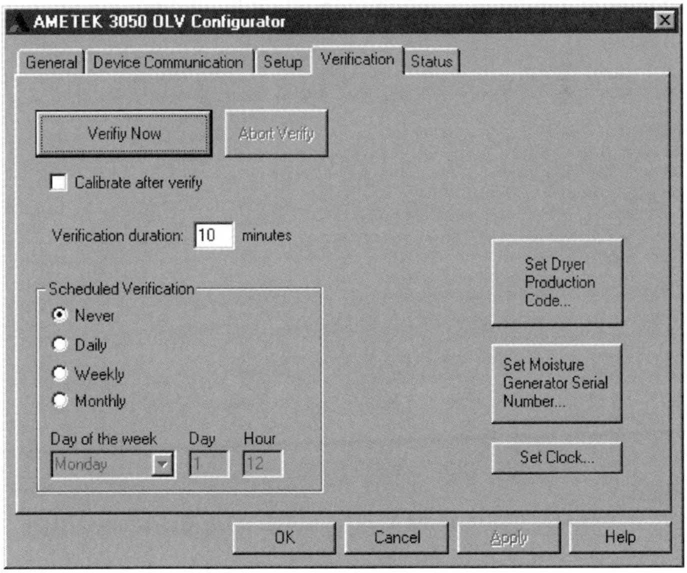

图 12-8　3050-OLV 校准设置

⑤ 检测值显示界面如图 12-9 所示。软件可显示水分浓度、石英晶体频率差值、石英晶体振荡频率、石英晶体温度、分析仪箱内温度、样气流速、过程气体压力值、石英晶体承受压力、采样周期、参比气周期等数值。

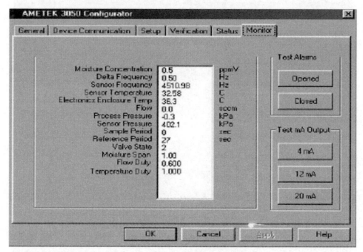

图 12-9　检测值显示界面

（2）取样系统的检查。

① 用十字螺丝刀旋开针式加热减压阀箱盖，察看调压计压力值是否为 25～30psi。

② 用扳手旋开样气输送管线卡套连接处，即 AMETEK 3050-OLV 箱体样气输入端（Sample inlet）。

③ 用手指感觉天然气气压，如果有气流，说明检测探头没有堵塞现象，否则有堵塞故障。

④ 将检测探头拆下，疏通探管及管路。

（3）污物过滤器滤芯更换。

① 用扳手旋松污物过滤器两端卡套连接。

② 用扳手卡紧两端凹形槽旋松，取出过滤芯。

③ 安装新滤芯，按拆卸的相反步骤将滤芯重新装入过滤器。

（4）干燥器的检查及更换。

① 检查。

a. 用笔记本电脑及 RS-232 通信线与 AMETEK 3050-OLV 分析仪连接。

b. 在 "Monitor" 栏察看 "cell frequency" 为 500～3000Hz，"cell temperature" 为 60℃ 的正常情况下，察看 "Status" 是否有 "Dryer Error"，如果有，

说明干燥器存在报警，需更换干燥器。

② 更换。

a. 为了减轻干燥器和干燥器套管间的连接的压力，使用螺钉平放锁住清洗器。

b. 分析仪上安装过渡管。

c. 把干燥器装入过渡管。

（5）分析仪校准。

① 自校准原理。AMETEK 3050-OLV 内置了一个水气发生器以进行自校准。一部分干燥的参考气流经水气发生器时被加入已知数量的水分，校准开始后，QCM 传感器交替暴露在湿气和干燥的参考气当中，测得的水分与已存的数据进行比较，若在误差允许范围内传感器会进行调整，若测得的值超出误差范围，将产生报警。由于水气发生器使用一部分由采样气转化来的干燥气，因此这种测试是在工作状态下最接近真实性能的测试。

② 校准。通过连接专用软件，选择水露点仪自动校验、校准的时间和频率，一般设置一周一次。也可通过按钮手动即刻执行校验，用于故障分析排查。如果更换了水分发生器或干燥器，需在软件的校准设置界面输入新的序列号。

# 九、烃露点分析仪

以 AMETEK 241CE 型烃露点分析仪为例进行描述。

1. 安装要求

1）检测仪的安装

（1）AMETEK 241CE 型烃露点分析仪安装在背板上。整个系统（包括背板）可以安装在客户自己设计的机柜内，或直接安装在墙上。在任何情况下，系统必须安装在室内。

（2）系统安装的地点尽量靠近样品气体提取点，以便最大限度地减少取样时间和清洗测量电池的气体量，减少过滤器的潜在工作量。如果取样线的热度允许，应最大限度地减少热量需求。

（3）安装在免震的墙上或仪器架上。如果在墙上安装，就安装在没有震动的地方；如果在机柜内安装，应保证合适空间以便散热，每边至少留150mm 的空间，距前 900mm。

2）样气系统的安装

（1）样品探测器安装：为了获得气体样品，探测器的长度必须是管道直径的 1/3 和 1/2。在安装样品探测器的过程中，所有的调整、人员安全和安装过程必须遵照指示进行，且必须安装通风设施。没有安装通风设施，会导致输出管在额定气压之下产生有毒气体，引起人员受伤或死亡。

（2）AMETEK 241CE 型烃露点分析仪整套设备包括过滤器、压力调节器和螺线阀。除非特殊规定，一般样品和通风管连接装置是 1/4″管路。样品线的连接装置是在过滤器的右侧，而通风管的连接装置是在过滤器底部的右侧。

（3）取样系统包括控制标准气体流动比率的节气门、采样系统中平衡气压下降的节气门以及测试单元。过滤器中包含双层过滤膜和一个接合过滤器。每个过滤器都有一个供排水的阀门和供快速循环的公用通风管。用户必须提供取样系统的剩余部分，包括样品探测器、1 个绝缘阀、样品管，以及清除使用过的样品气体的正确方法。

（4）避免使用切割后的油、油脂、螺纹润滑油和导管涂料，因为它们含有污染取样线的物质，这些物质还会干扰监测仪运行。在把取样线连接到监测仪前，要去掉安装时聚集在里面的残渣或潮气。

3）信号输出及采集

（1）4-20MA 自供电模式输出，端子"4+""5-"。设定对应-40℃~40℃。

（2）采用 MODBUS 传输及数据采集，采用 RS485 双线通信模式。设定两线制 RS485，跳线 JP800 和 JP801 处于 C，数据采集地址为 00041 HCDP。

4）电源线连接

交流 220VAC，火线，零线，地线连接于接线端子。

2. 操作要求

1）开机和停机

（1）设备调试完毕后首次开机。首先应将清洗气的氮气瓶打开，保证减压后压力小于 1psi。检查进气阀、旁通阀和清洗气阀门已经打开。检查完毕后给设备上电，该设备检测气体的压力为管线压力。氮气要求为高纯氮气，浓度为 99.999%。

（2）日常开机。首先检查管道开关阀处于关闭状态，检查接线准确无误后，上电运行。观察仪器显示，自动进入"Purge Cycle"10min。进入"Cool stage"后，镜面温度可以降到-30℃，在"Warm Stage"可以升温到室温 20℃左右，打开管道开关阀仪器即可进入正常工作。旁路阀处于打开状态，但对于小于 100psi 管道压力要处于关闭状态。

（3）日常停机。首先要关闭管道开关阀，然后切断交流 220V。

2）参数设置

（1）设备通过数据线与 PC 机相连接：该设备的日常操作通过 AMETEK 241CE 专用软件（简称 M241）完成。用该设备配备的数据线通过转接头（RS232—USB）将设备与 PC 机相连（如果电脑有九针数据接口则无需用转接头）。如果使用转接与设备相连接，在首次使用转接前要安装转接头软件的驱动程序，并选择转接头使用电脑的哪个端口。端口确定以后，每次使用时请固定选择该端口。

（2）进入软件：双击 M241 软件已经安装好的图标，正式进入 M241 的工作界面，在"Edit"菜单下选择"Device Properties"目录，点击并进入 M241 日常工作界面。

（3）设备与 PC 机通信：双击图标后出现软件的主界面，如图 12-10 所示：

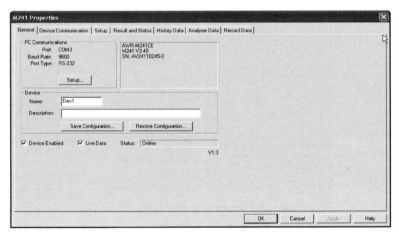

图 12-10　主界面

① 确定进入 General 菜单下的画面。

② 在 Device Enable 和 Live Date 的复选框前选中。

③ 双击"Setup"按钮，出现 Serial Port Configuration 页面。

④ 在"Port"中选择端口。在 RS-232 的复选框中选中，Baud Rate 选择 9600，选择完毕以后点击"OK"。

⑤ 观察 General 界面下的 Status 状态，显示"Online"，表示已经同设备连接。如果没有连接上，请检查端口设置及 Device Enable 和 Live Date 的复选框是否选择正确，同时确认数据线是否是该设备专用数据线。

（4）保存基本设置。如果以前没有保存过该设备的基本设置，可以使用该功能，便于配置数据丢失后进行恢复。点击"Save Configuration"弹出 Save As 的对话框，选择相应的位置对文件保存。

（5）恢复配置文件。如果配置文件丢失，可以使用该功能。点击"Restore Configuration"按钮，弹出 Open 对话框，找到保存配置的地址，打开文件。

（6）对各个画面截屏。这是对设备运行情况检查的一种方式，通过截屏的换面与前次画面对比，观察有无差异。

（7）观察当前露点值、设备报警及运行相关情况。点击"Result and status"按钮，出现图 12-11 所示的界面：

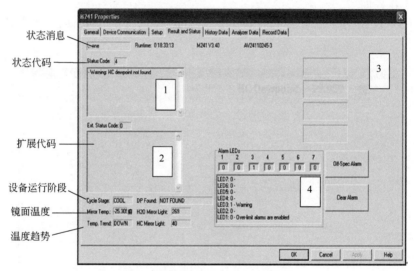

图 12-11　Results and status 界面

① 该界面的主要功能是显示烃露点值及设备报警值，主要由四大部分组成。状态代码、设备故障报警或警告会在这里显示，"Status Code"中显示报警代码值，下面的大方框则是对该代码的描述，根据报警代码在说明书中找到相应的解释，联系厂家处理问题。

②"2"是扩展代码，根据代码在使用说明书中可以查到相应报警的各项信息。

③"3"是当前设备所测的水露点值，正常情况下该处显示为黑色字体。出现警告报警时该处显示的是黄色字体，警告报警状态下设备仍然可以工作。当出现红色字体时表示设备故障，已经无法正常工作。

④"4"是历史报警记录，采用堆栈原则先进先出，最新报警的代码出现

在最后。

⑤ 在该界面用户还可以查到设备的运行阶段：HOLD（清洗阶段）、WARM（升温阶段）、COOL（制冷阶段）；水镜面的温度；温度趋势（UP 上升、DOWN 下降、LEVEL 静止）；水烃镜面反射的光强等信息；以及露点发现提示信息，该处的信息取决于分析仪的设定。

（8）温度限制设定及降温速度控制。点击"Setup"中的"Advanced Setup"进入图 12-12 所示的界面：

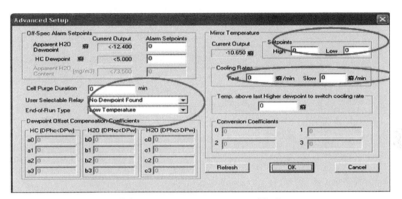

图 12-12　Advanced Setup 界面

① Setpoints 设置了设备运行的最高和最低温度，超出该范围引起系统报警。最高温度一般设置为环境温度，设备的制冷效率是有限的且受外部环境温度的影响，因此温度的范围为 50℃，最低值可以根据最高值减去 50℃ 来选择，这是通常情况，根据实际运行情况总结出，上限一般设定在 20℃，下限为-30℃ 比较合理。

② Cell Purge Duration 设置了设备清洗期的时间，可以设定在 0～255min 之间。该值设置在 10～25min 之间比较合理，可以根据自己的实际情况更改。如果该值设置范围不合理则可以导致无法找到露点值。

③ End-of-RunType 设备制冷阶段结束类型，这里面有 4 种结束制冷工作的类型，分别为：达到温度设定的最低值结束制冷，发现内部水露点停止制冷（一般不适用），发现烃露点时停止制冷，水露点烃露点均发现时停止制冷（一般不适用）。这 4 种类型一般倡导使用发现烃露点时停止制冷，这样可以延长制冷设备的寿命。

④ Cooling Rates 冷却速率，在高于上一次出现露点值的 10℃ 时选择快速降温，10℃ 以内为慢速降温。快速降温速率设在"Fast"中，慢速降温速率设在"Slow"中。降温冷却停止的条件是：两个露点温度已发现；镜子温度已

经到达低温设置点；在 2min 之后，帕尔帖冷却器不能继续降温低镜子温度。该参数厂家已设定好，一般不更改。

（9）历史数据查看。在 General 界面点击"History Data"可查询历史数据，如图 12-13 所示。

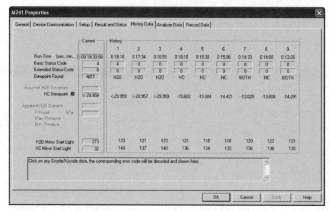

图 12-13　History data 界面

3）泄漏检测

（1）部分地关闭调压器，使它有足够的空间让气体进入取样系统。确保样品线的绝缘阀关闭，确保通风线的绝缘阀关闭。

（2）慢慢打开绝缘阀，让气体进入到取样系统。如果在取样系统中还有其他的绝缘阀，现在可以打开它们。

（3）让取样系统和测试单元中的气压和线性气压相平衡（大概 2min）。当系统加压时，用清洁剂渗漏探测仪来检查每个设置和连接。

（4）如果发现气体渗漏，实施正确的修补措施和再次检查连接处。

（5）重复以上检测、修补和再检测的步骤直到渗漏全部消除。然后全部关闭气压调节器，再轻轻地打开。

# 十、硫化氢/总硫分析仪

**1.醋酸铅纸带法**

以 Galvanic 903 型硫化氢分析仪为例。

1）安装要求

（1）分析仪应安装在没有振动、气压相对恒定和日夜和冬夏温度波动小的地方。

（2）分析仪排放管没有背压，因为背压会严重影响测量数值。排放管长度应尽量短，不应该有垂直拐弯，这样样品排放不受阻碍。

（3）将分析仪安装在机柜中时，分析仪左侧应留有大约 15in 的空间，用于打开面板安装纸带防尘盖。同时应留有 6in 的空间，用于排放管的连接。

（4）在规定的安全区域使用分析仪之前，必须加入密封液。在规定区域给分析仪通电之前，必须关闭所有的防爆盖（电机外壳、电子元件外壳、110VAC 到 24VDC 电源、总硫反应炉外壳）。

（5）带有总硫选项的分析仪，为避免反应炉在运输过程中的损坏，应该采用填充材料包装运输。在通电以前，应将所有的填充材料从防爆外壳的腔中取出。如果没有安装石英管，请插入石英管。

（6）分析仪可以使用 100~240VAC 或 10~32VDC 电源。另外一个方法就是两种电源都提供，将 DC 电源作为备用。当选择电源时，需要考虑电磁驱动器的类型（AC 或 DC）。

2）操作要求

（1）更换纸带。

① 换纸带前，应将分析仪关闭，再进行更换。纸带要用传感器加紧，加紧前不应用力向后扳动弹簧夹以免损坏传感器部件。

② 换纸带时，将纸带头部送入上方滚轮的卡槽中，不要用手去扳动滚轮。在纸带换好上电开机后，待分析仪自检完毕后，按动手操器上的"TAPE AD-VANCE"键，让马达转动步近一格，从而上紧纸带。

③ 纸带紧固后，要将盖子合上。

（2）分析仪检漏。

① 加湿器检漏。给仪器正常供气，在加湿器出口的接口处连接一个压力表，密封良好，压力表达到 120 个水柱。

② 样气室检漏。在检查完加湿器后，连接好气路，把 U 形管连接在样气室出口。同理，如果 U 形压力计水柱示差达到 120 个水柱，表明样气室密封良好；如果达不到 120 个水柱，用手拨开压头，然后用拇指压紧样气室空隙；如果依旧达不到 120 个水柱，则拆开样气室，检查里面是否有灰尘等不干净杂物造成密封效果不好。图 12-14 为硫化氢分析仪样气室侧视图。

（3）分析仪校准。

① 分析仪零点基线。

a. 确保分析仪样气室、孔隙板及后窗板清洁无尘，安装好感应纸带。

b. 关闭样气进气阀，确保没有硫化氢气体进入纸盘。

c. 从分析仪键盘，按"F1"，通过"F1"或者"F2"选择需要零点调整的"Stream"。

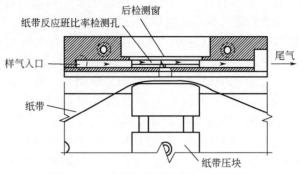

图 12-14　硫化氢分析仪样气室侧视图

d. 按"F3"，向下滚动屏幕显示，选择"Zero"。

e. 观察数值变化，等待零点调整完毕。

② 手工校准。

a. 连接校准气管至仪器上的校准端口，设置出口压力为 15psig，导通标气。

b. 按下键盘上的"BYPASS"键。

c. 按下键盘上的"F1"，通过"F1"或者"F2"选择需要校准的"Stream"。

d. 根据标气证书数据设置标气浓度值，转换单位为 mg/m$^3$。

e. 选择"Cal OFF"，按键"Edit"，按"Enter"键，切换为"ON"。

f. 等待校准程序完成。

③ 自动校准。

a. 通过硫化氢分析仪配套软件，连接分析仪。

b. 检查设置校准标气浓度，对自动校准时间进行设置，勾选"Time"。

c. 将更改的部分设置内容，写入分析仪内存中。

d. 检查标气瓶阀门处于打开状态，出口压力设置为 15psi，分析仪到时间后进行自动校准，无须人工干预。

2. 紫外吸收法

以 AMETEK 933 型硫化氢分析仪为例。

1) 安装要求

（1） 安装光路系统。

① 光路系统组件是和分析仪分开运输的，需要将其安装在高位箱中。参考说明书识别硬件。

② 在光路系统组件安装的过程中，确保分析仪上没有电源供应。

③ 在将光路组件安装到箱上的时候，凸轮销钉必须保持排列成直线。凸轮销钉头上的线纹槽必须与测量池保持平行，直至光路系统组件就位。

④ 使用不会产生磨损的软布轻轻清洁高位箱和箱门的相连区域（火焰路径）。在安装完成之后，关上箱门，并至少将一只 M10 螺钉固定回原处。这样可以确保火焰路径不会被不慎损坏。

（2）连接采样气和零点气系统。

① 分析仪具备采样管路、排气管路和零点气管件。

② 入口样气压力 550kPa（80psi）或以上。

③ 排气管路应与大气压尽可能接近的点上进行连接。

④ 零点气推荐使用-99.99%的二氧化碳。

（3）电气安装。

① 标称工作电压和耗电量都标示在 Exd 低位箱正面和基板上固定的金属牌上。请核实金属牌上标示的工作电压与分析仪随机文档中标示的工作电压一致。根据分析仪设置，电源电压可以为 115V AC±10%（47~63）Hz 或 230V AC±10%（47~63）Hz。

② 要求一个通断电开关（断路器），额定至少 250V AC/3A，必须连接到分析仪上或在分析仪附近安装（由客户提供）。

（4）数字通信。

① 硬件设置。

a. 设定为 RS-232 的数字通信端口（9 针 D 型接头）位于低位箱的正面。端口主要设计用于设置和维修分析仪时的临时连接。

b. 除数字通信端口外，还有两路串行端口连接，可以用于永久连接（远程服务端口和自定义数据采集端口）。服务通信可以通过数字通信端口（RS-232）或者远程服务端口（RS-485）进行，但是不能同时通过两者进行。

② 多分析仪（多站式）系统设置。

在使用多路线缆相连的分析仪（称作多站式系统）时，设置由于应用的整体配置而有所不同。

③ 软件设置。

a. 软件提供图形化的用户界面用于设置分析仪运行参数和控制分析仪的功能，也具备高级的软件功能，如用图表表示数据和扫描数据。

b. 软件可查看实时数据和历史数据，并更改设置和校准参数。

c. 软件可进行维护和分析仪故障排除。

d. 安装软件的计算机满足设备说明书的最低配置要求。

2）操作要求

（1）启动分析仪。

① 将主交流电源连接到分析仪上，在分析仪和设置软件之间建立通信。

② 检查报警有效状态继电器和两个浓度报警继电器应处于断电状态。

③ 加电启动时，所有的电磁开关应保持断电状态至少 5min。

④ 光谱柱模块加热器应开启并对色谱柱模块进行加热。

⑤ 确认仪表无报警之后，分析仪将自动进行校零操作。

⑥ 在分析仪采样系统上进行压力渗漏检查，以确保系统中没有渗漏。

⑦ 关闭高位箱和低位箱。

（2）采样系统渗漏检查。

① 关闭样气，防止样气体流动。

② 将零点气连接至分析仪样气入口处。

③ 将排气管道从分析仪上断开，并用管帽封闭。

④ 启动设置软件。进行色谱柱设置、校零，将零点气的压力增加至 550kPa（80psi）。使用安装在基板上的压力表观察压力，关闭气瓶上的零点气流量，如果压力表上的读书开始下降，在采样系统上使用渗漏检测液体找到问题区域。重复进行该项操作，直至无渗漏点。

⑤ 重新将排气管路连接到分析仪排气出口上。

⑥ 启动设置软件。再次进行气体校准，流量控制选择自动。

⑦ 现在可以打开样气。使用样气入口调节器将压力设置到 550kPa（80psi）。分析仪此时已准备完毕，可以进行样气分析。

（3）分析仪校准。

① 零点校准。

a. 确定当前校准气管路的进气为零点气。

b. 自动校零：连接硫化氢分析仪配套软件，单击自动调整按钮启动自动校零功能；自动关闭和打开零点气体电磁开关；根据在自动校零时间长度倒数计时末尾的校准综合时间内的平均读数，调整零漂移。手工校零：按照说明进行校准操作。

② 量程校准。

a. 由零点气管路切换到量程气管路。

b. 连接硫化氢分析仪配套软件，按照说明进行校准操作。

c. 量程校准完成后，切回零点气管路。

3. 气相色谱法

以 DANIEL 590 色谱分析仪为例。

1）安装要求

（1）分析仪安装可参 DANIEL 570 色谱分析仪安装要求。本部分仅列出

FPD 特殊要求部分。

（2）气体连接。在所有用于测量低范围硫成分的 FPD 上，使用 Silcosteel® 或等效管道进行所有校准气体和工艺气体连接。如果使用 316 级或其他不锈钢管道，硫组分将黏附在管道的内表面上，直到涂满整个管道内表面，这将导致分析结果的误差。

（3）环境考虑。FPD 对温度和压力的变化很敏感，因此需将它们放置在温度和压力稳定的场所中（场所内无正压）。

（4）气体要求：氢气，纯度为 99.995%；无烃空气；氮气，纯度为 99.995%（载气）；氦气，纯度为 99.995%（可选的第二载气）；特定应用的校准气体。各类气体典型值参照表 12-2。

表 12-2　各类气体典型值

| 气体 | 供气压力 | 典型流量 |
| --- | --- | --- |
| 氢气 | 5bar | 120cc/min |
| 零级空气 | 5bar | 200cc/min |
| 氮气 | 8bar | 15cc/min |
| 样气 | 3bar | 100cc/min |
| 气体 | 气瓶尺寸 | 推荐数量 |
| 氢气 | 50L/200bar | 2 |
| 零级空气 | 50L/200bar | 2 |
| 氮气 | 50L/200bar | 1 |

（5）放空要求。FPD 模块有一个来自火焰室的通风口，通过专有的 Exd 通气/排水/阻火器组件排出 GUB 外壳。由于燃烧氢气作为燃料，来自火焰室的废气排出水蒸气。这种蒸汽在 GUB 外壳外面的排气管中冷凝，可以看作是水滴排放到大气中。因此不要让通风口受到任何背压，因为这会对检测器产生不利影响，并可能导致火焰熄灭。建议使用带 FPD 模块的容器从 FPD 通风口收集冷凝水。

2）操作要求

（1）将空气连接到进样口，然后缓慢将进样口压力调至 60psi。

（2）将氢气连接到入口并缓慢地使入口压力达到 60psi。

（3）使用数字流量计调节空气控制阀，使火焰室排气管流量达到 160cc/min。关闭空气进气阀。

（4）将 PCB 上的自动重燃开关（S1）设置到"OVERRIDE"位置。

（5）调节氢气流量至 100cc/min。

（6）打开空气进气阀。

（7）将 PCB 上的自动重燃开关（S1）设置到"RUN"位置。

（8）自动重燃程序运行如下：

① LED 将在 10s 后亮起，安装在火焰室侧面的电热塞现在将提供电压。

② 过 5s 后氢气切断阀将运行。

③ 气体混合物将被点燃。

④ 如果火焰在 5s 内没有被点燃，氢气切断阀将阻止氢气流入火焰室。

⑤ 之后用空气和氮气载体吹扫火焰室。

⑥ 该过程将再次开始（最多 10 次）直到火焰保持点燃。

⑦ 如果火焰未持续亮起，LED 将闪烁，2350A 控制器上会出现报警。

⑧ 将 PCB 上的自动重燃开关（S1）设置到"RESET"位置，然后再返回"RUN"位置，重新启动。

⑨ 如果在重置静电计后设备仍然无法点亮，请重新检查空气和氢气流量。

# 十一、流量计算机

以 FloBoss S600 为例。

**1. 安装要求**

流量计算机主要安装在各计量场站机柜间的计量柜中，除需满足电气、消防、计量、仪表等标准化要求外，因生产厂家不同、设计不同无具体安装标准，下面以 FloBoss S600 型流量计算机为例进行说明。

1）安装准备

FloBoss S600 流量计算机采用了模块化设计，具有最大的灵活性和安装的简易性。主要由 3 个主要部件组成：

（1）特制的金属封装壳，其中有预装的 PSU/后板和用于插入卡的安装四卡插槽（包括 1 个专用的 CPU 插槽和 3 个 I/O 插槽）

（2）带有液晶显示和键区设备的可拆卸面板。

（3）插入板，基本配置中包括 1 个 CPU 板和 1 个 I/O 板（同时还带有两个护板，用于覆盖没有使用的插槽）。

在拆除 FloBoss S600 流量计算机包装的过程中必须小心翼翼，并首先检查所有部件是否有明显的破损，然后将所有部件同定单进行核对。注意：在所有的部件都已经被确认，并且用户确信所有的部件都可以正常地工作之前不要丢弃包装材料。

FloBoss S600 流量计算机面板安装设备的设计是针对控制室内使用的，

所以其安装的位置应该保证使用者及维护人员的方便、舒适和安全。观察和使用显示设备和键区的最佳高度为操作者站立时的平视高度。注意：如果是在一个有限的空间内安装一个或者多个的设备，或者与其他发热设备一并安装时，则需要特别注意综合的发热效应。这种综合的发热效应会造成环境温度升高，若超过设备可以接受的极限温度，将对设备性能造成不良影响。

2）安装所需的工具

在开始 FloBoss S600 流量计算机硬件的安装之前，首先要确认已备好下列工具：

（1）扁口的小型螺丝刀，用于在封装箱后部将插入板固定到封装箱上的固定螺栓。

（2）5mm 六角扳手或者小型的可调钩扳手，用于面板的拆装。

（3）2.5mm 通用板手适用于前面板与封装箱固定的六角螺栓。

3）安装 FloBoss S600 流量计算机

在安装 FloBoss S600 流量计算机的面板、面板安装单元和插入板时，要参照下列的安装步骤：

（1）开始安装前，首先确认 FloBoss S600 流量计算机处于关闭状态，从 FloBoss S600 流量计算机上拆下面板（图 12-15）。

（2）使用 2.5mm 通用板手拆下位于面板的底部中央部分的六角固定螺栓（图 12-15）。

（3）轻轻地向上滑动 FloBoss S600 流量计算机面板约 4mm，使其脱离位于封装箱上部的卡槽（图 12-16）；然后向前拉动面板，使其完全脱离面板。

图 12-15　拆除面板

图 12-16　抬起面板

（4）为了方面重新连接面板，可以从面板的后部拆下带状线缆（图 12-17）。

警示：不要拆除 FloBoss S600 流量计算机板上的带状线缆。

图 12-17　拆除连接器

（5）利用 5mm 六角扳手拆下设备顶部和底部夹持器。

4）安装镶嵌式部件

拆除面板后，按下列方式安装镶嵌式部件：

（1）需要建立一个牢固的框架结构，以便为流量计算机操作面板提供支持。注：一个标准的 19" 支架高度为 12.25"（311.15mm），它可以容纳最多5 个 FloBoss S600 流量计算机。

（2）FloBoss S600 流量计算机，面板上的预留切口应该为矩形，垂直高度为 150mm（约为 5.9in），水平长度为 66mm（约为 2.6in）。每个轴向的公差范围为 ±3mm（约为 0.12in）。

（3）为了防止出现变形，面板的厚度不可以小于 3mm，若使用比较薄的面板，需要对封装箱的后部进行支撑（图 12-18）。建议在安装和保养的过程中安装后背支撑或者其他固定装置，以防止面板出现扭曲或其他

图 12-18　面板安装

变形。

（4）将面板封装靠在预留切口的后部。

（5）重新安装顶部和底部固定夹，然后利用5mm的六角扳手固定。

（6）如果安装了后部支撑，则应该使用自攻螺钉将封装壳固定到后部支撑上。螺栓在封装箱内的最大深度部应该超过3mm（约为0.12in）。

5）插入板的安装和拆除

CPU板必须安装在封装后最左侧的插槽。其余的插槽中可以组装上插入式I/O板，也可以是空闲的，并由专门用来覆盖空插槽的空板覆盖。

注意：在拆除任何一个插入板之前要确认已经采取了必要的静电放电措施。插入板及连线可能带电，可能会造成电击或者其他伤害。所以在执行任何安装或者修理操作之前，要确保所有连接设备上的电源都已经被切断并已经被放电。

插入板的拆除过程如下（图12-19）：

(a) 拆除固定螺丝　　　　(b) 准备使用拉伸台来释放板

(c) 使用拉伸台　　(d) 插板完成拆除或者最终插入的准备操作

图12-19　插入板的拆除

（1）在进行插入板的拆除操作之前，首先要确保 FloBoss S600 流量计算机设备已经断电。

（2）在拆除之前首先要拆下固定螺栓，这样可以避免在插入板的拆除过程中对拉伸台造成损害。

（3）通过使用拉伸台拆除插入板，并使板从封装壳中脱离出来。在拆除连接器的过程中，可能需要轻轻地摇晃插入板。

6）安装插入板

（1）在安装插入板的过程中，要注意保持它与向导器对齐（向导器位于封装壳的顶部和底部）；并轻轻地滑动板，直到可以完好地与位于电力供应后板上的对应连接器接触。

（2）对于每个插入板，后板上都有两个拉伸台。在安装过程中要牢牢地压下这两个拉伸台。注意：插入板的插入和定位过程中不需要使用过大的力，在安装的过程中要防止出现扭曲或者其他形式的板变形。

（3）利用固定螺栓（每个板上有两个固定螺栓）将板固定到封装箱上。

7）重新安装前面板

安装过程的最后步骤是按照下列方式安装 FloBoss S600 流量计算机设备的面板：

（1）将带状线缆（位于封装箱的前部）重新安装到面板上的插口中。

（2）通过使用连接器的配套键槽来限定连接器的方向以免不正确的插入。在重新安装线缆的过程中不要使用过大的力量。

（3）将面板的顶部放置在顶部的固定卡槽上，然后向下滑动。

（4）为了固定面板，可以将六角凹头螺钉固定到面板中央底部的凹槽中。

（5）使用 2.5mm 的通用扳手固定螺丝。注意：不要过分地固定螺栓，否则有可能会对面板造成损害。

（6）再旋转 180°，安装完毕。

# 第三节　计量器具的维护

计量设备运行一定时间后，往往会出现老化、磨损、漂移、几何尺寸改变甚至各种故障。因此，需要经常对计量设备进行维护。计量器具维护范围包括流量计本体、流量计算机、压力变送器、温度变送器、电子单元主板、超声探头等。

## 一、超声流量计的日常维护

### 1. 超声流量计的检查

对于不同厂家生产的气体超声流量计，其运行状况参数的检查要求也各不相同，但主要为温度、压力、天然气组分和超声流量计性能参数等。应定期检查表 12-3 中规定的项目。

**表 12-3　超声流量计日常维护需要检查的参数和方法**

| 需要检查的运行参数 | 检查方法 | 备注 |
| --- | --- | --- |
| 气体工作温度 | 按相关要求检查温度测量系统工作是否正常 | 必查 |
| 气体工作压力 | 按相关要求检查压力测量系统工作是否正常 | 必查 |
| 天然气组分 | 检查计算机内输入的天然气组分数据是否正确，或在线分析系统的分析数据是否正确 | 必查 |
| 流量计系数 | 检查流量计系数是否与检定证书一致 | 必查 |
| 各声道运行状态 | 检查各声道的参数，确认各声道运行是否正常 | 必查 |
| 声速 | 检查超声流量计各声道所测的声速是否稳定在一定范围内，如果发生跳变，表明存在故障 | 必查 |
| 增益值/噪声（信噪比/信号质量） | 增益值主要受压力和超声探头表面污物的影响，通常情况下增益应该是相对稳定的。若超出超声流量计说明书中规定的技术范围，则说明超声流量计不能正常工作。检查反映背景噪声和/或电噪声量的参数是否稳定在正常范围值。若增益或信噪比等超出流量说明书中规定的范围，则表明探头表面因被污染而不能正常工作 | 必查 |
| 气体工作流速 | 检查超声流量计所测的气体工作流速是否在超声流量计说明规定的正常工作范围内 | 必查 |
| 流量参数核查 | 首次安装时必须检查超声流量计算机内设置的各项参数是否正确 | 首次必查 |

### 2. 超声流量计的清洗

超声流量计在使用中应注意保持超声探头清洁，当增益值/噪声或信噪比/信号质量等反映探头清洁程度的技术指标接近或达到界限值时，可能导致超声流量计的计量结果不准确；当表体和直管段严重脏污时也会影响其计量结果。因此，气体超声流量计探头、表体及上下游直管段的清洗是超声流量计维护保养的一项重要工作。

1）探头清洗方法及要求

（1）拆卸。带压拆卸超声探头必须用超声流量计所配的专用的设备操作，操作过程必须按专用设备的操作规程进行，并严格遵守计量站场的安全规定。不带压拆卸时先将超声流量计两端的阀门关闭，切断超声流量计的电源，泄压后用所配工具将超声探头依次拆下，并编号记录其安装位置。注意：拆卸探头时保护探头，防止损伤。

（2）清洗。把拆卸的探头发射端面存在的污垢用干净轻柔棉纱擦干净；用棉纱蘸少量汽油或酒精擦去探头侧面的污物。不能用硬物去清洗探头端面和侧面；操作时要避免损坏探头。

（3）安装。带压安装时应用专用工具严格按相关规程操作。不带压安装按以下步骤操作：

① 在超声探头侧部密封圈上涂上少许密封脂，以免探头进入表体时受阻；

② 小心将探头放入超声流量计表体上相应的安装位置，并将其固定好；

③ 全部复原后应对超声探头连接处进行升压验漏。

注意：要使超声探头恢复到原位，探头和超声流量计表体间不能有间隙存在；不能损坏探头顶部和侧部，保证探头的密封性能。

2）超声流量计表体及直管段清洗

（1）拆卸。把超声流量计拆卸后，再把超声流量计表体两端的前后直管段拆卸且分开，以便于清洗；注意避免超声流量计表体和上、下游直管段受到猛烈撞击，以免对计量产生影响。

（2）清洗。用毛刷将超声流量计表体内的污物清扫干净；再用棉纱蘸上汽油或酒精清洗超声流量计表体内部和前后直管段内部污物直至干净；对特别硬的污垢也应清除干净，注意清洗时不要损坏超声流量计表体内表面的光洁度；用干棉纱清除超声流量计表体内部和前后直管段内部的汽油或酒精污物；清洗好的超声流量计表体内部和上、下游直管段应光洁无油污。

（3）安装。把超声探头装入超声流量计表体后再与前后直管段连接；保证各连接端面无泄漏现象；如有泄漏，应重新进行安装。超声探头、超声流量计表体及前后直管段清洗完毕后应填写清洗检查记录。

3. 周期检定

用于贸易交接计量的超声流量计及其二次仪表应按相关规程的要求进行周期检定。

气体超声流量计的检定可分为离线检定和在线检定：

（1）离线实流检定需将气体超声流量计拆下送到法定计量检定机构检定，检定时间相对较长，送检时会影响现场计量工作。

（2）在线实流校准是将标准流量计串入气体超声流量计的计量流程内，让天然气同时流过标准流量计和气体超声流量计，通过两个流量计在相同参比条件下的流量示值，对气体超声流量计进行校准。在线实流校准不影响现场的计量，但由于现场工艺条件限制，只能在现场的工作压力下对现场实际流量点进行校准。

## 二、涡轮流量计的日常维护

（1）装有油泵的涡轮流量计应每3个月加注一次润滑油，保证油杯内的油量不少于1/3。

（2）定期清洗：由于天然气中含有杂质，使用一段时间后，管道和涡轮流量计都会有固体物质析出，需要定期清洗，否则会影响流量计的计量精度。清洗时要注意不能使清洗液进入涡轮流量计传动轴承内，以免损坏轴承。

（3）查看轴承有无磨损，判断涡轮和支架有无异常情况。如果在使用中发现仪表误差偏离较大时，应拆卸涡轮流量计进行检查或更换。经过拆卸和更换零件的涡轮流量计必须经检定后才能使用。

（4）电远传式涡轮流量计在接电之前，要检查接线是否正确、电源电压是否符合要求。接上电源后，当流量计中无气流通过时，前置放大器应无脉冲信号输出。

（5）保持过滤器畅通。过滤器若被杂质堵塞，可以从安装在过滤器入口、出口处的差压变送器的差压值来判断，出现堵塞或异常时及时排除。

## 三、质量流量计的日常维护

在日常使用过程中应严格按照气体质量流量计规定的工作温度、压力和流量范围进行流量测量，以免影响仪表的使用效果和寿命。

1. 定期检查维护

（1）零点检查和调整。

零点漂移是科里奥利式质量流量计在实际运行中经常遇到的问题。造成零点漂移的因素很多，如传感器的安装应力、测量管的结构不对称、被测流体物理特性参数的变化等。尤其是在小流量测量时，零点漂移对测量准确度的影响较为严重。所以定期进行零点检查和调整是非常必要的。

零点检查应定期进行，在生产允许的情况下，对安装在重要监测点的科里奥利式质量流量计，零点检查的时间间隔应适当缩短。

零点调整时，应使传感器测量管道中完全充满流体，然后关闭传感器下游阀，并在流量计内确定无流体流动的状态下进行。

在调整过程中，应记录下调零前的零点值，然后和上一次的零点值进行比较，便可计算出两次调零间隔期间，零点漂移所带来的测量误差。

当零点漂移值较大时，应首先查找原因，予以排除，然后再进行零点调整。零点调整最好重复操作几次，直至零点值最小。

（2）流量计密封性能的检查维护。流量计在现场使用，特别是应用在有腐蚀性气体、潮湿或粉尘多的环境中，要经常注意检查传感器接线口处的密封是否完好，以防腐蚀接线端子，造成仪表不能正常运行。

（3）工作参数的检查。流量计在使用过程中，应经常注意所设置的工作参数是否发生了变化，所显示的流量、密度、温度值是否正常，如与实际情况有较大的出入，可按使用说明书中所叙述的方法排查原因。

（4）定期观察流量计的故障指示。根据流量计的型号、规格、生产厂家的不同，故障显示方式和内容也各有所异。对不同的故障告警指示，可查看产品使用说明书以确定故障原因，进行处理。

（5）定期全面检查维护。对于使用中的流量计，应定期地进行全面检查。从传感器的外观、安装牢固程度、工艺管线的振动、变送器和显示仪表的指示等方面着手逐项全面检查，发现问题应及时处理。

（6）流量计的周期检定和比对。流量计使用一段时间后，应按要求进行周期检定，以确定流量计的使用性能。根据《科里奥利质量流量计检定规程》（JJG 1038—2008），质量流量计的检定周期根据使用情况确定，一般不超过 2 年。在条件许可的情况下，可定期与其他计量手段进行比对，以确认流量计的运行是否正常。

（7）建立流量计的档案。为了确保流量计长期可靠的运行，用户应建立流量计的档案，把每次检查、维护和检定情况做详细记录并装入档案中，以便今后更好地维护和使用。

2. 特殊工况下的检查维护

（1）流量计保温伴热的维护。流量计用于测量易结晶的流体介质，需要进行保温或采取伴热措施。对保温或伴热情况还应进行经常性检查，以防损坏流量传感器或影响流量计的正常工作。

（2）用于易结垢流体测量的维护。流量计测量易结垢流体时，应经常检查其运行情况。当发现流量计工作不正常或偏差较大时，应首先考虑传感器内有可能结垢。如确认已经结垢，应将传感器拆下，采用吹扫等适当方法进行处理。

3. 故障处理

质量流量计安装在工作现场后，一旦出现测量不准、显示不正常和停振等异常现象时，首先应从使用环境、安装调试和操作方法等方面着手查找原因，排除这些因素后再对流量计本身做进一步的检查分析。在检查之前，应认真阅读使用说明书，依据使用说明书中提供的故障诊断方法和技术资料进行分析，判断故障发生的原因、部位及类型，以便妥善处理。

# 四、标准孔板流量计的日常维护

孔板流量计投产后，应根据相关规程和实际情况进行清洗（检查）、检定（校准），在此过程中必须遵守相关的 HSE 规定。

1. 节流装置的清洗和检查

简易孔板阀的清洗、检查操作不应带压进行。特别是在对该类设备进行更换、维修、保养等特殊工作时，均应在工作管段放空、泄压的情况下进行。

高级孔板阀的清洗、检查操作可带压进行。若进行带压操作时，则应严格按相应的设备操作规程进行，并且要有切实可行的应急预案；操作高级孔板阀的员工，必须具备相应的上岗资质；带压操作高级孔板阀时，操作人员及其他协作员工身体不得正对设备放空口及可能有气体喷出的泄漏口。

对于含硫较高的应用现场，操作高级孔板阀必须有相应的技术防范措施（如穿戴防毒面具等）、安全应急预案，有人监护。

节流装置清洗、检查周期见表 12-4。

表 12-4　节流装置清洗、检查周期

| 序号 | 内容及说明 | 周期 | 备注 |
|---|---|---|---|
| 1 | 日常清洗检查：孔板检查、导压管吹扫、导压管验漏、差压静态零位、差压动态零位 | 14 天 | 可根据气质状况进行调整 |
| 2 | 清管通球后，沿途各站节流装置清洗检查 | 清管后 3 天内 | —— |
| 3 | 上、下游测量管清洗检查 | 1 年 | —— |

注："清洗、检查周期"为建议周期，可根据实际使用情况进行调整，但调整后的周期不应超过上表规定值；另外，在清洗橡胶类密封元件时应避免使用汽油等有机溶剂。

1）角接取压节流装置的检查

角接取压装置使用得最多的是环室孔板节流装置，表 12-5 描述了环室孔板节流装置的清洗检查过程。

表 12-5　环室孔板节流装置清洗检查

| 序号 | 操作程序 | 操作步骤 |
|---|---|---|
| 1 | 准备工作 | 准备材料、工具 |
| 2 | 停流量计、吹扫导压管、查堵塞和泄漏 | （1）关闭上下游导压管取压阀，根据流量计静差压示值的变化情况检查导压管系统的泄漏情况；<br>（2）全开流量计平衡阀（如果有平衡阀）；<br>（3）打开上下游导压管取压阀，分别打开上下游导压管放空阀，吹扫导压管，检查堵塞情况，吹扫完毕后关闭导压管放空阀。确认取压阀、导压管无堵塞泄漏后进入下一步 |
| 3 | 转气、放空 | （1）全开旁通闸阀；<br>（2）全关上下游闸阀；<br>（3）打开导压管放空（或排污）阀，确认放空完毕，保持导压管及测量管处于放空状态 |
| 4 | 拆卸孔板夹持器 | 缓慢松动孔板夹持器、待余气放尽后，使用顶丝取出孔板夹持器 |
| 5 | 检查、清洗节流装置及其部件 | （1）检查环室、取压孔、孔板、上下游测量管、各密封垫片、螺栓的状况，然后进行清洗；<br>（2）按清洗检查记录要求项目检查清洗后的各部件，并进行记录 |
| 6 | 组装节流装置，验漏 | （1）按照操作规程，准确装入孔板，固定好孔板夹持器；<br>（2）利用肥皂水及小油漆刷进行验漏及相关处理 |
| 7 | 转气、启表 | 关上下游导压管放空阀，打开上下游闸阀，关闭管线旁通阀，启表计量 |
| 8 | 清场 | 清洗工具，放回原处，清扫场地 |
| 9 | 填写记录 | 按照要求完善作业记录 |

注：必须严格按操作步骤的次序进行，不可超越，以免造成安全事故。

2）法兰取压节流装置的检查

法兰取压装置使用得最多的是高级孔板阀，表 12-6 描述了高级孔板阀的清洗检查过程。

表 12-6　高级孔板阀清洗检查

| 序号 | 操作程序 | 操作步骤 |
|---|---|---|
| 1 | 准备工作 | 准备材料：无铅汽油、黄油、密封脂、密封圈、棉纱、验漏液、草稿纸、记录表格等。<br>准备工具：摇柄及其他与装置配套工具、平口螺丝刀、十字螺丝刀、钢丝刷、钢板尺、油漆刷、钢笔、油盆等 |

续表

| 序号 | 操作程序 | 操作步骤 |
|------|----------|----------|
| 2 | 停流量计、吹扫导压管、查堵塞和泄漏 | （1）自动计量系统，应补偿产量；<br>（2）全开流量计平衡阀；<br>（3）关闭上下游导压管取压阀，根据流量计静差压示值的变化情况检查导压管系统的泄漏情况；<br>（4）打开上下游导压管取压阀，开导压管放空阀，吹扫导压管，检查堵塞情况，吹扫完毕后关闭导压管放空阀。确认取压阀、导压管无泄漏后进入下一步 |
| 3 | 提取孔板 | （1）确认上腔放空阀已关闭；<br>（2）打开节流装置平衡阀，平衡上下腔压力；<br>（3）全开滑阀；<br>（4）使用摇柄将孔板从下腔提升至上腔；<br>（5）关闭滑阀，关闭平衡阀，打开上腔放空阀进行放空，确认放空完毕；<br>（6）打开排污阀、排污完毕后关闭；<br>（7）用专用工具（如内六角扳手、撬杠）松开顶部顶丝，松动压板及密封板，确认无余气后，依次取出压板、密封板及密封垫片，提升导板并取出导板；<br>（8）操作中检查平衡阀、滑阀、齿轮轴、压板、密封板及密封垫片是否正常并记录 |
| 4 | 检查并清洗节流装置的各个部件 | （1）检查孔板、导板、孔板密封圈等部件的脏物堆积情况，并记录；<br>（2）清洗孔板、导板、孔板密封圈、压板、密封板及密封垫片等部件，应使用钢丝刷清除导板齿条内的污物和积垢；<br>（3）按清洗检查记录要求项目检查清洗后的孔板，检查清洗后的导板、孔板密封圈、压板、密封板及密封垫片等，应无划槽、严重损伤、磨损等，并进行记录 |
| 5 | 装入孔板 | （1）利用新孔板进行安装，对新孔板可不检测，视为合格，但新孔板B面标识的所有数据均需要记录在清洗记录备注栏中；<br>（2）将孔板正确装入孔板密封圈，再装入导板；<br>（3）在孔板密封圈四周抹均一层少许黄油，导板齿条上抹上适量黄油；<br>（4）将孔板导板放入上腔，注意齿条对正，摇动齿轮轴使导板上端刚好比原密封垫片稍低，不可碰到滑阀；<br>（5）依次装入密封垫片、密封板及压板，拧紧压板顶丝；<br>（6）关闭上腔放空阀，开平衡阀，待上下腔压力平衡后，全开滑阀；<br>（7）使用摇柄将孔板摇至下腔工作位置，力量应均匀，不可用力过猛；<br>（8）全关滑阀，旋转密封脂盒盖，缓慢注入密封脂；<br>（9）关闭平衡阀；<br>（10）打开上腔放空阀，上腔放空完毕后关闭 |
| 6 | 验漏启表 | （1）检查孔板阀上腔顶盖密封面，利用肥皂水及小油漆刷进行验漏、若有泄漏应紧固或重新装配并重新验漏，直至恢复正常；<br>（2）全关流量计平衡阀，启表计量；<br>（3）自动化计量系统解除计量冻结，恢复正常计量 |
| 7 | 清场 | 清洗工具，放回原处，清扫场地 |

| 序号 | 操作程序 | 操作步骤 |
|---|---|---|
| 8 | 填写记录 | 在进行节流装置检查、清洗的同时进行相应资料记录，记录资料应符合实际情况。最后按计量节流装置清洗检查记录表格的要求完成全部资料的填写和签认 |

注：必须严格按操作步骤的次序进行，不可超越，以免造成安全事故。

摇柄在每一步使用完毕后应立即取下，不得挂在装置上就进入下一步操作。

高级孔板阀的操作必须由两人完成，其中一人操作，一人监护。

3）孔板的现场清洗检查

现场孔板的清洗检查是各站场清洗检查孔板节流装置中的一个重要内容。因孔板节流装置有多种结构形式，但无论哪种结构的孔板节流装置，对其孔板的清洗检查要求是一致的。其清洗检查过程见表 12-7。

表 12-7　孔板的现场清洗检查

| 序号 | 操作程序 | 操作步骤及要求 |
|---|---|---|
| 1 | 准备工作 | 检验对象：在用孔板；<br>材料：干净棉纱、毛巾、油料、记录纸等；<br>工具：带圆角测量头游标卡尺（钢板尺）1 把，4 倍放大镜，刀口尺、塞尺 |
| 2 | 清洗前的外观检查 | 按照操作规程提取孔板，在孔板未离开孔板夹持器前应检查孔板安装方向，孔板脏污情况，利用测量工具或肉眼目测，测量（或描述）最大脏物厚度、分布情况，并准确填写作业记录。要求：孔板 A，B 面、圆筒形部分、入口边缘、下游边缘等部位应无可见沉积脏物 |
| 3 | 清洗孔板 | 利用干净的油料及棉纱对孔板进行清洗。要求：清洗过程不应造成孔板划伤、撞伤。<br>清洗前后的孔板应轻轻放置在干净、柔软的介质（棉纱、毛巾、多层报纸）上，不得随地放置 |
| 4 | 清洗后的外观检查 | 目测孔板 A/B 面、圆筒形部分、入口边缘、下游边缘等部位有无机械损伤（划痕、撞伤）、坑蚀或其他缺陷。要求：孔板 A/B 面、圆筒形部分、入口边缘、下游边缘不应有可见的机械损伤、坑蚀或其他缺陷 |
| 5 | 变形检查 | 在四个方向用适当长度的样板直尺（如刀口尺或游标卡尺尺身），沿孔板直径方向轻靠孔板上、下游面，同时用塞尺测量或目测最大缝隙宽度 h。要求：$h < 0.002(D-d)$。注意：应避免检查工具在孔板上滑动，防止孔板损伤 |
| 6 | 开孔入口边缘检查 | 用反射光法。转动孔板使孔板上游端面与入射光线成 45°，使日光或人工光源射向孔板开孔直角入口边缘，目测反光情况。要求：当 $d \geq 25mm$ 时，目测入口边缘应无反射光；当 $d < 25mm$ 时，使用 4 倍放大镜观察入口边缘应无反射光 |

续表

| 序号 | 操作程序 | 操作步骤及要求 |
|---|---|---|
| 7 | 孔板孔径测量 | 用适当量具（如带预值测量头的游标卡尺等）对孔板内径进行测量，测量应以大致相等角距测得 4 个内径单测值，求其平均值并记录在节流装置清洗检查记录上。要求：新孔板投入前、旧孔板经过清洗检查再次使用前均应测量孔板内径；测量结果的算术平均值与孔板上刻印的孔径值、计算 K 值使用的孔径值三者应一致，误差应不超过 0.1mm（使用游标卡尺测量时）。注意：应避免测量工具在孔板上滑动，不得使用刀口游标卡尺测量孔板内径，防止孔板损伤 |
| 8 | 清场 | 清洗工具，放回原处 |
| 9 | 填写记录 | 按照要求完善作业记录 |

4）上、下游测量管清洗、检查

（1）清洗、检查内容及操作。

① 拆卸上、下游测量管段。切换流程，关上、下游截止阀，放空，拆卸各连接法兰螺栓，调整伸缩器，拆卸上、下游测量管，并观察记录相关状况。

② 清洗上、下游测量管。清洗后的测量管其内壁不应有沉淀、污垢、严重腐蚀、损伤等缺陷，否则应予更换。

③ 测量管内径。使用分度值为 0.02mm 的游标卡尺在距离孔板上、下游 0.5D 内取大致相等角距 4 个内径值的平均值，应与铭牌上 $D_{20}$ 值大致相等。

④ 测量内壁粗糙度。使用测量上限值不小于 0.75mm 的电子平均表面粗糙度测试仪，在确定 $D_{20}$ 位置上 4 次测量，确定测量管内壁粗糙度。

⑤ 组装上下游测量管。孔板阀与上、下游测量管连接法兰之间，测量管与上、下游第二直管段连接法兰之间密封垫片不能有伸入管段内的现象。为此最好采用内加强金属缠绕式垫片。若用红纸板制作，垫片内径应比测量管内径大 4~5mm。

（2）清洗检查周期。

建议检查周期为 1 年。

5）导压管检查

关断取压阀门，观察差压值有无明显变化。若差压值出现明显变化，则用验漏液（或肥皂水）验漏并处理。

2. 测量仪表的使用维护和检定校准

所有用于贸易计量的测量仪表均应严格按照相关的检定规程进行周期检定或示值校准；在日常使用中可根据实际情况，按一定周期进行零位检查（调整）、示值比对，以验证仪表在两次周检之间的准确性，并及时修正偏差。测量仪表检定、校准（维护保养）周期见表 12-8。

表 12-8　测量仪表检定、校准（维护保养）周期表

| 序号 | 仪表名称 | 内容及说明 | 检定规程或规范 |
|---|---|---|---|
| 1 | 压力、差压变送器 | 零位校验或调整 | JJG 882—2004《压力变送器检定规程》 |
| | | 示值校准和比对 | |
| | | 周期检定 | |
| 2 | CWD-430 双波纹管差压计 | 周期检定或示值校准静、差压零位调整 | JJG 640—2016《差压式流量计检定规程》 |
| | | 时钟误差、正负压室清洗、平衡阀、单向压力、静压误差测试 | |
| 3 | 工业用玻璃液体温度计 | 周期检定 | JJG 130—2011《工作用玻璃液体温度计》 |
| | | 示值比对 | |
| 4 | 温度变送器 | 周期检定 | JJF 1183—2007《温度变送器校准规范》检定规程 |
| 5 | 工业铂、铜热电阻 | 周期检定 | JJG 229—2010《工业铂、铜热电阻检定规程》 |
| 6 | 径向方根求积仪 | 示值校准 | — |
| | | 周期检定及维护保养 | |
| 7 | 气体组分分析仪 | 周期检定 | 送检 |
| 8 | 计算机主机/UPS 电源 | 检查、维护、保养 | 由计算机专业人员操作 |

## 五、温度变送器的日常维护

（1）温变测量值与温度示值是否一致（误差应符合最大允许误差范围内）。

（2）铭牌及标签是否完好、内容清晰。

（3）检查变送器是否有谐振，如有谐振则排查原因，并整改。

（4）检查变送器的插入深度，确认其是否符合《天然气计量系统技术要求》（GB/T 18603—2014）的要求。

（5）管线各法兰处有无明显泄漏，接线套管有无破损。

（6）流量计算机所采温度是否与现场温度变送器读数一致。

（7）定期检查温度套管的导热油，及时补充或清理。

## 六、压力（差压）变送器的日常维护

压力（差压）变送器使用过程中定期进行检查和维护，以保证变送器的正常工作。日常维护包括以下内容：

（1）外观检查。变送器投用状态正常，铭牌和检定合格证完整，本体及连接件固定牢靠，外观清洁、无锈蚀，接地线连接正常；变送器密封盖拧紧，备用进线口用防爆丝堵封堵。

（2）泄漏检查。用肥皂水（包括洗洁精水等起泡液）或便携式可燃气体检测仪检查引压管连接部件、泄放阀，应无泄漏，如有泄漏应进行处理。

（3）示值检查。变送器的现场显示示值应与操作员工作站、流量计算机上数值一致。与同一压力源的变送器示值一致，与同一压力源的压力变送器读数不应相差压力表总量程的 2.5%。

（4）测压管路吹扫。吹扫前应设置好替代值，并断开测量回路，使用替代值。吹扫时缓慢开启变送器本体泄放口，直至无水汽、污物等杂质排出为止。若过气量较小，则应拆下引压管，对仪表阀进行检查，去除杂质等。

（5）零位检查。变送器使用一段时间后零位可能漂移，应定期对变送器的零位进行检查。

## 七、色谱分析仪的日常维护

色谱分析仪的日常维护内容包括：

（1）定期检查记录载气、标准气瓶口压力，当压力接近最低允许压力时，按仪器规定的方法更换相应的气瓶。

（2）定期检查记录取样探头的输出压力、仪器进样口的压力或流量，如发现压力或流量异常应及时请专业人员进行检查处理。

（3）定期检查流量计算机系统显示的组成分析数据。若数据异常应暂停使用在线分析数据，并请专业人员进行检查。

注意事项如下：

（1）标准气应在有效期内使用。

（2）仪器校准的时间间隔应根据计量站点的级别以及仪器的性能确定。

（3）在更换载气钢瓶时应注意避免空气进入气路系统，防止损坏仪器的检测器。

（4）冬天气温较低时应及时启动取样系统的加热保温装置，防止样品凝析。

（5）定期检查过滤器的滤芯，必要时进行更换。

如 DANEIL 570 色谱分析仪日常检查及维护应包括以下内容：

（1）检载气压力、标气压力和样气压力，载气出口压力为 110psi、标气出口压力 20psi、样气出口压力为 20psi；

（2）载气瓶载气压力低于 110psi 进行更换，标气瓶标气压力低于 20psi 进行更换；

（3）用毫伏表对检测器的电桥平衡进行一次电桥的电压检查（0±0.5）mV。

（4）检查分析仪供电是否正常；

（5）检查分析仪有无异响；

（6）各接头处应无气体泄漏，可燃气体探测器应无报警；

（7）检查样气管线上电伴热带是否开启；

（8）检查分析仪控制器有无报警；

（9）记录样气各组分，并和前一日数据比较。

# 八、水露点分析仪的日常维护

## 1. 冷镜法

（1）重复检测几次后，镜面会留有污物，应用棉签蘸丙酮或异丙醇清洁镜面上的污物，清洁时棉签应沿着一个方向擦拭，避免来回擦拭划伤镜面。

（2）测量结束后要用天然气对测试仪进行吹扫，清除留在镜面上的水渍。

（3）拆卸镜面时，必须先泄压，重新安装后应检查是否有渗漏。

便携式水露点分析仪常见故障和处理方法见表 12-9。

表 12-9　便携式水露点分析仪常见故障和处理方法

| 故障 | 引起部位 | 原因 | 处理方法 |
| --- | --- | --- | --- |
| 测量压力低于管线压力 | 取样接头和样气入口接头泄漏 | 接头密封不严 | 缠绕适量生料带重新安装 |
| 指数无显示 | 显示器 | 电源故障或者电池电量不足 | 检查电源连接，更换电源；重新充电 |
| 间断性显示 | 显示器 | 电池接触不良或者开关接触不良 | 检查电池和开关连接 |
| 电池充电不完全 | 电池 | 电池产生记忆功能 | 断开充电器，对电池进行完全放电后再重新充电 |

续表

| 故障 | 引起部位 | 原因 | 处理方法 |
|---|---|---|---|
| 镜面上光线太强 | 镜子 | 灯的安装位置不当 | 打开外壳，调整灯的安装位置 |
| 温度不发生变化，但是小数点在显示器下方闪烁 | 显示器 | 设备处于"HOLD"状态 | 在面板上按下"HOLD"键，进入操作模式 |
| 镜面上有污物，无法观察露点形成 | 镜面 | 镜面被乙二醇污染 | 安装乙二醇过滤器 |
| 采样管里有冷凝水形成 | 采样管 | 采样管或一起温度低于样气水露点温度 | 对采样管线加装电伴热并对采样管用干氮气进行吹扫 |
| 采用乙二醇过滤器后测得的露点偏低 | 分析仪 | 乙二醇过滤器未达到水汽饱和 | 乙二醇过滤器需要5~10min 来达到水汽饱和 |
| 不能区分水露点和烃露点 | 样气 | 水露点和烃露点接近 | 烃类凝聚物出现时成分散状态，而水分凝结物形成时成聚集状态 |

### 2. 晶振法

（1）气液分离器，污物过滤器等每个月定期检查一次，如有必要更换过滤膜。

（2）干燥器、污物过滤器，视所测介质气质情况每 1~1.5 年更换一次。

（3）一般情况下，水分发生器、石英晶体每 3~5 年更换一次。

AMETEK 3050-OLV 分析仪常见故障和处理方法见表 12-10。

表 12-10　AMETEK 3050-OLV 分析仪常见故障和处理方法

| 原因 | 解决方法 |
|---|---|
| CPU 板损坏 | 更换 CPU 板 |
| 传感器损坏 | 清洗或更换传感器 |
| 校准错误 | 重新校准，如果报警仍然存在，需要对设备进行检查 |
| 加热器故障 | 先查原因，再确定 |
| 调压阀故障/流量计故障 | 检查维修调压阀/更换流量计 |
| 电池电量低/电池损坏 | 更换电池 |
| 干燥器故障/传感器故障 | 更换干燥器 |

| 原因 | 解决方法 |
|---|---|
| 箱体温度过高 | 对箱体内设备元件进行检查 |
| 水分发生器失效/过期 | 更换水分发生器 |
| 干燥器失效 | 更换干燥器 |
| 含水量超限 | 调整限制值/降低来气含水量 |

# 九、烃露点分析仪的日常维护

（1）每个月检查镜面温度以确保其与设定温度的偏差在2%以内。记录和比较镜面温度和设定温度。

（2）每6个月更换过滤器总成中的结合滤片，清洁测试单元和采样系统。

（3）每6个月检查防护箱系统。如果分析仪安装在客户自备防护箱中，检查该处的空气过滤器以及空调系统，如有必要，需更换。根据现场地点和环境条件的不同，过滤器需要更频繁地检查和更换。

（4）检查采样和排放管路的垂度，锐弯或者外层的损坏。必要时，采取适当的安全防范措施并更换管路。更换管路后，应对所有相关的紧固件采取泄漏检查。

AMETEK 241CE 型烃露点仪常见故障和处理方法见表 12-11。

表 12-11　AMETEK 241CE 型烃露点仪常见故障和处理方法

| 故障 | 解决方法 |
|---|---|
| "COOL STAGE"镜面温度不制冷，温度不下降 | 冷却器需更换，同时需要对仪器进行全面检查，确定故障原因 |
| 烃露点测量值不准确或偏差较大 | 打开测量室，使用高纯酒精清洗镜面两侧，然后恢复。恢复时安装位置不要错位 |

AMETEK 241CE 型烃露点仪带自带诊断功能，持续监测主要运行参数和测量循环每阶段级数。LED 指示灯提示，表明 AMETEK 241CE 型烃露点仪存在故障。LED 指示灯警告状态见表 12-12。

表 12-12　LED 指示灯警告状态表

| LED 指示灯 | 定点 | 指示灯亮起时的警告状态 |
|---|---|---|
| 1 | 用户 | 警报禁用，包括"off-spec""warning""fault alarm" |
| 2 | 诊断 | 故障警报，监测仪处于待机状态，需检修 |

续表

| LED 指示灯 | 定点 | 指示灯亮起时的警告状态 |
| --- | --- | --- |
| 3 | 诊断 | 警报警告，非零状态码，需调查 |
| 4 | 诊断 | 碳氢化合物露点温度未找到或正处于休息状态 |
| 5 | 用户 | 暂不可用 |
| 6 | 用户 | 碳氢化合物露点高于设定值 |
| 7 | 用户 | 暂不可用 |

# 十、硫化氢/总硫分析仪的日常维护

### 1.醋酸铅纸带法

（1）纸带必须每日检查，在耗尽前及时进行更换。纸袋的消耗速度与硫化氢浓度以及需要的响应时间有关。

（2）保证足够的浓度为5%的醋酸溶液。

（3）检查样气室是否有脏物覆盖和液体，如果必要，需清洁样气室。

（4）检查纸带上的斑块。确保斑块位于纸带中央，而且边缘清晰。如果边缘模糊。需要调整压紧块，使纸带和样气室之间的密封良好，使斑块轮廓清晰。

（5）样气入口压力保持在15psi，$H_2S$标气出口压力保持在15psi，瓶口阀压力不能低于200psi。

（6）标气使用中注意保质期，提前准备备用标气。

Galvanic 903 型硫化氢分析仪常见故障和处理方法见表12-13。

**表 12-13　Galvanic 903 型硫化氢分析仪常见故障和处理方法**

| 故障 | 处理方法 |
| --- | --- |
| 纸带斑块形状不成形，造成读数不稳定 | 纸带压紧块安装不正确，确保纸带压紧块压在纸带上 |
| | 纸带安装不正确。取下纸带，重新安装 |
| 纸带斑块颜色深浅不均匀，如上部或下部颜色更深，造成读数不稳定 | 纸带压紧块安装不正确。松开纸带压紧块的锁紧螺钉，调整纸紧压块，使纸带压紧块用力均匀、平稳地压在纸带上 |
| 纸带斑块正常，读数仍然不稳定 | 传感器失效，更换传感器 |
| | 电缆与传感器的连接松动，压下电缆接头，使连接紧密可靠 |
| | 气流从排放管流入分析仪，检查带压排放管是否工作正常 |
| | 湿度过高，造成排放管结冰，确保排放管向下倾斜安装 |

| 故障 | 处理方法 |
|---|---|
| 纸带斑块重叠 | 受纸轮松动，拧紧受纸轮的制动螺钉 |
| | 斑块颜色过浅，增大孔隙板的孔隙尺寸 |
| | 步进电动机工作不正常，更换电动机 |
| 纸带斑块间距不均匀（或斑块间的距离过大） | 联轴器松动，拧紧联轴器的制动螺丝 |
| 采用已知浓度的校准气进行校准时，纸带斑块颜色比正常情况变浅很多 | 孔隙板的孔隙堵塞或不畅通，检查并清洁孔隙板孔隙 |
| 纸带斑块颜色过深 | 孔隙板孔隙尺寸过大，更换安装孔隙尺寸较小的孔隙板 |
| 纸带斑块颜色过浅 | 孔隙板孔隙尺寸过小，更换安装孔隙尺寸较大的孔隙板 |
| 总是存在无纸传感器产生的报警 | 无纸传感器失效，检查无纸传感器 |
| | 安全隔离器失效，更换安全隔离器 |
| 4～20mA 的电流输出与显示值不一致 | 量程设置不正确，确认正确的量程设置 |
| 毫伏（mV）读数随时间向上漂移 | 孔隙板孔隙和样气室内有尘埃堆积，清洁孔隙板孔隙和样气室 |
| 显示屏显示失真或无显示 | 存储器的数据出错，将分析仪冷启动 |
| 显示器锁定，不能通过键盘改变显示 | 存储器的数据出错或键盘出现问题或防爆隔离器爆开，检查键盘及安全隔离器的连接，或将分析仪冷启动 |
| 当改变远程驱动的电磁阀状态时，显示器上的显示失真 | 电磁阀由继电器控制，而不是由电磁阀驱动器控制，将电磁阀连接至主板上电磁阀驱动器。安装一个防浪涌保护器 |

**2. 紫外吸收法**

（1）每个月检查零点校准用的氮气瓶，如果氮气瓶压力为零或接近零，则需更换。

（2）每6个月检查防护箱系统。如果分析仪安装在客户自备防护箱中，检查该处的空气过滤器以及空调系统，如有必要需更换。

（3）每年清洗测量池以及分析仪采样系统。如果发现其他情况，需要频繁的清洗。

（4）每年更换光源。如果分析仪诊断的信息出现警告错误，例如"自动光源控制警告（Warning ALC）""PMT 信号警告（Warning PMT Signal）"或者"零漂移警告（Warning Zero Drift）"，尽快更换光源。

（5）每年更换过滤模块组件中的 O 形环，过滤器原件和薄膜过滤器和气流稳流器。

（6）每两年更换色谱柱模块组件中的 O 形环和过滤原件。同时，查看单向阀是否磨损，必要时进行更换。

AMETEK 933 型硫化氢分析仪常见故障和处理方法见表 12-14。

**表 12-14　AMETEK 933 型硫化氢分析仪常见故障和处理方法**

| 故障 | 解决方法 |
| --- | --- |
| EEPROM 已满报警 | 尽快更换 EEPROM |
| 输出范围报警 | 一个或多个输出途径超过普通的操作全量程 5% |
| 色谱柱温度过高报警 | （1）检查加热器控制电路：检查低位箱内的交流电分配器 PMB 上的保险丝；<br>（2）检查高位箱内的光路系统组件的热能开关，如果活塞突出，按下它重新设置；检查色谱柱模块温度传感器（RTD）是否短路或断路 |
| 零压力报警 | 零点气压力全量程范围的 1%~99% 的范围之外 |
| 样气压力过高报警 | 样气压力超过全量程范围的 99% |
| 分析数据错误 | 重置分析仪；检查主控器（J300）和微接口（J104）板之间的四线电缆；同时检查其是否有损坏（割断、缺口、烧毁等等） |
| 转速错误 | （1）检查备选结合器电缆的电压（15V），确保电力供应给滤光轮轴马达；<br>（2）检查滤光轮轴马达的电压。在检查之前请和阿美特克公司联系确认操作；<br>（3）检查备选结合器和断路器部件之间电缆是否连接正确，是否有损坏（割断、缺口、烧毁等），检查过滤器齿轮轴的环，确保它和轴衬结合紧密，在检查之前请和厂商联系确认操作；<br>（4）检查滤光轮轴轴承。在检查之前请和厂商联系确认操作；<br>（5）更换微型控制器板。在移除这个板之前请和厂商联系确认操作 |
| ALC 报警 | （1）检查光源槽和灯泡是否结合紧密，光源调节板到位；<br>（2）检查光源被完全装入检测器部件中；<br>（3）检查光路系统电子版和光路系统之间的水平电缆是否连接准确，是否有损坏（割断、缺口、烧毁等）。有可能由于灯泡的自然老化导致光源的照明水平太低。这表明灯泡就要损坏，应该进行更换。作为临时的方案，启动自动设置，增加 PMT 效能，补偿减少的照明水平 |

### 3. 气相色谱法

1）日常维护

FPD 是一个复杂的设备，需要定期维护，最好是作为年度计划维护过程的一部分。

以下重要的维护程序建议每年进行：

（1）更换火焰室和光度管 O 形圈，除了 Kalrez O 形圈，应每 24 个月更换一次；

（2）润滑氢气截止阀的阀杆。

不当的维护可能会导致 FPD 失效，甚至是设备的永久损坏。

2）常见故障和处理方法

DANIEL 590 型总硫分析仪常见故障和处理方法见表 12-15。

表 12-15　DANIEL 590 型总硫分析仪常见故障和处理方法

| 故障现象 | 解决方案 |
| --- | --- |
| 注入气体时没有峰值 | 检查电压表板的 12V GND 接线。如果有三根黑线确保引脚 1 和 4 连接到电源，另一根电线用于火焰室 GND；<br>检查进入火焰室底部的管道，在观察 CGM 的同时松开接头并向下拉管，如果出现峰值，则需要切割管道；<br>从加热器块旁边的计量阀检查是否有流量；<br>检查样品是否进入火焰室；<br>检查是否通过端口 1 将载体送入阀门 2 并通过端口 5，阀门 2 关闭。如果没有，检查 Alcon 阀门上的通风口是否有背压 |
| 空气和氢气流量设置正确，设备无法保持燃烧状态 | 使用连接到火焰室底部的热电偶线的数字温度计，检查温度是否为 160℃；<br>检查熄火热电偶线；<br>确保端子排上的螺钉下没有绝缘层；<br>更换火焰室，然后再试一次；<br>确保信号线连接到正确的位置，记住白色信号线应连接到 CON5 的 TC+ |
| 火焰室温度无法控制 | 检查火焰室热敏电阻；<br>环境温度约为 100K。随着温度上升，阻力下降 |
| 火焰室温度不稳定 | 检查热敏电阻是否正好穿过火焰室；<br>检查传感器周围是否装有足够的散热片 |
| 电桥无法平衡 | 检查 BNC 连接器的信号输入和高压，确保连接紧固；<br>在实时 CGM 上切断火焰并检查探测器的响应；<br>尝试更换过滤器 |
| 峰面积很小<br>基线噪声，或基线有大幅下降 | 检查火焰室中的氮气流应不低于 15cc/min；<br>检查空气源，空气瓶压力应不低于 500psi |

# 十一、流量计算机的日常维护

## 1. 日常巡检及维护

（1）在用路流量计算机无报警。

（2）压力和温度应实时更新，数据和现场就地仪表一致。

（3）采用在线色谱分析仪的流量计算机，组分数据应能实时更新，采用手输组分的流量计算机，组分宜定期更新。

（4）超声流量计计量系统的流量计算机运行路声速偏差不超过 0.2%。

（5）和站控系统通信正常，数据实时上传，站控系统无报警。

（6）与流量计、色谱分析仪、温度和压力变送器通信正常。

（7）检查流量计算机和站控系统时间差异，偏差超过 30s 的要修改流量计算机时钟。

2. 报警查看及分析

计量系统出现故障后，流量计算机一般会出现报警，红灯或黄灯闪烁。S600 流量计算机按"view"键查看报警。报警初步分析如下：

（1）站控出现计量系统报警。发现站控报警后，应立即到流量计算机侧查看是否有报警，流量计算机无报警的，一般是误报警或流量计算机和站控通信中断（包括闪断）。

（2）站控无报警，流量计算机出现报警。流量计算机 AB 类报警都传到站控系统并驱动值班警铃，发生这种情况一般集中在警告或提示方面，比如和色谱通信异常。

（3）流量计算机无报警，但计量明显异常。可能的原因有：流量计算机死机、涡轮流量计运行异常、变送器数据异常、组分（包括手输）异常。

（4）停输状态下有小流量。可能的原因有：流量计后面的阀门（电动阀居多）未完全关闭、超声波流量计探头脏污或管道内有液体、探头异常，相邻路流量波动引起的干扰。

（5）压力和温度同时采用替代值。可能的原因有：HART 板故障、变送器供电异常。

（6）组分不更新。可能的原因有：色谱分析仪断电或工作异常（检查供电和载气、标气、样气压力），涡轮计量系统 C2 模块异常，色谱分析仪控制器和色谱分析仪通讯异常，流量计算机和色谱控制器或 C2 通讯异常。

3. 故障检查及处理

当流量计算机出现故障时，请对照表 12-16 进行检查及处理。

表 12-16　流量计算机故障检查清单

| 现象 | 检查项目 |
|---|---|
| 没有电 | 检查保险丝 |
| 接通电源后没有初始 I/O 红色发光二极管显示 | 关闭电源拆除并重新安装 I/O 板，重新接通电源 |
| 无面板背后照明 | 检查位于面板和主板之间的连接器 |

| 现象 | 检查项目 |
|---|---|
| 面板上的发光二极管显示不变的橙色 | 重新启动 FloBoss S600 设备。如果问题仍然存在，则需要将 FloBoss S600 返厂维修 |
| 没有红色的 I/O 发光二极管显示 | 关闭电源，拆除并重新安装 I/O 板，重新接通电源 |
| 显示的是冷启动菜单，而不是热启动菜单 | 检查是否安装了冷启动跳线（连接），下载配置文件 |
| 显示 I/O 故障信息 | 检查 I/O 连接 |

**4. 初始检查**

（1）检查所有的插入板都放置正确，并且所有的固定螺栓都被固定。

（2）检查所有的现场线路都连接正确。

（3）检查电源的电压。如电源供电没有问题，显示器仍然没有显示，则需要检查是否保险丝损坏。如问题仍然存在，并且所有的检查工作都对解决问题不起作用，则需要将 FloBoss S600 返厂维修。

**5. 更换保险丝**

（1）关闭电源；

（2）拧下螺丝并拆下 CPU 模块；

（3）轻轻地将保险丝拆下；

（4）检查保险丝的状况，如果必要，可以用一个 20mm×5mm 2.5Amp 防过载的保险丝进行更换；

（5）更换保险丝后，检查确认其安全性，然后重新将 CPU 板安装就位；

（6）稍微用力推 CPU 板使其后面的定位把手就位；

（7）打开电源开关。

# 十二、流量计表体及上、下游直管段清洗

**1. 拆卸**

把流量计拆卸后，再把流量计表体两端的上、下游直管段拆卸且分开，以便于清洗。注意表体和上、下游直管段不能猛烈撞击，以免对计量产生影响；注意保护法兰面，避免划伤导致密封不严。

**2. 清洗**

用毛刷将超声流量计表体内的污物清扫干净；再用棉纱蘸上汽油或酒精

清洗超声流量计表体内部和上、下游直管段内部污物直至干净；对特别硬的污垢也应清除干净，注意清洗时不要损坏超声流量计表体内表面的光洁度；用干棉纱清除超声流量计表体内部和上、下游直管段内部的汽油或酒精污物；清洗好的超声流量计表体内部和上、下游直管段应光洁无油污。

3. 安装

把流量计表体与上、下游直管段连接；确保各连接端面无泄漏现象；如有泄漏，应重新进行安装。

# 第四节　超声流量计在线诊断

## 一、在线诊断的目的与意义

在线诊断是通过监测智能流量计系统的技术参数，确保流量计处于正常工作状态、从而延长流量计检定周期的重要技术手段。目前智能流量计系统一般指超声流量计系统。

智能流量计在线故障诊断技术可以间接监控设备的运行情况，为专业的分析提供参考数据，提高故障处理效率。在线诊断技术可以及时发现流量计性能的变化，在异常情况下可以进行及时地干预，从而有效保证贸易计量的准确性。

在线诊断系统能实现计量关键数据的实时采集，使超声流量计量系统具备远程诊断、趋势分析、性能跟踪、自动预警和报警、计量回路核查、自动声速核查、自动流量核查、计量设备管理等功能。

## 二、在线诊断的内容和判别标准

1. 超声流量计声速核查

目的：声速核查是监测超声计量系统的健康状况、判断流量计是否需要检定。

检查标准：主要检查理论声速和实际声速偏差率是否超过 0.2%，每个声道之间的偏差值是否超过 0.5m/s。

2.超声流量计信噪比

目的：监测管道内超声噪声对计量的影响。

检查标准：超声流量计信噪比分为上游信噪比和下游信噪，信噪比越大，说明信号相对于噪声强度越大，噪声所造成的干扰越小，结果越可靠。

注意事项：在进行信噪比诊断时，尽量避免在启停输或者是急速升降压情况下进行。

3.超声流量计信号接收率

目的：检查数据的有效性。

检查标准：信号接收率是超声探头发送和接收信号的比值，信号接收率100%，说明探头发送了多少个信号，另一个探头就能接收到多少个信号，没有出现丢包。

4.超声流量计增益值

目的：判断探头状态及其表面脏污程度。

检查标准：超声流量计探头的作用是将电能与声能进行相互转换，当超声探头接收到声波信号并将其转换成电能信号时，还需要经过一个功放电路对电能信号进行放大。当探头或者管道内壁出现脏污，探头接收声波的能力减弱，需要放大电路增加放大倍数才能满足测量要求。因此，超声增益值越大，对计量结果越不利。不同品牌流量计对增益值报警值各有不同，Daniel流量计增益值一般在50左右。

# 三、常用流量计在线诊断操作

不同品牌型号的超声流量计诊断操作有一定的差异性，目前比较常用的超声流量计有：丹尼尔（Daniel）超声流量计、埃尔思特（Elster）超声流量计、RMG超声流量计、西克（SICK）超声流量计、中核维思超声流量计。

1.Daniel 超声流量计

1）笔记本电脑与流量计的通信连接

Daniel 超声流量计使用厂家开发的 Daniel CUI 或 Meterlink 软件与通信电脑，该软件可通过串口和以太网两种方式与超声流量计进行通信连接。

（1）以太网连接。

若使用以太网连接，需将笔记本电脑的 IP 地址设为自动获取。同时打开CUI程序，点击"Meter→connect→Edie Meter Directory"，勾选"Ethernet"，使能以太网连接。再点击"Ethernet"选框设置IP地址为默认的

192.168.135.100，点击"OK"保存设置。

将以太网数据线的网线接头插入通信电脑，将另一头插入流量计表头上的 Ethernet 口，在 CUI 菜单中点击"Meter→connect"，点击 Ethernet 软件将开始连接流量计。

（2）串口连接。

若要使用串口连接，需在通信电脑上安装 CUI 软件自带的调制解调器程序。在控制面板中选择添加新硬件→添加新的调制解调器→从磁盘安装，然后在软件安装目录下选取"Daniel Mark III Direct Connection"文件，即完成安装。

安装完成后打开 CUI 程序，点击"Meter→connect→Edie Meter Directory"，勾选"Direct"，使能串口连接。再点击"Direct"选框，点击"Port"，在下拉菜单中选取"Danil Mark III Direct Connection"，再点击"Baud Rate"，将波特率设为 19200，点击"OK"保存设置。

由于流量计端有 2 组串口输出，这里默认使用 Port B 口连接，在流量计未通电状态下取出 CPU 板，将 CPU 板上与 Port B 相关的跳线拨至 RS232。插回 CPU 板后将串口连接线插入 Port B 口，另一端接通信电脑串口。CUI 菜单中点击"Meter→connect"，点击 Direct 软件将开始连接流量计。

2）组态参数检查和保存

当完成通信电脑与流量计的连接后，首先需要对组态参数进行检查和保存。打开 CUI 软件，点击"Tools→Edit/Compare Configuration"，点击"Read"即可读取流量计组态信息，在读出组态文件后点击"Save"保存组态文件至本地电脑中。

组态检查内容包括：

（1）流量计编号；

（2）各声道声程；

（3）各声道延迟时间；

（4）干标系数；

（5）上次检定的流量点及对应的 MF 系数。

以上项目值需与检定后所保存的值相符合，否则不予开展使用中检验。

3）报警文件的检查和保存

在 CUI 中点击"Logs/Reports→Meter Archive Logs"，点击"Collection"选取保存位置即可开始采集报警文件。

报警文件检查内容包括：

（1）信号单元电源电压超出所需直流供电电源电压一定比例，造成电源供电不稳定；

（2）声道硬件受损，流量计无法正常工作；

（3）换能器信号发射和接收错误。

4）信号诊断检查

在 CUI 软件中点击"Meter→Monitor"，即弹出流量计实时状态监控界面，在开始各流量点数据采集前需对以下几个参数进行检查：

（1）流量计是否有实时报警；

（2）各声道声速是否正常；

（3）各声道流速是否正常；

（4）各声道增益是否正常；

（5）各声道接收率是否正常。

若以上参数都正常则开始各流量点的数据采集。

5）各流量点的声速检验

（1）设置流量点。流量点建议选择分界流量 $q_t$，系统能达到的最大流量 $q_{max}$，以及在分界流量和最大流量中间等分的 1~2 个流量点。如系统无法进行流量调节，且流量计是定点使用的，检验流量点可选实际使用流量点并在检验报告上注明"定点使用"。每个流量点测量次数不低于 3 次。

（2）启动 CUI 软件。在 CUI 软件中点击"Logs/Reports→Maintenance Logs and Reports"，设定采样时间（Duration）为 2min，设定保存格式为"SOS computed by Daniel CUI"，默认视图选择"Enigeer"，采样频率选为 10s。

（3）声速核验。站场工作人员将输气运行流程切换至检验流程，调节流量至所要求的流量点，待流量稳定之后，即可点击"Start"开始数据采集，采集完成后软件会弹出"Gas SOS Calculator"流菜单，在其中输入气体组分，温度压力输入选择"Absolute"并分别输入天然气温度和压力值，确认无误后点击"Calcutaor"，软件将计算出当前工况条件下的理论声速，并比较测量声速值算出声速偏差，最后点击"Finish"完成一次数据采集。

重复上述步骤，连续测量不少于 3 次，依次完成其他流量点每点 3 次的声速检验，并保存相关数据。

6）Daniel 超声流量计正常工作的参数控制值

（1）各声道增益：正常值小于 102；

（2）各声道信噪比：正常值大于 500；

（3）各声道接收率：正常值大于 85%；

（4）脉动百分比：正常值 A、D 声道小于 5.5%，B、C 声道小于 2.5%；

（5）对称性：正常范围为 1±0.05；

（6）漩涡角：正常值小于 4℃；

（7）流速剖面系数：流量计口径≥250mm 时正常范围为 1.17±0.05，流量计口径≤200mm 时正常范围为 1±0.05；

（8）各声道声速偏差：正常值小于 0.33%。

## 2. Elster 超声流量计

### 1）笔记本电脑与流量计的通信连接

笔记本电脑通过 Elster 开发的 Uniform 和 Uniguard 软件与超声流量计进行通信，其中 Uniform 主要用于流量计组态的读取保存和检查，Uniguard 主要用于记录检验数据。这两款软件均使用串口方式连接超声流量计。

（1）通过 Uniform 软件通信。启动 Uniform 软件后，点击"Flowmeter→Instrument Selection"，在弹出窗口中点击"Connection"，在 Communication Port 中选择当前端口，Connection type 选择"Direct"，Baudrate 选择"4800"。点确定保存。将串口数据线一段插入通信电脑的串口中，另一端连接流流量计 RS232 口，点击 Uniform 软件中的"Flowmeter→Auto Detect"软件即开始自动连接。

（2）通过 Uniguard 通信。启动 Uniguard 软件，点击齿轮图标进入设定界面，COM Port 选择当前端口，BAUD Rate 选择"4800"，点击软盘图标保存。将串口数据线一段插入通信电脑的串口中，另一端连接流流量计 RS232 口，点击"Start"软件即开始自动连接。

### 2）组态参数检查和保存

当完成通信电脑与流量计的连接后，首先需要对组态参数进行检查和保存。打开 Uniform 软件，点击"File→Save as"将组态文件保存至本地电脑中。

组态检查内容包括：

（1）流量计编号；

（2）各声道声程；

（3）射束孔径角；

（4）干标系数；

（5）上次检定的流量点及对应的示值误差。

以上项目值需与检定后所保存的值相符合，否则不予开展使用中检验。

### 3）报警文件的检查和保存

打开 Uniform 软件，点击"Logs/Reports→Meter Archive Logs"，点击"Collection"选取保存位置即开始采集报警文件。

报警文件检查内容包括：

（1）信号单元电源电压超出所需直流供电电源电压一定比例，造成电源供电不稳定；

（2）声道硬件受损，流量计无法正常工作；

（3）换能器信号发射和接收错误。

4）信号诊断检查

用 Uniguard 软件与超声流量计通信连接后，点击"NEXT"会出现"Ultrasonic Meter Online Data"界面，在开始各流量点数据采集前需对以下几个参数进行检查：

（1）各声道声速是否正常；

（2）各声道流速是否正常；

（3）各声道 AGC 增益水平是否正常；

（4）各声道接收率是否正常；

（5）漩涡角是否正常；

（6）对称性是否正常。

若以上参数都正常则开始各流量点的数据采集。

5）各流量点的声速检验

（1）设置流量点。

流量点建议选择分界流量 $q_t$，系统能达到的最大流量 $q_{max}$，以及在分界流量和最大流量中间等分的 $1\sim2$ 个流量点。如系统无法进行流量调节，且流量计是定点使用的，检验流量点可选实际使用流量点并在检验报告上注明"定点使用"。每个流量点测量次数不低于 3 次。

（2）启动 Uniguard 软件。

启动 Uniguard 软件，并在"Ultrasonic Meter Online Data"界面中，填入测试日期及检验人员信息。

（3）声速检验。

站场工作人员将输气运行流程切换至检验流程，调节流量至所要求的流量点，待流量稳定之后，点击"Next"，软件即开始采集数据。程序默认每次采集 2min 的数据。2min 数据采集完成后，软件转入"Enter Gas Composition"界面，在此界面输入天然气组分数据。确定后软件转入"Enter Process Conditions"，输入此次数据采集过程中天然气的温度和压力值。软件在计算出结果后转入"Generate Report"界面，点击软盘图标完成数据保存。

重复上述步骤，连续测量不少于 3 次，依次完成其他流量点每点 3 次的声速检验，并保存相关数据。

（4）检验结果处理。

根据规程要求及 Elster 厂家对超声流量计的参数控制要求，对采集的数据进行检查计算和处理，最后得出检验结果。

6）Elster 超声流量计正常工作的参数控制值

Elster 厂家对流量计的控制值如下：

（1）各声道健康度：正常值大于 20%；

（2）平均增益和平均增益极限：正常值在 100~65025 之间；

（3）漩涡角：正常值在 -20~20℃；

（4）各声道声速对于平均声速的偏差：气体流动状态下，正常范围为 ±0.3%；

（5）各声道气体流速对于平均流速偏差：气体流动状态下，正常范围为 ±5%。

### 3. RMG 超声流量计

RMG 超声流量计使用厂家开发的 RMGView 软件与电脑通信连接，该软件可通过 485 串口与超声流量计进行通信连接。

1）串口连接

（1）点击 Details→Password，勾选"Configuration"，输入密码"RMGUSE-P"；

（2）点击 Settings→modbus，设置 COM Port、Baud Rate、Bits \ Parity \ Stop Bits、Modbus Address、Timeout 后，点击"OK"保存设置。

2）组态参数检查和保存

当完成通信电脑与流量计的连接后，首先需要对组态参数进行检查和保存。打开 RMGView 软件，点击 Details→Reports→Parameter Report，选择保存路径保存组态。

组态检查内容包括：

（1）流量计编号；

（2）各声道声程；

（3）干标系数；

（4）上次检定的流量点及对应的修正系数。

以上项目值需与检定后所保存的值相符合，否则不予开展使用中检验。

3）报警文件的检查和保存

报警文件检查内容包括：

（1）信号单元电源电压超出所需直流供电电源电压一定比例，造成电源供电不稳定；

（2）声道硬件受损，流量计无法正常工作；

（3）换能器信号发射和接收错误。

4）信号诊断检查

在 RMGView 软件中点击"Live Page"，即进入流量计实时状态监控界面，在开始各流量点数据采集前需检查信号的增益值、信号接收质量、信噪比流速剖面系数、漩涡角和各声道测量声速比等，各项指标的数值应在产品说明书允许范围内。

若以上参数都正常则开始各流量点的数据采集。

5）各流量点的声速检验

（1）设置流量点。流量点建议选择分界流量 $q_t$，系统能达到的最大流量 $q_{max}$，以及在分界流量和最大流量中间等分的 $1 \sim 2$ 个流量点。如系统无法进行流量调节，且流量计是定点使用的，检验流量点可选实际使用流量点并在检验报告上注明"定点使用"。每个流量点测量次数不低于 3 次。

（2）启动 RMGView 软件。打开 RMGView 软件，点击"Inspection Inputs"，输入或导入色谱数据；在 Log Duration 选项栏中填入检测时间"120s"、在 Pressure 和 Temperature 选项栏中输入流量计的压力、温度值。

（3）声速核验。站场工作人员将输气运行流程切换至检验流程，调节流量至所要求的流量点，待流量稳定之后，即可点击"Run Inspection"开始声速核查。采集完成后软件会弹出"Gas SOS Calculator"菜单，在其中输入气体组分，温度压力输入选择"Absolute"并分别输入温度和压力值，确认无误后点击"Calcutaor"软件将计算出当前工况条件下的理论声速，并比较测量声速值算出声速偏差，最后点击"Finish"完成一次数据采集。

（4）重复上述步骤，连续测量不少于 3 次，依次完成其他流量点每点 3 次的声速检验，并保存相关数据。

6）现场使用中检验主要指标

RMG 超声流量计现场使用中检验主要指标参数如下：

（1）任意层面速度比的值与保存值的误差：$-20\% \sim 20\%$；

（2）第一与第二层面速度比：$0.8 \sim 1.0$；

（3）第三与第二层面速度比：$0.8 \sim 1.0$；

（4）第一与第三层面速度比：$0.8 \sim 1.2$；

（5）旋涡角：$-15° \sim 15°$；

（6）接收率：高于 33%；

（7）声道速度比与保存值的误差：$-5 \sim 5$；

（8）任意声道与第一声道的声速比：$0.998 \sim 1.002$；

（9）理论声速与实际声速差：$-0.2\% \sim 0.2\%$；

（10）增益：低于 40；

（11）任意声道两个探头的增益比（顺流、逆流）：高于 0.8；

（12）信噪比：高于 1dB。

4. SICK 超声流量计

1）笔记本电脑与流量计的通信连接

笔记本电脑通过 MEPAFLOW 600 CBM 软件与超声流量计进行通信，这款软件使用串口方式连接超声流量计。连接步骤如下：

（1）打开 MEPAFLOW 600 CBM 软件；

（2）弹出窗口中选择用户名 "Service"，输入密码 "factory"；

（3）选择直连方式 "Direct serial"，确认 Connection settings 中 Serial COM（一般为 COM9，根据实际使用 485 转 USB 设备串口号确定），Baud rate（9600），Communication protocol（SICK MODBUS ASCII）；

（4）Connect——连接后会弹出是否连接到发现的流量计，需确认出厂编号。

2）组态参数检查和保存

当完成通信电脑与流量计的连接后，首先需要对组态参数进行检查和保存。左侧导航栏中选择 "Parameters—Preview/Print"（位于右下角），弹出打印组态报告窗口，选择所有组态报告打印，在弹出的组态报告预览中黑框处点击导出默认 PDF 格式的组态报告。

组态检查内容包括：

（1）流量计编号；

（2）各声道声程；

（3）干标系数；

（4）上次检定的流量点及对应的示值误差。

以上项目值需与检定后所保存的值相符合，否则不予开展使用中检验。

3）报警文件的检查和保存

报警文件检查内容包括：

（1）信号单元电源电压超出所需直流供电电源电压一定比例，造成电源供电不稳定；

（2）声道硬件受损，流量计无法正常工作；

（3）换能器信号发射和接收错误。

4）信号诊断检查

通过计算机通信或现场显示监测流量计的诊断参数，主要包括信号的增益值、信号接收质量、信噪比流速剖面系数、漩涡角和各声道测量声速比等，各项指标的数值应在产品说明书允许范围内。

5）各流量点的声速检验

（1）设置流量点。

流量点建议选择分界流量 $q_t$，系统能达到的最大流量 $q_{max}$，以及在分界流量和最大流量中间等分的 1~2 个流量点。如系统无法进行流量调节，且流量计是定点使用的，检验流量点可选实际使用流量点并在检验报告上注明"定点使用"。每个流量点测量次数不低于 3 次。

（2）启动 MEPAFLOW 600 CBM 软件。

启动 MEPAFLOW 600 CBM 软件，并在 MEPAFLOW 600 CBM 界面中，填入测试日期及检验人员信息。

（3）声速检验。

① 流量稳定后在 MEPAFLOW 600 CBM 软件中点击左侧菜单栏"Maintenance report"或者"Reports/Protocols"中的"Maintenance report"选项进入声速核查界面；

② 在"Maintenance report"声速核查界面中点击"SOS Calculator"进入色谱组分与温度压力输入界面，需手动输入色谱组分与温度压力（注意色谱组分中需把新戊烷与 $C^{6+}$ 合并加在 $N-C_6H_{14}$ 上，压力单位为 bar，温度单位为℃），点击"Calculate→OK"返回声速核查界面；

③ 在声速核查界面中输入需要采集的时间（一般为 2min），点击"Start"，2min 采集结束后点击"Create report"生成 PDF 格式的报表，初步检查 SOS Difference（声速偏差）；

④ 重复上述步骤，连续测量不少于 3 次，依次完成其他流量点每点 3 次的声速检验，并保存相关数据。

（4）检验结果处理。

根据规程要求及 SICK 厂家对超声流量计的参数控制要求，对采集的数据进行检查计算和处理，最后得出检验结果。

6）流量计的控制值

SICK 厂家对流量计的控制值如下：

（1）通道工作效率（performance）。各个声道工作效率在气体流动状态下应高于 80%，正常无问题状态为 100%

（2）通道增益（AGC）。AB 通道增益应一致，数据相差不能超过 10dB，通道增益极限值为 93dB，正常情况应低于此极限值（在其他条件状态不变的情况下增益值与压力成反比关系，压力越大增益越小）。

（3）扰动湍流（turbulence）。此项反映了气体运行的扰动，当流量、温度、压力、气体组分、流态发生改变时此项数据也会有变化，要求检定前通气稳定至少 5~10min，每次取点要求间隔不得低于 3min；此项数据变化量尽可能小，即可视为流量稳定，用户极限值一般设置为 6%，文档内的极限值默认为 50%；此项不作为必须满足的条件，可作为参考条件使用。

（4）信噪比（SNR）。通道信噪比极限值为 13dB，正常运行时的信噪比必须大于此极限值（在其他条件不变的情况，压力升高会影响信噪比数据的升高）。

"SOS deviation"声速偏差极限值为 0.2%，在正常通气状态下各个通道的声速对于平均声速的偏差应小于 0.2%

**5. 中核维思超声流量计**

1）中核维思 FCL-1 流量计算机在线诊断方法

（1）用串口线将电脑连接到流量计算机，在电脑上打开免安装版的上海中核维思上位机软件，选择设置→通讯设置→在弹出的对话框中选择使用串口通信并且选择串口号、波特率（一般采用 9600）→重新设置并连接。提示连接成功后可以在主界面上看到实时的数据跳动。

（2）点开菜单栏上的详细数据→累积量、压力和温度→流速、声速和使用率（在这主要判断几个通道的实时测量声速，正常情况下各声道声速差不大于 0.5m/s，通道使用率代表通道的信号传输成功率，该参数一般为大于 90%代表正常，70%~90%之间属于警告范围，低于 70%代表故障状态）→幅度、信噪比和增益控制值（这些主要判断信号的强弱，受干扰情况和放大倍数，信噪比大于 5 表示正常，2~5 表示警告，小于 2 表示故障状态）。

（3）主界面由标题栏、最小化按钮、最大化按钮、关闭按钮、菜单栏、工具栏、软件标题等组成。菜单栏中有"数据""设置""帮助"三个菜单。"数据"菜单下的按钮有"详细数据""查看诊断数据""查看历史数据""查看历史曲线""查询检定数据""生成报表""声速核查"。

（4）软件启动后，自动根据最后一次软件关闭时的串口配置数据设置并连接串口，如果连接成功，可以不再进入"通信设置界面"设置和连接串口，如果连接不成功就需要单击"通讯设置"按钮进入"通讯设置"的界面设置和连接串口。

（5）查看"诊断数据"。单击工具栏"查看诊断数据按钮"，会出现"诊断数据"对话框，无论定时读取测量值还是读详细"测量值"，当单击"查看诊断数据"按钮后，定时读测量值将变为读详细测量值，此时"诊断数据"界面显示的数据是详细测量数据的一部分。在该界面，通过字体颜色来判断数据的正常与否：如果字体为黑色，表示数据正常；如果字体为黄色，表示该数据略偏离正常值；如果该字体是红色，表示数据异常。

（6）退出该界面，定时读取测量值又由读取详细数据变为读主要测量值，如果选择保存数据，即使退出"诊断数据"界面后仍然读取的是详细测量值。

2）中核维思 FCL-3 流量计算机在线诊断方法

（1）通过串口或以太网将电脑连接到流量计算机，在电脑上打开中核维思流量计远程诊断工作站（FMDU）分析的软件，出现登录界面，默认用户名为"admin"，密码为"sa"，输入用户名和密码后，点击"登入"按钮，登录成功；点击"添加设备"图标，出现向导窗口，输入设备位号，检定判据一般选择"通用"，通信方式可以选择 TCP 或者串口，根据实际连接方式选择，一般情况下都是选择 TCP；点击"下一步"，输入流量计算机的 IP 地址（可在流量计算机面板上按 F4 键查看），端口号默认是 502，设备号默认是 1，这两个一般不用修改，输入后点击"通讯测试"按钮，如果连接正常，会读取到流量计和流量计算机的序列号。

（2）点击"完成"按钮即可，回到主界面，点击"创建任务"按钮，出现可以连接的设备列表，点击要连接的设备后面的两个按钮之一，创建一个新的诊断任务。设备连接成功后，出现核查界面在右上角选择核查周期和扫描周期：核查周期是一次核查的总时间，扫描周期是每隔多长时间读取一次设备数据。一般对于网线直接连接的情况，建议选择 2min 核查时间和 1s 扫描周期。

（3）选择完成后，点击"运行控制"后面的绿色三角形，开始进行声速核查。当核查结束后，会自动弹出参数确认窗口，可以对声速计算参数进行最终的确认。如果参数确认没问题，就直接点击"下一步"按钮，如果发现参数有错误，则选中要修改的参数，输入要修改的数值，然后按回车键，这时候可以看到"下一步"按钮处于灰色不可点击状态，这是因为修改了基础参数后，需要重新计算一次声速，点击"声速计算"按钮即可。如果发现计算后的声速不正确，还可以修改声速，然后点击"下一步"。如果发现数据输入错误，希望恢复原先的测量值，可以点击"恢复测量值"按钮，将全部基础数据和计算声速都恢复为测量值。

（4）参数确认完成后，点击"下一步"按钮，弹出提示窗口，点击"是"按钮，即可查看本次核查的结果。还可以核查报表，里面包含了所有的诊断信息，如果某些参数超出允许的范围，会用红色的醒目标记提示。

（5）所有做过的核查报表都会自动保存，可以在主界面上点击"诊断报告"按钮，在左上角选择要查看的设备，然后点击"查询"按钮，可以看到该设备做过的所有核查报表，双击任意一条记录，可以在右侧看到当时做的报告，如果需要的话，可以导出成 PDF/Word/Excel 格式，方便归档。

# 第五节　计量功能确认

在计量系统投运或更新改造后，须进行计量功能确认，由计量主管部门组织计量专家组，严格按照《天然气交接计量设施功能确认规范》（Q/SY 1537—2012）的要求组织确认，通过后才能投入贸易计量交接。

## 一、范围及内容

1. 功能验收范围

功能验收范围主要为新建或改扩建的油气交接计量设施，包括场站分输计量、阀室分输计量的交接计量设施。

2. 功能验收内容

验收内容主要为资料档案、数量计量设施和质量检验设施：

（1）资料档案包括交接计量适用的主要标准、计量设备技术档案、检验报告、检定证书、人员资质证书、计量设备设施管理制度、操作规程、安全制度等。

（2）数量计量设施包括流量计、配套仪表、附属设施、阀门、数据采集和处理系统等。

（3）质量检验设施包括取样设施、品质分析仪器、标准物质及检验项目和试验方法、实验室环境、实验材料及配套设施等。《天然气交接计量设施功能确认规范》（Q/SY 1537—2012）规定，上述检查内容软件共13项、硬件共37项。

## 二、现场功能确认实施

（1）在正式验收之前，应由项目管理单位组织进行项目的预验收，达到投用条件后再申请正式验收。正式验收管理部门对预验收申请报告进行评估，具备正式验收条件后方才组织验收。

（2）组建评审组。组员一般由计量管理部门、计量或者质量检测机构和交接计量相关方的人员构成。人员数量和技术水平应根据项目的大小和复杂程度确定。

（3）一般可以分成两个小组开展检查工作：一组是资料检查组，另一组是现场检查组。资料组主要检查设备档案、检验报告、计量设备和人员台账、计量交接协议等基础文件；现场检查组则是对现场设备安装、参数设置确认、人员操作能力进行检查和考核。

（4）评审方法。根据《天然气交接计量设施功能确认规范》（Q/SY 1537—2012）附件中规定的评审单，核查过程中，满足条件的项目记"√"，不满足的记"×"，不适用的记"O"。所有项目均为合格的评审为"通过"，五项以下（含五项）不带"＊"号的项目不合格被评为"基本通过"，任一带"＊"项目不合格或者五项以上不带"＊"号的项目不合格被评为"不通过"。

# 三、验收结论与处理意见

《天然气交接计量设施功能确认规范》（Q/SY 1537—2012）规定，验收结论应分为"通过""基本通过""不通过"3种：

（1）验收通过的油气交接计量设施方可投运。

（2）验收通过，在验收结束后5日内向交接计量设施运行单位提交整改通知书，明确规定整改期。在整改期内，交接计量设施运行单位对验收组提出的问题进行整改，形成整改报告和相应见证材料报上级计量主管部门，整改确认合格的才验收通过。

（3）验收不通过，油气交接计量设施不能投产使用。

# 第十三章　气量计算

流体在单位时间内流过管道横截面的量称为流量，在这具体指的是气量。气量的计算是贸易交接的基础，是财务结算的依据，关系到公司的经济收入。目前天然气的气量计算主要分为体积计算、质量计算和能量计算 3 种形式。在实际生产计量管理过程中，每条独立水力系统的管存量也是很重要的计算因素。

我国已颁布的《天然气计量系统技术要求》（GB/T 18603—2014）规定，天然气体积计量的标准参比条件为 293.15K 和 101.325kPa。

本章介绍的气量计算包括最常用的 4 种计算：体积流量计算、质量流量计算、能量计算和管存量计算。

## 第一节　体积流量计算

我国长输管道的贸易交接主要是以体积计算为主的，日常所见到的超声和涡轮计量系统采用的就是体积计量方式。

1. 天然气体积流量的定义

天然气在单位时间内流过管道某横截面的体积，称为瞬时体积流量，单位为 $m^3/h$；天然气在一段时间内流过管道某横截面的体积，称为累计体积流量，单位为 $m^3$。

2. 标准参比条件下的体积流量计算公式

天然气是可压缩气体，所以天然气贸易交接的体积量值是用天然气在标准参比条件下的体积量值。

1）标准参比条件下的瞬时体积流量

天然气在标准参比条件下的瞬时体积流量可用下式计算：

$$q_n = q_f \frac{p_f T_n Z_n}{p_n T_f Z_f} \tag{13-1}$$

$$T_f = 273.15 + t$$

式中　$q_n$——标准参比条件下的瞬时体积流量，$m^3/h$；

$q_f$——工作条件下的瞬时体积流量，m³/h；

$p_n$——标准参比条件下的绝对压力，MPa；

$p_f$——工作条件下的绝对静压力，MPa；

$T_n$——标准参比条件下的热力学温度，K；

$T_f$——工作条件下的热力学温度，K；

$Z_n$——标准参比条件下的压缩因子，按 GB/T 17747—2011《天然气压缩因子的计算》计算得出；

$Z_f$——工作条件下的压缩因子，按 GB/T 17747—2011《天然气压缩因子的计算》计算得出；

$t$——被测介质的摄氏温度，℃。

还可用下式计算：

$$q_n = q_f \frac{\rho_f}{\rho_n} \tag{13-2}$$

其中

$$\rho_f = \frac{p_f M_m}{T_f Z_f R_n} \tag{13-3}$$

式中　$\rho_t$——天然气工作条件下的密度，kg/m³；

$\rho_n$——天然气标准参比条件下的密度，kg/m³。

$M_m$——天然气的摩尔质量，kg/kmol；

$R_n$——通用气体常数，kJ/(kmol·K)。

根据气体状态方程式，天然气工作条件下的密度用式（13-3）计算。

2）标准参比条件下的累计体积流量

天然气在标准参比条件下的累计体积流量可用式（13-4）和式（13-5）计算：

$$Q_n = Q_f \frac{p_f T_n Z_n}{p_n T_f Z_f} \tag{13-4}$$

$$Q_n = Q_f \frac{\rho_f}{\rho_n} \tag{13-5}$$

式中　$Q_n$——标准参比条件下的累计体积流量，m³；

$Q_f$——工作条件下的累计体积流量，m³。

3. 体积流量计算应用实例

**例 1**：某支线输气管道全长 25.4km，管线管径 $\phi109\text{mm} \times 8\text{mm}$，采用 $DN100$ 的超声流量计进行分输，当日分输压力 1.2MPa（表压），分输介质温度 19℃，某组分天然气工况条件下的压缩因子为 0.9972，标况条件下的压缩因子为 0.9989，介质通过管道流速为 15m/s。请计算该工况下的标准参比条件下（标况下）的体积流量为多少。

**解：** 由题意可知：

标况压力：$p_n = 0.101325\text{MPa}$；

绝对压力：$p_n + p_f = 0.101325 + 1.2 = 1.3013$（MPa）；

标况温度：$T_n = 273.15 + 20 = 293.15$（K）；

工况温度：$T_f = 273.15 + 19 = 292.15$（K）；

工况流量：

$$V_f = v_m A_i = v_m \frac{\pi(D-2d)^2}{4} = 15 \times \frac{3.14 \times (0.109 - 2 \times 0.008)^2}{4} \times 3600 = 1466.4(\text{m}^3/\text{h})$$

标况下体积流量：

$$V_n = V_f \left(\frac{p_f + p_n}{p_n}\right)\frac{T_n Z_n}{T_f Z_f} = 1466.4 \times \frac{1.3013}{0.1013} \times \frac{293.15}{292.15} \times \frac{0.9989}{0.9972} = 18933.6(\text{Nm}^3/\text{h})$$

**例2：** 某站场有一新用户，计划日用气 $75 \times 10^4 \text{m}^3$（标准参比条件下），目前站场的平均输气参数是压力为 4MPa（绝压），温度为 18℃，某组分天然气工作条件和标准参比条件下的压缩因子分别为 0.9800 和 0.9996。请问是否可以选用某品牌 *DN*100 的气体超声流量计，其流量范围为 30~814m³/h，为什么？

**解：**

（1）计算小时流量。

新用户标准参比条件下的流量为：$V_n = 75 \times 10^4 \div 24 = 31250$（m³/h）。

（2）估算工作条件下的流量。

标准状态：$p_n = 0.101325\text{MPa}$，$T_n = 20℃ = (20 + 273.15)\text{K} = 293.15\text{K}$，$Z_n = 0.9996$。

工作状态：$p_f = 4\text{MPa}$，$T_f = 18.0℃ = (18.0 + 273.15)\text{K} = 291.15\text{K}$，$Z_f = 0.9800$。

由式（13-1）可换算出新用户在工作条件下的瞬时流量为：

$Q_f = 31250 \times (0.101325 \div 4) \times (291.15 \div 293.15) \times (0.9800 \div 0.9996) = 770.94$（m³/h）。

（3）判断所选超声流量计是否可用于新用户的计量。

从计算所得结果来看，该新用户评价用气量为 770.94m³/h，刚好处于流量计计量范围内，但是实际运行过程中，往往将瞬时流量控制在流量计量程的 30%~80% 之内运行，防止流量突变对流量计超限运行的影响。一天之内的用气量不可能平均分布，有用气波峰和波谷，当用气波峰时，瞬时流量必将超越该流量计的最大量程范围。所以该项目宜使用更大口径的流量计。

# 第二节　质量流量计算

目前在我国长输管道天然气贸易交接计量采用较多的流量计是超声流量计和涡轮流量计，质量流量计也开始得到应用，通常质量流量计输出的量值是质量量值。

1. 天然气质量流量的定义

天然气在单位时间内流过管道某横截面的质量，称为瞬时质量流量，单位为kg/h；天然气在一段时间内流过管道某横截面的质量，称为累计质量流量，单位为kg。

2. 天然气质量流量计算公式

1）瞬时质量流量计算公式

天然气的瞬时质量流量可用式(13-6)和式(13-7)计算：

$$q_m = q_n \rho_n \qquad (13-6)$$
$$q_m = q_f \rho_f \qquad (13-7)$$

式中　$q_m$——天然气瞬时质量流量，kg/h；

　　　$q_n$、$q_f$——标准参比条件下和工作条件下天然气的瞬时体积流量，$m^3/h$；

　　　$\rho_n$、$\rho_f$——标准参比条件下和工作条件下天然气的密度，$kg/m^3$。

2）累计质量流量计算公式

天然气的累计质量流量可用式(13-8)和式(13-9)计算：

$$m = Q_n \rho_n \qquad (13-8)$$
$$m = Q_f \rho_f \qquad (13-9)$$

式中　$m$——天然气的累计质量流量，kg；

　　　$Q_n$、$Q_f$——分别为标准参比条件下和工作条件下天然气的累计体积流量，$m^3$；

　　　$\rho_n$、$\rho_f$——分别为标准参比条件下和工作条件下天然气的密度，$kg/m^3$。

3. 质量流量计算应用实例

已知：某超声流量计工况体积流量 $q_f = 770.94 m^3/h$，$p_f = 4MPa$，$T_f = 21.0℃$，当地大常用大气压 $p_a = 0.0965MPa$，天然气组分见表13-1。

表 13-1　天然气组分

| 组分 | 甲烷 | 乙烷 | 丙烷 | 丁烷 | 异丁烷 | 戊烷 | 己烷以上 | 氮气 | 二氧化碳 |
|---|---|---|---|---|---|---|---|---|---|
| 摩尔分数 | 0.96592 | 0.01810 | 0.00092 | 0.00080 | 0.00016 | 0.00026 | 0.00055 | 0.01274 | 0.00055 |

注：甲烷摩尔分数为 0.96592，表示 1 摩尔天然气中含有甲烷 0.96592 摩尔甲烷。

（1）计算天然气在参比条件下的压缩因子 $Z_n$。

按《天然气 发热量、密度、相对密度和沃泊指数的计算方法》（GB/T 11062—2014）规定的方法计算：

$$Z_n = 1 - \left( \sum_{j=1}^n \chi_j \sqrt{b_j} \right)^2$$

其中

$$\sum_{j=1}^n \chi_j \sqrt{b_j} = 0.04211 + 0.00162 + 0.00057 + 0.00164 + 0.00014 + 0.00004 +$$

$$0.000060 + 00016 + 0.00014 + 0.00002 = 0.0450$$

则

$$Z_n = 1 - 0.04500^2 = 0.9980$$

（2）计算天然气在操作条件下的压缩因子。

根据《天然气压缩因子的计算　第 2 部分：用摩尔组成计算》（GB/T 17747.2—2011），计算得 $Z_f = 0.9734$。

（3）计算天然气摩尔质量 $M$：

$$M = \sum_{j=1}^n X_j M_j = 15.4963 + 0.5443 + 0.1940 + 0.0535 + 0.0465 + 0.0115 +$$

$$0.0188 + 0.0474 + 0.0008 + 0.2336 + 0.0150 = 16.66(\text{kg/kmol})$$

（4）计算天然气参比条件下的气体密度 $\rho_n$：

$$\rho_n = \frac{p_n}{RTZ_n}M = \frac{0.101325}{0.0831451 \times 293.15 \times 0.9980} \times 16.66 = 0.6940(\text{kg/m}^3)$$

（5）计算标准参比条件下的体积流量 $q_n$：

$$q_n = q_f \frac{p_f T_n Z_n}{p_n T_f Z_f} = 770.94 \times \frac{4 + 0.0965}{0.101325} \times \frac{293.15}{273.15 + 21} \times \frac{0.9980}{0.9734} = 31847.63(\text{m}^3/\text{h})$$

（6）计算质量流量 $q_m$：

$$q_m = q_n \rho_n = 31847.63 \times 0.6940 = 22102.26(\text{kg/h})$$

# 第三节　能量计算

天然气能量计算包括天然气量及与其对应的发热量测量和计算两个部分。

1. 发热量定义

发热量是规定量的天然气完全燃烧释放的热量。天然气的发热量可以直接测定，也可以通过组分数据依据《天然气　发热量、密度、相对密度和沃泊指数的计算方法》（GB/T 11062—2014）计算得到。两种发热量测定原理、标准、使用设备、溯源体系等均不相同。

发热量分为高位发热量和低位发热量。

（1）高位发热量：是指一定量的气体在空气中完全燃烧时以热量形式释放出的能量。在燃烧反应发生时，压力 $p_1$ 保持恒定，所有燃烧产物的温度降至与规定的反应物温度 $t_1$ 相同的温度，除燃烧中生成的水在温度 $t_1$ 下全部冷凝为液态外，其余所有燃烧产物均为气态。

当上述规定的气体量由摩尔给出时，则发热量表示为 $\overline{H}_s(t_1, p_1)$；当气体量由质量给出时，则发热量表示为 $\hat{H}_s(t_1, p_1)$；当气体量由体积给出时，则发热量表示为 $\tilde{H}_s[(t_1, p_1), V(t_2, p_2)]$，其中 $t_2$ 和 $p_2$ 为气体体积计量参比条件。

（2）低位发热量：是指一定量的气体在空气中完全燃烧时以热量形式释放出的能量。在燃烧反应发生时，压力 $p_1$ 保持恒定，所有燃烧产物的温度降至与指定的反应物温度 $t_1$ 相同的温度，所有的燃烧产物均为气态。

当上述规定量的气体分别由摩尔、质量和体积给出时，则低位发热量分别表示为 $\overline{H}_l(t_1, p_1)$，$\hat{H}_l(t_1, p_1)$ 和 $\tilde{H}_l[(t_1, p_1), V(t_2, p_2)]$。

2. 天然气发热量计算

1）摩尔发热量的计算

已知组成的天然气在温度 $t_1$ 下的摩尔发热量按下式计算：

$$\overline{H}^0(t_1) = \sum_{j=1}^{N} x_j \cdot \overline{H}_j^0(t_1) \tag{13-10}$$

式中　$\overline{H}^0(t_1)$——天然气的摩尔发热量（高位或低位），MJ/kmol；

$\overline{H}_j^0(t_1)$——天然气中组分 $j$ 的摩尔发热量（高位或低位），MJ/kmol；

$x_j$——天然气中组分 $j$ 的摩尔分数。

2）质量发热量的计算

已知组成的天然气在温度 $t_1$ 下的质量发热量按式（13-11）和式（13-12）计算：

$$\hat{H}^0(t_1) = \frac{\overline{H}^0(t_1)}{M} \tag{13-11}$$

$$\hat{H}^0(t_1) = \sum_{j=1}^{n}\left(x_j\frac{M_j}{M}\right)\hat{H}_j^0 \tag{13-12}$$

式中　$\overline{H}^0(t_1)$——天然气的摩尔发热量（高位或低位），MJ/kmol；

$\hat{H}^0(t_1)$——混合物的理想质量发热量（高位或低位），MJ/kg；

$M$——天然气的摩尔质量，kg/kmol；

$M_j$——天然气中组分 $j$ 的摩尔质量，kg/kmol；

$x_j$——天然气中组分 $j$ 的摩尔分数。

3）体积发热量的计算

（1）理想气体体积发热量计算。

已知组成的天然气在燃烧温度 $t_1$，标准参比温度 $t_2$、压力 $p_2$ 时的理想气体体积发热量按下式计算：

$$\tilde{H}^0[t_1,V(t_2,p_2)] = \overline{H}^0(t_1)\frac{p_2}{RT_2} \tag{13-13}$$

式中　$\tilde{H}^0[t_1,V(t_2,p_2)]$——天然气理想气体体积发热量（高位或低位），MJ/m$^3$；

$\overline{H}^0(t_1)$——天然气的摩尔发热量（高位或低位），MJ/kmol；

$R$——通用气体常数，取 8.314510J·mol$^{-1}$·K$^{-1}$。

已知组成的天然气在燃烧温度 $t_1$，标准参比温度 $t_2$、压力 $p_2$ 时的理想气体体积发热量还可以按下式计算：

$$\tilde{H}^0[t_1,V(t_2,p_2)] = \sum_{j=1}^{N}x_j\tilde{H}_j^0[t_1,V(t_2,p_2)] \tag{13-14}$$

式中　$\tilde{H}_j^0[t_1,V(t_2,p_2)]$——天然气中组分 $j$ 的理想气体体积发热量（高位或低位），MJ/m$^3$。

（2）真实气体体积发热量计算。

已知组成的天然气在燃烧温度 $t_1$ 和压力 $p_1$，标准参比温度 $t_2$、压力 $p_2$ 时的真实气体体积发热量按下式计算：

$$\tilde{H}[t_1,V(t_2,p_2)] = \frac{\tilde{H}^0[t_1,V(t_2,p_2)]}{Z_{mix}(t_2,p_2)} \qquad (13-15)$$

式中　$\tilde{H}[t_1,V(t_2,p_2)]$——天然气真实气体体积发热量（高位或低位），MJ/m³；

$\tilde{H}^0[t_1,V(t_2,p_2)]$——天然气理想气体体积发热量（高位或低位），MJ/m³；

$Z_{mix}(t_2,p_2)$——在标准参比条件下的天然气的压缩因子。

3. 能量计量应用实例

**例**：已知在某固定管段的管容量为 1000m³，管段内天然气绝对压力为 5000kPa，温度为 19℃，$\frac{Z_n}{Z_f}$ 为 1.1520737。其中 $CH_4$ 摩尔分数为 91.62%，$C_2H_6$ 摩尔分数为 4.4284%，$C_3H_8$ 摩尔分数为 0.9139%，$nC_4H_{10}$ 摩尔分数为 0.17%，$iC_4H_{10}$ 摩尔分数为 0.1479%，$nC_5H_{12}$ 摩尔分数为 0.0513%，$C_{6+}$ 摩尔分数为 0.0857%，$N_2$ 摩尔分数为 1.9367%，$CO_2$ 摩尔分数为 0.6461%，求该管段天然气的能量值。

**解：**

（1）计算标况体积。

根据标况体积换算公式

$$V_n = V_f \frac{p_f}{p_n} \frac{T_n}{T_f} \frac{Z_n}{Z_f}$$

得

$$V_n = 1000 \times \frac{5000}{101.325} \times \frac{273.15+20}{273.15+19} \times 1.152073 = 57049.40(Nm^3)$$

（2）计算理想气体体积发热量。

由式（13-14）可知，将各个组分的摩尔分数和对应组分理想气体体积发热量乘积累加，该理想气体在 20℃下的单位体积发热量是

$$H^0[t_1,V(t_2,p_2)] = 0.9981 \times 37.044 + 4.4284 \times 64.91 + \cdots + 0.0857 \times 174.46$$
$$= 38.33(MJ/m^3)$$

（3）计算真实气体体积发热量。

根据《天然气　发热量、密度、相对密度和沃泊指数的计算方法》（GB/T 11062—2014）规定的方法计算，并查表求和因子，混合气体压缩因子为

$$Z_{min}(t_2,p_2) = 1 - \left(\sum_{j=1}^{N} x_j \sqrt{b_j}\right) = 0.9978$$

将混合气体压缩因子带入式(13-14)，可得真实气体体积发热量为

$$H^0[t_1,V(t_2,p_2)]=\frac{38.33}{0.9978}=38.41(MJ)$$

（4）求总能量。

$$H=38.41\times57049.40=2191267.45(MJ)$$

# 第四节　管存量计算

### 1. 管段物理管容

天然气管道管段设计物理管容量计算公式为：

$$V=\frac{\pi d^2 L}{4} \tag{13-16}$$

式中　$V$——设计物理管容，$m^3$；

$d$——管段的内直径，$m$；

$L$——管段的长度，$m$。

### 2. 天然气管存量计算

天然气管道管存量计算总体采取分管段逐段计算管存量，然后累计求和作为整条管道的管存量。分段原则为：阀室具备压力和温度参数条件的，将管段细分到阀室；阀室不具备压力和温度采集条件的，将管段细分到站场。

管段管存量计算公式为：

$$V_0=V_1\frac{p_{pj}T_0Z_0}{p_0T_{pj}Z_1} \tag{13-17}$$

其中

$$p_{pj}=\frac{2}{3}\left(p_1+p_2-\frac{p_1p_2}{p_1+p_2}\right) \tag{13-18}$$

$$T_{pj}=\frac{2}{3}T_2+\frac{1}{3}T_1 \tag{13-19}$$

式中　$V_0$——管段在标准状态下的管存量，$m^3$；

$V_1$——管段的设计物理管容量，$m^3$；

$p_{pj}$——管段内气体平均压力（绝对压力），$MPa$；

$T_0$——标准参比条件的温度，293.15K；

$Z_0$——标准参比条件下的压缩因子，0.9980；

$p_0$——标准参比条件的压力，0.101325MPa；

$T_{pj}$——管段内气体平均温度，K；

$Z_1$——工况条件下的压缩因子，根据《天然气压缩因子的计算 第 2 部分：用摩尔组成进行计算》（GB/T 17747.2—2011）计算求得；

$p_1$——管段起点气体压力，MPa；

$p_2$——管段终点气体压力，MPa；

$T_1$——管段起点气体温度，K；

$T_2$——管段终点气体温度，K。

### 3. 天然气放空量计算

天然气放空量为放空管道放空前后状态下的管存量之差值。

# 参 考 文 献

[1] 林景星，陈丹英. 计量基础知识. 2 版. 北京：中国计量出版社，2008.

[2] 李东升. 计量学基础. 2 版. 北京：机械工业出版社，2014.

[3] 蔡武昌，孙淮清，纪纲. 流量测量方法和仪表的选用. 北京：化学工业出版社，2001.

[4] 张国强，吴家鸣. 流体力学. 北京：机械工业出版社，2005.

[5] 苏彦勋，梁国伟，盛健. 流量计量与测试. 2 版. 北京：中国计量出版社，2007.

[6] 严铭卿，宓亢琪，黎光华. 天然气输配技术. 北京：化学工业出版社，2006.

[7] 中国计量测试学会. 一级注册计量师基础知识及专业实务. 4 版. 北京：中国质检出版社，2017.

# 附录一　计量单位和单位制

## 一、计量单位

### 1. 计量单位概念

计量单位 (measurement unit) 又称测量单位，简称单位，是指"根据约定定义和采用的标量，任何其他同类量可与其比较使两个量之比用一个数表示。"

计量单位用约定赋予的名称和符号表示。同量纲量的计量单位可用相同的名称和符号表示，即使这些量不是同类量。如焦耳每开尔文 (J/K) 既是热容量也是熵的单位名称和符号，而它们并非同类量。然而，在某些情况下，具有专门名称的计量单位仅限用于特定种类的量，如计量单位"秒的负一次方" (1/s) 用于频率时称为赫兹，用于放射性核素的活度时称为贝克 (Bq)。量纲为一的量的计量单位是数。有些单位具有专门名称，如弧度、球面度和分贝。在某些情况下也有一些单位表示为商，如毫摩尔每摩尔，它等于 $10^{-3}$；又如微克每千克，它等于 $10^{-9}$。对于一个给定的量，"单位"通常与量的名称连在一起，如"质量单位"或"质量的单位"。

### 2. 计量单位的名称与符号

每个计量单位都有规定名称和符号，以便于世界各国统一使用，如在国际单位制中，长度计量单位的名称为米，其符号为 m；力的计量名称为牛顿，其符号为 N；吨为我国选定的非国际单位制单位名称，其符号为 t；平面角单位名称为度，其符号为 (°)。

计量单位的中文符号，通常由单位的中文名称的简称构成，如电压单位的中文名称是伏特，简称为伏，则电压单位的中文符号就是伏。若单位的中文名称没有简称，则单位的中文符号用全称，如摄氏温度单位的中文符号为摄氏度。若单位由中文名称和词头构成，则单位的中文符号应包括词头，如千帕、纳米、兆瓦等。

## 二、基本单位和导出单位

1. 基本单位

基本单位（base unit）是指"对于基本量，约定采用的计量单位"。在每个一贯单位制中，每个基本量只有一个基本单位。例如：在国际单位制（SI）中，米是长度的基本单位。在CGS制中，厘米是长度的基本单位。

基本单位也可用于相同量纲的导出量。例如：当用面体积（体积除以面积）定义雨量时，米是国际单位制中的一贯导出单位。

在给定的量制中，基本量约定地认为是彼此独立的，但相对应的基本单位并不都是彼此独立的，如长度是独立的基本量，但在其单位"米"的定义中，却包含了时间的基本单位"秒"，所以在现代计量学中，一般不再用"独立单位"这个名词。

2. 导出单位

导出单位（derived unit）是指"导出量的计量单位"。导出单位是由基本单位按一定的物理关系相乘或相除构成的新的计量单位。例如：在国际单位制中，米每秒（m/s）是速度的导出单位。千米每小时（km/h）是速度的SI制外导出单位，但被采纳与SI单位一起使用。

为了表示方便，对某些导出单位给予专门的名称和符号，称它们为具有专门名称的导出单位，如压力单位帕斯卡（Pa）、电阻单位欧姆（Ω）、频率单位赫兹（Hz）等。

导出单位的构成可以有多种形式：

（1）由基本单位和基本单位组成，如速度单位米/秒。

（2）由基本单位和导出单位组成，如力的单位牛顿为千克·米/秒$^2$，其中千克为基本单位，而米/秒$^2$为加速度单位，它是导出单位。

（3）由基本单位和具有专门名称的导出单位组成，如功、热的单位焦耳为牛·米，其中牛为具有专门名称的导出单位，米为基本单位。

（4）由导出单位和导出单位组成，如电容单位法拉为库仑/伏特，库仑和伏特均为导出单位。

3. 一贯导出单位和倍数单位

1）一贯导出单位

一贯导出单位（coherent derived unit）是指"对于给定量制和选定的一组基本单位，由比例因子为1的基本单位的幂的乘积表示的导出单位"。基本单位的幂是按指数增加的基本单位。例如：在米、秒、摩尔是基本单位的情况下，如果速度由 $v=dr/dt$ 定义，则米每秒是速度的一贯导出单位；如果物质的量浓度由 $c=n/V$ 定义，则摩尔每立方米是物质的量浓度的一贯导出单位。而千米每小时和节都不是该单位制的一贯导出单位。在国际单位制中，全部导出单位都是一贯导出单位，如力的单位牛顿，$1N=1kg \cdot m \cdot s^{-2}$；功、能的单位焦耳，$1J=1N \cdot m$；电压单位伏特，$1V=1\Omega \cdot A$ 等。

导出单位可以对于一个单位制是一贯的，但对于另一个单位制就不是一贯的。例如：厘米每秒是 CGS 单位制中速度的一贯导出单位，但在 SI 中就不是一贯导出单位。在给定单位制中，每个导出的量纲为一的量的一贯导出单位都是数一，符号为 1。测量单位为一的名称和符号通常不写。

2）倍数单位和分数单位

由于实施测量的领域不同和被测对象不同，一般都要选用大小恰当的计量单位，如机械加工时，加工容差用米表示则太大，一般采用毫米或微米表示。若要测量北京至上海的距离，用米表示太小，应该用千米。在计量实践中，人们往往从同一种量的许多单位中选用某一个单位作为基础，并赋予它独立的定义，如米、千克、秒、安、牛、伏等。为了使用方便，表达一个量的大小，仅用一个独立定义的单位显然很不方便。1960 年第十一届国际计量大会上对国际单位制构成中的十进倍数单位和分数单位进行了命名。它是在定义的单位制前加上一个词头，使它成为一个新的计量单位。

倍数单位（multiple of a unit）是指"给定计量单位乘以大于 1 的整数得到的计量单位"。例如：千米是米的十进倍数单位，兆赫是赫兹的十进倍数单位，小时是秒的非十进倍数单位。

分数单位（submultiple of a unit）是指"给定计量单位除以大于 1 的整数得到的计量单位"。例如：毫米、微米是米的十进分数单位；对于平面角，秒是分的非十进分数单位。

上述举例中，千（$10^3$）、兆（$10^6$）是倍数单位的 SI 词头，毫（$10^{-3}$）、微（$10^{-6}$）是分数单位的 SI 词头。SI 词头仅指 10 的幂，不可用于 2 的幂。例如 1024bit（$2^{10}$bit）不应用 1kilo bit 表示，而是用 1kibi bit 表示。

在实际选用倍数单位和分数单位时，一般应使量的数值在 0.1~1000 范围以内，如 0.00758m 可写成 7.58mm；15263Pa 可以写成 15.263kPa；$8.91 \times 10^{-8}$s 可以写成 89.1ns。但真空中光的速度 299792458m/s，为了在使用中对照方便，一般数位不受上述限制。

4. 制外计量单位

制外计量单位（off-system measurement unit）又称制外测量单位，简称制外单位，是指"不属于给定单位制的测量单位"。如果只有国际单位制，其他单位一律不能用，那么实际上是行不通的。像地球自转 15 度为 1 小时，六十进制的度、分、秒和小时、分、秒渗透到各个领域，但它们不是国际单位制的单位；体积的单位升、质量的单位吨也不是国际单位制单位。从目前习惯考虑，在国务院发布的命令中，选定了 15 个非国际单位制单位作为我国的法定计量单位。它们的定义如下：

（1）时间的单位——分（min）、小时（h）、天（d）：

① 分（min），分的时间等于 60 秒，即 $1min=60s$；

② 小时（h），小时的时间等于 60 分，即 $1h=60min=3600s$；

③ 天（日）（d），天（日）的时间等于 24 小时，等于 86400 秒，即 $1d=24h$。

与分、时、天一致的周、月、年照旧使用，可视为法定计量单位。

（2）平面角单位——角秒（″）、角分（′）、度（°）：

① 角秒（″），角秒是 1/60 角分的平面角，即 $1''=(1/60)'$；

② 角分（′），角分是 1/60 度的平面角，即 $1'=(1/60)°$；

③ 度（°），度是 π/180 弧度的平面角，即 $1°=(\pi/180)rad$。

（3）旋转速度单位——转每分（r/min）：转每分等于 1 分时间间隔内转 2π 弧度的旋转速度，即 $1r/min=(1/60)s^{-1}$。

（4）长度单位——海里（n mile）：海里等于 1852 米的长度，即 $1n\ mile=1852m$。

（5）速度单位——节（kn）：节等于 1 海里每小时的速度，即 $1kn=1n\ mile/h$。

（6）质量单位——吨（t）、原子质量单位（u）：

① 吨（t），吨是 1000 千克的质量，即 $1t=1000kg=1Mg$；

② 原子质量单位（u），原子质量单位等于 1 个碳 12 核素原子质量的 1/12，即 $1u\approx1.6605655\times10^{-27}kg$。

（7）体积单位——升（L）：升等于 1 立方分米的体积，即 $1L=1dm^3$。

（8）能量单位——电子伏（eV）：电子伏等于 1 个电子在真空中通过 1 伏特电位差所获得的动能，即 $1eV\approx1.6021892\times10^{-19}J$。

（10）级差单位——分贝（dB）：分贝是同类功率量或可与功率类比的量之比值的常用对数乘以 10 等于 1 时的级差，即 $1dB=1/10B$。它随相互比较的物理量种类而有两种：

① 当用于表示功率级差、声强级时，$1dB=10log(p_1/p_2)$，$1dB=10lg(I_1/I_2)$

② 当用于振幅级差、场级差、声压级时，$1dB=20log(F_1/F_2)$，$1dB=20log(p_1/p_2)$。

(11) 线密度单位——特克斯（tex）：特克斯等于 1 千米长度上均匀分布 1 克质量的线密度，即 1tex = 1g/km。

## 三、计量单位制和国际单位制

### 1. 计量单位制

计量单位制，是指"对于给定量制的一组基本单位、导出单位、其倍数单位和分数单位及使用这些单位的规则"。同一个量制可以有不同的单位制，因基本单位选取的不同，单位制也就不一样。如力学量制中基本量是长度、质量和时间，而基本单位可选用长度为米、质量为千克、时间为秒，则叫它为米·千克·秒制（MKS 制）。若长度单位采用厘米、质量用克、时间用秒，则叫它为厘米·克·秒制（CGS 制）。还有米·千克力·秒制（MKGFS 制）、米·吨·秒制（MTS 制）等。我们最常用的是国际单位制。

### 2. 国际单位制

国际单位制（简称 SI）由 SI 单位、SI 词头、SI 单位的十进倍数和分数单位三部分构成。SI 单位又分为 SI 基本单位和 SI 导出单位。

#### 1）SI 基本单位

在国际单位制中，选择彼此独立的 7 个量作为基本量，对每一个量分别定义一个单位，并对每一个单位规定了一个名称和符号。这些基本量的单位称为 SI 基本单位，见附表 1-1。

附表 1-1　SI 基本单位

| 量的名称 | 单位名称 | 单位符号 |
|---|---|---|
| 长度 | 米 | m |
| 质量 | 千克 | kg |
| 时间 | 秒 | s |
| 电流 | 安［培］ | A |
| 热力学温度 | 开［尔文］ | K |
| 物质的量 | 摩［尔］ | mol |
| 发光强度 | 坎［德拉］ | cd |

注 1：方括号中的名称，是它前面的名称的同义词，下同。

注 2：无方括号的量的名称与单位名称均为全称。方括号中的字，在不致引起混淆、误解的情况下，可以省略。去掉方括号中的字即为其名称的简称。下同。

注 3：除特殊指明外，均指我国法定计量单位中所规定的符号以及国际符号，下同。

2）SI 导出单位

SI 导出单位是用基本单位以代数形式表示的单位，见附表 1-2。

附表 1-2　SI 导出单位

| 量的名称 | SI 导出单位 | | |
|---|---|---|---|
| | 名称 | 符号 | 用 SI 基本单位和 SI 导出单位表示 |
| ［平面］角 | 弧度 | rad | $1rad = 1m/m = 1$ |
| 立体角 | 球面度 | sr | $1sr = 1m^2/m^2 = 1$ |
| 频率 | 赫［兹］ | Hz | $1Hz = 1s^{-1}$ |
| 力 | 牛［顿］ | N | $1N = 1kg \cdot m/s^2$ |
| 压力，压强，应力 | 帕［斯卡］ | Pa | $1Pa = 1N/m^2$ |
| 能［量］，功，热量 | 焦［耳］ | J | $1J = 1N \cdot m$ |
| 功率，辐［射能］通量 | 瓦［特］ | W | $1W = 1J/s$ |
| 电荷［量］ | 库［仑］ | C | $1C = 1A \cdot s$ |
| 电压，电动势，电位，（电势） | 伏［特］ | V | $1V = 1W/A$ |
| 电容 | 法［拉］ | F | $1F = 1C/V$ |
| 电阻 | 欧［姆］ | Ω | $1\Omega = 1V/A$ |
| 电导 | 西［门子］ | S | $1S = 1\Omega^{-1}$ |
| 磁通［量］ | 韦［伯］ | Wb | $1Wb = 1V \cdot s$ |
| 磁通［量］密度，磁感应强度 | 特［斯拉］ | T | $1T = 1Wb/m^2$ |
| 电感 | 亨［利］ | H | $1H = 1Wb/A$ |
| 摄氏温度 | 摄氏度 | ℃ | $1℃ = 1K$ |
| 光通量 | 流［明］ | lm | $1lm = 1cd \cdot sr$ |
| ［光］照度 | 勒［克斯］ | lx | $1lx = 1lm/m^2$ |

3）SI 倍数单位

为了表示某种量的不同值，只有一个主要单位显然是不够的，附表 1-3 给出了部分 SI 词头的名称、简称及符号。词头用于构成倍数单位，但不得单独使用。

附表 1-3　部分 SI 词头

| 因数 | 词头名称 | | 符号 |
|---|---|---|---|
| | 英文 | 中文 | |
| $10^{12}$ | tera | 太［拉］ | T |
| $10^9$ | giga | 吉［咖］ | G |

| 因数 | 词头名称 | | 符号 |
| --- | --- | --- | --- |
| | 英文 | 中文 | |
| $10^6$ | mega | 兆 | M |
| $10^3$ | kilo | 千 | k |
| $10^2$ | hecto | 百 | h |
| $10^1$ | deca | 十 | da |
| $10^{-1}$ | deci | 分 | d |
| $10^{-2}$ | centi | 厘 | c |
| $10^{-3}$ | milli | 毫 | m |
| $10^{-6}$ | micro | 微 | μ |
| $10^{-9}$ | nano | 纳［诺］ | n |
| $10^{-12}$ | pico | 皮［可］ | p |

# 四、我国的法定计量单位

### 1. 法定计量单位的定义

《中华人民共和国计量法》规定："国家实行法定计量单位制度"，"国际单位制计量单位和国家选定的其他计量单位为国家法定计量单位"。法定计量单位是指"按计量法律、法规所规定的强制使用或推荐使用的计量单位"。也就是国家以法令形式，明确规定并要求在全国范围内统一使用的计量单位。法定计量单位是强制性的，任何地区、部门、单位和个人都必须采用。我国法定计量单位是根据国务院 1984 年 2 月 27 日发布的《关于在我国实行法定计量单位的命令》所规定的，在颁布《中华人民共和国法定计量单位使用方法》中，公布了量和计量单位的名称及符号。

### 2. 我国法定计量单位的构成

《中华人民共和国计量法》规定，我国的法定计量单位包括三部分内容：国际单位制单位，国家选定的非国际单位制单位，上述单位构成的组合形式单位。包括：

（1）国际单位制的基本单位；

（2）国际单位制的辅助单位；

（3）国际单位制中具有专门名称的导出单位；

（4）国家选定的非国际单位制单位；

（5）由以上单位单位构成的组合形式的单位；

（6）由国际单位制词头和以上单位所构成的进倍数单位和分数单位。

由于实用上的广泛性和重要性，国家选定了部分可与国际单位制并用的我国法定计量单位，见附表1-4。

附表1-4　可与国际单位制单位并用的我国法定计量单位（16个）

| 量的名称 | 单位名称 | 单位符号 | 与SI单位的关系 |
|---|---|---|---|
| 时间 | 分 | min | $1min=60s$ |
| | ［小］时 | h | $1h=60min=3600s$ |
| | 日（天） | d | $1d=24h=86400s$ |
| ［平面］角 | 度 | ° | $1°=(\pi/180)$ rad |
| | ［角］分 | ′ | $1'=(1/60)°=(\pi/10800)$ rad |
| | ［角］秒 | ″ | $1''=(1/60)'=(\pi/648000)$ rad |
| 体积 | 升 | L（l） | $1L=1dm^3=10^{-3}m^3$ |
| 质量 | 吨 | t | $1t=10^3kg$ |
| | 原子质量单位 | u | $1u≈1.660540\times10^{-27}kg$ |
| 旋转速度 | 转每分 | r/min | $1r/min=(1/60)$ $s^{-1}$ |
| 长度 | 海里 | n mile | $1n\ mile=1852m$（只用于航行） |
| 速度 | 节 | kn | $1kn=1n\ mile/h=(1852/3600)$ m/s |
| 能 | 电子伏 | eV | $1eV≈1.602177\times10^{-19}J$ |
| 级差 | 分贝 | dB | — |
| 线密度 | 特［克斯］ | tex | $1tex=10^{-6}kg/m$ |
| 面积 | 公顷 | $hm^2$ | $1hm^2=10^4m^2$ |

注1：平面角单位度、分、秒的符号，在组合单位中应采用（°）、（′）、（″）的形式。

注2：升的符号中，小写字母l为备用符号。

注3：公顷的通用符号为ha。

法定计量单位中的组合形式单位是指两个或两个以上的国际单位制和国家选定的非国际单位制单位用乘、除的形式组合的新单位，例如：电能单位千瓦小时（kW·h）；浓度单位毫摩尔每升（mmol/L）；产量单位吨每公顷（$t/hm^2$）。

## 3. 我国法定计量单位的使用

1984年6月原国家计量局发布了《中华人民共和国法定计量单位使用方法》，1993年原国家技术监督局发布了修订后的国家标准《国际单位制及其应用》（GB 3100—1993）、《有关量、单位和符号的一般原则》（GB 3101—

1993）、GB 3102.1~13—1993 系列有关量和单位的标准。这些为准确使用我国法定计量单位做出了规定和要求。贯彻执行我国法定计量单位必须注意法定计量单位的名称、单位和词头符号的正确读法和写法，正确使用单位和词头。

1）法定计量单位的名称

法定计量单位名称是指单位的中文名称。单位的中文名称分全称和简称两种。例如：压力单位的全称为"帕斯卡"，简称为"帕"，符号"Pa"；电流单位全称为"安培"，简称为"安"，符号"A"。计量单位简称在必要时可作符号使用，这样的符号称为中文符号。在不致混淆的场合下，简称等效于它的全称，使用方便。法定计量单位的名称使用方法如下：

（1）组合单位的中文名称与其符号表示的顺序一致。符号中乘法没有对应名称，除号的对应名称为"每"字，无论分母中有几个单位，"每"字都只能出现一次。例如：比热容单位的符号是 J/(kg·K)，中文名称是"焦耳每千克开尔文"；密度单位 $kg/m^3$，中文名称是"千克每立方米"。

（2）乘方形式的单位名称，其顺序应是指数名称在前，单位名称在后，相应的指数名称由数字加"次方"而成，但面积和体积可用"平方"和"立方"作指数名称。例如：加速度单位的符号是 $m/s^2$，中文名称是"米每二次方秒"；土地面积单位的符号是 $m^2$，中文名称是"平方米"。

（3）书写单位名称时，不加任何表示乘或除的符号。如密度单位 $kg/m^3$ 的名称应写成"千克每立方米"，而不是"千克/立方米"；力矩的单位名称为"牛顿米"，而不是"牛顿乘米"或"牛顿·米"。

（4）单位名称和符号必须统一使用，不能分开。如温度单位"摄氏度"，不能写成"摄氏 20 度"，而应写成"20 摄氏度"；温度范围应记为"−10 摄氏度至 5 摄氏度"或"−10℃~5℃"。同理，"20cm~35cm"不应写成"20~35cm"。在一般科技图书中，可省略前面的单位，写为"20~35cm"；但在计量数据记录时，应写为"20cm~35cm"或"（20~35）cm"。

2）法定计量单位和词头符号

法定计量单位和词头符号的使用方法如下：

（1）当计量单位用字母表达时，一般情况单位符号字母用小写；当单位来源于人名时，符号的第一个字母必须大写。例如：A（安培）、K（开尔文）来源于人名要大写，而 m（米）、kg（千克）等则只能小写；只有体积单位"升"的符号一般用大写"L"，因为小写的"l"容易与数字"1"混淆。

（2）国际符号仅用来表示相应单位，不能借作文字使用，例如：每公斤鱼价值 5 元，不能写成"每 kg 鱼 5 元"。

（3）词头的符号用字母表达时，只有法定计量单位规定的一种。词头的符号用中文表达时，用词头的简称。例如词头 G，全称为吉咖，其中文简称为吉。

（4）单位的符号和中文符号不应混用。例如体积流量单位符号为"m³/s"或"米³/秒"，而不是"m³/秒"或"米³/s"。

（5）单位的中文名称和中文符号不应混用。例如"牛顿米"的中文符号不能写成"牛顿·米"，而应写成"牛·米"；同样，"焦耳每秒"的中文符号应写成"焦/秒"。

3）量值正确表述

（1）单位的名称或符号要放在整个数值之后。例如 80kPa±2kPa，可写作（80±2）kPa，不应写成 80±2kPa，（642+6）mm 不应写成 642+6mm。

（2）十进制单位一般在一个量值中只应使用一个单位。例如 1.81m，不应写成 1m81cm。

（3）非十进制的单位，允许在一个量值中使用几个计量单位。例如 28°37′11″、3h45min15s。

（4）选用倍数或分数单位时，一般应使数值处于 0.1~1000 范围内，例如 $1.2×10^4$N 应写成 12kN，101325Pa 应写成 101.325kPa 或 0.101325MPa。某些场合习惯使用的单位可以不受上述限制，如大部分机械制图中长度单位使用"mm"。

（5）万（$10^4$）、亿（$10^8$）等数词的使用不受限制，它们也可与单位构成倍数单位，但它们不是词头。例如"万吨公里"，符号可用 $10^4$t·km 或万 t·km。

4）法定计量单位和词头的使用规则

（1）单位与词头的名称，一般只宜在叙述性文字中使用。单位和词头的符号，在公式、数据表、曲线图、刻度盘和产品铭牌等需要简单明了表示的地方使用，也可用于叙述性文字中。应优先采用符号。

（2）单位的名称或符号必须作为一个整体使用，不得拆开。例如：摄氏温度单位"摄氏度"表示的量值应写成并读成"20 摄氏度"，不得写成并读成"摄氏 20 度"；30km/h 应读成"三十千米每小时"。

（3）选用 SI 单位的倍数单位或分数单位，一般应使量的数值处于 0.1~1000 范围内。例如：$1.2×10^4$N 可以写成 12kN；0.00394m 可以写成 3.94mm；11401Pa 可以写成 11.401kPa。某些场合习惯使用的单位可以不受上述限制。例如：大部分机械制图使用的长度单位可以用"mm（毫米）"；导线截面积使用的面积单位可以用"mm²（平方毫米）"。在同一个量的数值表中或叙述同一个量的文章中，为对照方便而使用相同的单位时，数值不受限制。词头 h、da、d、c（百、十、分、厘），一般用于某些长度、面积和体积的单位中，但根据习惯和方便也可用于其他场合。

（4）有些非法定单位，可以按习惯用 SI 词头构成倍数单位或分数单位，例如 mCi、mGal、mR 等。法定单位中的摄氏度以及非十进制的单位，例如平面角单位"度"、"［角］分"、"［角］秒"与时间单位"分"、"时"、"日"等，不得用 SI 词头构成倍数单位或分数单位。

（5）不得使用重叠的词头。例如：应该用 nm，不应该用 mμm；应该用 am，不应该用 μμm，也不应该用 nnm。

（6）亿（$10^8$）、万（$10^4$）等是我国习惯用的数词，仍可使用，但不是词头。习惯使用的统计单位，例如万公里可记为"万 km"或"$10^4$km"，万吨公里可记为"万 t·km"或"$10^4$t·km"。

（7）只是通过相乘构成的组合单位在加词头时，词头通常加在组合单位中的第一个单位之前。例如：力矩的单位 kN·m，不宜写成 N·km。

（8）只通过相除构成的组合单位或通过乘和除构成的组合单位在加词头时，词头一般应加在分子中的第一个单位之前，分母中一般不用词头。但质量的 SI 单位 kg，这里不作为有词头的单位对待。例如：摩尔内能单位 kJ/mol 不宜写成 J/mmol；比能单位可以是 J/kg。

（9）当组合单位分母是长度、面积和体积单位时，按习惯与方便，分母中可以选用词头构成倍数单位或分数单位。例如：密度的单位可以选用 g/cm$^3$。

（10）一般不在组合单位的分子分母中同时采用词头，但质量单位 kg 这里不作为有词头对待。例如：电场强度的单位不宜用 kV/mm，而用 MV/m；质量摩尔浓度可用 mmol/kg。

（11）倍数单位和分数单位的指数，指包括词头在内的单位的幂。例如：$1cm^2 = 1 (10^{-2}m)^2 = 1 \times 10^{-4}m^2$，而 $1cm^2 \neq 10^{-2}m^2$；$1\mu s^{-1} = 1 (10^{-6}s)^{-1} = 10^6 s^{-1}$。

（12）在计算中，建议所有量值都采用 SI 单位表示，词头应以相应的 10 的幂代替（kg 本身是 SI 单位，故不应换成 $10^3$g）。

（13）将 SI 词头的部分中文名称置于单位名称的简称之前构成中文符号时，应注意避免与中文数词混淆，必要时应使用圆括号。例如：旋转频率的量值不得写为 3 千秒$^{-1}$，若表示"三每千秒"，则应写为"3（千秒）$^{-1}$"（此处"千"为词头）；若表示"三千每秒"，则应写为"3 千（秒）$^{-1}$"（此处"千"为数词）。例如：体积的量值不得写为"2 千米$^3$"，若表示"二立方千米"，则应写为"2（千米）$^3$"（此处"千"为词头）；若表示"二千立方米"，则应写为"2 千（米）$^3$"（此处"千"为数词）。

4.我国法定计量单位的适用范围

凡从事下列活动，需要使用计量单位的，应当使用法定计量单位：

（1）制发公文、公报、统计报表；

（2）编播广播、电视节目、传输信息；

（3）出版、发行出版物；

（4）制作、发布广告；

（5）生产、销售产品，标注产品标示，编制产品使用说明书；

（6）印制票据、票证、账册；

（7）出具证书、报告等文件；

（8）制作公共服务性标牌、标志；

（9）国家规定应当使用法定计量单位的其他活动。

由于特殊原因需要使用非法定计量单位的，应当经省级以上人民政府计量行政部门批准。如果违反使用规定，国家将予以处罚。

## 五、非法定计量单位与法定计量单位的换算

计量中有时会遇到非法定计量单位与我国法定计量单位的换算问题，现将部分计量单位换算列成附表 1-5 供使用者参考。

附表 1-5　非法定计量单位与我国法定计量单位的换算

| 量的名称 | 非法定计量单位 | 法定计量单位 | 换算关系 |
|---|---|---|---|
| 长度 | 码（yd） | m（米） | 1yd = 0.9144m |
| | 英尺（ft） | m | 1ft = 0.3048m |
| | 英寸（in） | m | 1in = 0.0254m |
| | 英里（mile） | m | 1mile = 1609.344m |
| | ［市］里 | m | 1 里 = 500m |
| | 丈 | m | 1 丈 ≈ 3.3m |
| | ［市］尺 | m | 1 尺 ≈ 0.33m |
| | ［市］寸 | m | 1 寸 ≈ 0.033m |
| 面积 | ［市］亩 | $m^2$（平方米） | 1 ［市］亩 = 666.7$m^2$ |
| | 英亩 | $m^2$ | 1 英亩 = 4046.86$m^2$ |
| 体积、容积 | 石 | L（升） | 1 石 = 100L |
| | 英加仑（UKgal） | L | 1UKgal = 4.54609L |
| | 美加仑（USgal） | L | 1USgal = 3.785L |
| | 美（石油）桶（bbl） | L | 1bbl = 158.987L |

| 量的名称 | 非法定计量单位 | 法定计量单位 | 换算关系 |
|---|---|---|---|
| 质量（重量） | 公担（q） | kg（千克） | 1q＝100kg |
| | 磅（lb） | kg | 1lb＝0.45359237kg |
| | 克拉、米制克拉（k） | g（克） | 1k＝0.2g |
| | 盎司（oz）（常衡） | g | 1oz（常衡）＝28.3495g |
| | 盎司（oz）（药衡） | g | 1oz（药衡）＝31.1035g |
| | 盎司（oz）（金衡） | g | 1oz（金衡）＝31.1035g |
| 力 | 达因（dyn） | N（牛） | 1dyn＝10^{-5}N |
| | 千克力，公斤力（kgf） | N | 1kgf＝9.80665N |
| | 磅力（lbf） | N | 1lbf＝4.44822N |
| | 吨力（tf） | N | 1tf＝9806.65N |
| 加速度 | 伽（gal） | $m/s^2$（米/秒$^2$） | 1Gal＝10-2m/s$^2$ |
| | 标准重力加速度（gn） | $m/s^2$ | 1gn＝9.80665m/s$^2$ |
| 压力 | 毫米汞柱（mmHg） | Pa（帕） | 1mmHg＝133.322Pa |
| | 毫米水柱（mmH$_2$O） | Pa | 1mmH$_2$O＝9.80665Pa |
| | 标准大气压（atm） | Pa | 1atm＝101325Pa |
| | 工程大气压（at） | Pa | 1at＝98066.5Pa |
| | 千克力每平方米（kgf/m$^2$） | Pa | 1kgf/m$^2$＝9.80665Pa |
| | 巴（bar） | Pa | 1bar＝105Pa |
| | 托（Torr） | Pa | 1Torr＝133.322Pa |
| 功、能、热 | 千瓦时（kW·h） | J（焦） | 1kW·h＝3.6MJ |
| | 尔格（erg） | J | 1erg＝10^{-7}J |
| | 千克力米（kgf·m） | J | 1kgf·m＝9.80665J |
| | 国际蒸汽卡（cal$_{rr}$） | J | 1cal$_{rr}$＝4.1868J |
| | 热化学卡（cal$_{th}$） | J | 1cal$_{th}$＝4.1840J |
| | 大卡、千卡 | J | 1大卡＝4186.8J |
| | 15℃卡（cal$_{15}$） | J | 1cal$_{15}$＝4.1855J |
| | 20℃卡（cal$_{20}$） | J | 1cal$_{20}$＝4.1816J |
| | 马力小时 | J | 1马力小时＝2.64779MJ |
| 功率 | 马力，米制马力 | W（瓦） | 1马力＝735.499W |
| | 千卡每小时（kcal/h） | W | 1kcal/h＝1.163W |

续表

| 量的名称 | 非法定计量单位 | 法定计量单位 | 换算关系 |
|---|---|---|---|
| 功率 | 国际瓦特（Wint） | W | 1Wint＝1.00019W |
| | 乏（var） | W | 1var＝1W |
| 温度、温差、温度间隔 | 华氏度（℉） | ℃（摄氏度） | 1℉＝（5/9）℃ |
| 照射量 吸收剂量 剂量当量 放射性活度 | 伦琴（R） | C/kg（库/千克） | 1R＝2.58×$10^{-4}$C/kg |
| | 拉德（rad） | Gy（戈） | 1rad＝$10^{-2}$Gy |
| | 雷姆（rem） | Sv（希） | 1rem＝$10^{-2}$Sv |
| | 居里（Ci） | Bq（贝可） | 1Ci＝37GBq |
| 发光强度 | 国际烛光 | cd（坎） | 1国际烛光＝1.019cd |

# 附录二　测量仪器的计量特性

## 一、测量仪器

### 1. 测量仪器的概念

测量仪器（measuring instrument）又称计量器具，是指"单独或与一个或多个辅助设备组合，用于进行测量的装置"。它是用来测量并能得到被测对象量值的一种技术工具或装置。为了达到测量的预定要求，测量仪器必须具有符合规范要求的计量学特性，特别是测量仪器的准确度必须符合规定要求。

### 2. 测量仪器的作用

测量是为了获得被测量值的大小，而得到被测量值的大小是通过计量器具来实现的，所以计量器具是人们从事测量获得量值的工具，它是测量的基础，是从事测量的重要条件。人们在接受测量信息方面，人的感觉器官常常是力不能及的，在测量过程中，是通过计量器具把被测量大小引入到人们的感官中的。有时对被测量的测量信息要实施远距离传输，要进行自动记录，要累计或计算被测量的值，或对某些被测量值要试试自动调节或控制，在这些测量或控制系统中都需要计量器具。

### 3. 测量仪器的分类

测量仪器按其结构、功能、作用、性质或所属专业领域，具有很多的分类方法。测量仪器按其输出形式特点可分为以下 5 类：

（1）指示式测量仪器，是指提供带有被测量量值信息的输出信号的测量仪器。

（2）显示式测量仪器，是指输出信号以可视形式表示的指示式测量仪器。

（3）模拟式测量仪器或模拟式显示测量仪器，是指其输出或显示为被测量或输入信号的连续函数的测量仪器。

（4）数字式测量仪器，是指提供数字化输出或显示的测量仪器。

（5）记录式测量仪器，是指提供示值记录的测量仪器。

## 二、测量仪器的计量性能

### 1. 测量范围

测量区间又称工作区间，是指在规定条件下，由具有一定的仪器不确定度的测量仪器或测量系统能够测量出的一组同类量的量值。在计量标准中，此术语称"测量范围"，某些领域中有时也称工作范围。它是能够测量的同类量的量值集合。

### 2. 量程

所谓量程，是指仪器测量范围的上限值与下限值之差，用于计算引用误差，即引用误差=仪器示值的绝对误差/仪器的量程。

### 3. 灵敏度

测量系统的灵敏度简称灵敏度，是指测量系统的示值变化除以相应的被测量值变化所得的商。灵敏度反映测量仪器被测量（输入）变化引起仪器示值（输出）变化的程度。它用输出量（响应）的增量与相应输入量（激励）的微小增量之比来表示。如被测量变化很小，而引起的示值改变很大，则该测量仪器的灵敏度就高。

### 4. 分辨力

分辨力是指能有效辨别的显示示值间的最小差值，也就是显示装置中对其最小示值误差的辨别能力。通常模拟式显示装置的分辨力为标尺分度值的一半，即用肉眼可以分辨到一个分度值的1/2，当然也可以采取其他工具（如放大镜、读数望远镜等）提高其分辨力；对于数字式显示装置的分辨力为末位数字的一个数码，对半数字式的显示装置的分辨力为末位数字的一个分度，此概念也可以适用记录式仪器。显示装置的分辨力可简称为分辨力。

### 5. 稳定性

测量仪器的稳定性简称稳定性，是指测量仪器保持其计量特性随时间恒定的能力。通常稳定性是指测量仪器的计量特性随时间不变化的能力。稳定性可以进行定量的表征，主要是确定计量特性随时间变化的关系。通常可以用计量特性的某个量发生规定的变化所需经过的时间，或用计量特性经过规定的时间所发生的变化量来进行定量表示。

### 6. 漂移

仪器漂移是指由于测量仪器计量特性的变化引起的示值在一段时间内的连续或增量变化。在漂移过程中，示值的连续变化既与被测量的变化无关也与影响量的变化无关。如有的测量仪器的零点漂移，有的线性测量仪器静态特性随时间变化的量程漂移。

产生漂移的原因，往往是由于温度、压力、湿度等变化所引起的，或由于仪器本身性能的不稳定。测量仪器使用时采取预热、预先放置一段时间与室温等温，就是减少漂移的一些措施。

### 7. 响应特性

响应特性是指在确定条件下，激励与对应响应之间的关系。激励就是输入量或输入信号，响应就是输出量或输出信号，而响应特性就是输入输出特性。对一个完整的测量仪器来说，激励就是测量仪器的被测量，而响应就是它对应地给出的示值。显然，只有准确地确定了测量仪器的响应特性，其示值才能准确地反应被测量值。因此，可以说响应特性是测量仪器最基本的特性。

### 8. 阶跃响应时间

阶跃响应时间是指测量仪器或测量系统的输入量在两个规定常量值之间发生突然变化的瞬间，到与相应示值达到其最终稳定值的规定极限内时的瞬间，这两者间的持续时间，是测量仪器响应特性的重要参数之一。这是指对输入输出关系的响应特性中，考核随着激励的变化其阶跃响应时间反映的能力，当然越短越好。阶跃响应时间短，则反映指示灵敏快捷，有利于进行快速测量或调节控制。

### 9. 死区

死区是指当被测量值双向变化时，相应示值不产生可检测到的变化的最大区间。在仪表领域，又称仪表的不灵敏区。输入量的变化不致引起该仪表输出量有任何可察觉的变化的有限区间。测量仪器由于机构零件的摩擦、零部件之间的间隙、弹性材料的变形、阻尼机构的影响等原因产生死区。死区可能与被测量的变化速率有关。当正在测量的量双向快速改变时，死区可能增大。

### 10. 准确度

准确度表示测量结果与被测量的（约定）真值之间的一致程度。准确度是一个定性的概念，反映了测量结果中系统误差与随机误差的综合，即测量结果既不偏离真值，测得值之间又不分散的程度。所谓"定性的"，是性质上的或品质上的概念，意味着可以用准确度的高低表示测量的品质或测量的质量，准确度高指其不确定度小，准确度低指其不确定度大。准确度等级是指符合一定的计量要求，使误差保持在规定极限以内的测量仪器的等别、级别。

### 11. 示值误差

示值误差是指测量仪器示值与对应输入量的参考量值之差，也可简称为测量仪器的误差。示值是由测量仪器所指示的被测量的测得值。示值的获取方式可能因测量仪器的种类而异。如测量仪器指示装置标尺上指示器所指是的量值，即标尺直接示值或乘以测量仪器常数所得到的示值，对实物量具，量具上标注的标称值就是示值；对模拟式测量仪器而言，示值概念也适用于相邻标尺标记间的内插估计值；对于数字式测量仪器，其显示的数字就是示值；示值也适用于记录仪器，记录装置上的记录元件位置所对应的被测量值就是示值。示值误差是测量仪器的最主要的计量特性之一，其实质反映了测量仪器准确度的高低，示值误差绝对值大则其准确度低，示值误差绝对值小则其准确度高。

### 12. 最大允许测量误差

最大允许测量误差简称最大允许误差，也可称为误差限，是指对给定的测量、测量仪器或测量系统，由规范或规程所允许的，相对于已知参考量的测量误差的极限值。它是某一测量、测量仪器或测量系统的技术指标或规定中所允许的，相对于已知参考量值的测量误差的极限值，是表示测量或测量仪器准确程度的一个重要参数。在对测量仪器或测量系统的检定中，通常将其技术指标中的最大允许误差作为检定的参考条件下所规定的最大允许误差。

### 13. 基值误差

基值测量误差是指在规定的测量值上测量仪器或测量系统的测量误差，可简称为基值误差。为了检定或校准某一类测量仪器，通常选取某些规定的示值点，在该值上测量仪器的误差称为基值误差。通常将测量仪器的零值误差作为基值误差对待，因为零值对考核测量仪器的稳定性、准确性具有十分重要的作用。

### 14. 零值误差

零值误差是指测得值为零时测量仪器或测量系统的测量误差。在实际应用中，常用输入为零时的示值作为其近似。通常在测量仪器通电情况下，成为电器零位；在不通电的情况下，成为机械零位。零位在测量仪器检定、校准或使用时十分重要，因为它无组标准器就能确定其零位值。例如，各种指示仪表和千分尺、度盘秤等都具有零位调节器，检定或校准人员或使用者可进行调整以减小或消除零值误差，以便确保测量仪器的准确度。有的测量仪器零位不能进行调整，则此时零值误差应作为测量仪器的基值误差进行测定，并应满足最大允许误差的要求。

**15. 固有误差**

固有误差是计量器具在标准条件下所具有的误差，也称为基本误差。它是在标准条件下工作的计量器具的误差，主要来源于计量器具自身的缺陷，诸如机械的、光学的或电气的性能不完善等固有的因素。因此，在评价计量器具的性能时，比如在划分准确度等级时，主要以基本误差作为衡量的依据。

**16. 引用误差**

引用误差是一种简化的相对误差，是相对误差的一种特殊形式。通常用测量仪器或测量系统的误差除以特定值表示。特定值一般称为引用值，它可以是测量仪器的量程，也可以是标称范围或测量范围的上限等。测量仪器的引用误差就是测量仪器的绝对误差与其引用值之比。

例如：某台标称范围为 0~150V 的电压表，当在示值为 100.0V 处，用标准电压表校准所得到的实际值为 99.4V，故该处的引用误差为：$\dfrac{100.0-99.4}{150}\times100\%=0.4\%$。而该处的相对误差则为：$\dfrac{100.0-99.4}{99.4}\times100\%=0.6\%$。

当用测量范围的上限值作为引用值时，也可称之为满量程误差或满度误差，并在误差数字后附以 Full Scale 的缩写符号 FS。例如：某测力传感器的满量程误差为 0.05%FS。

由相对误差的表达式可知：对于示值的绝对误差 $\delta$ 在量程内大致相等的计量器具，当测量点靠近测量范围上限时，相对误差 $\delta_R$ 小，而靠近下限时 $\delta_R$ 大，即相对误差是随示值而变化的。为了便于计算和划分准确度等级，有必要选择某一特定值为分母，从而引入了"引用误差"的概念，实际上它是实用而方便的相对误差。

例如：压力表的准确度等级为 0.4 级，通常表明其引用误差不会超过 0.4%，即引用误差的极限值为 0.4%。当测量范围为 0~10MPa 时，测量点 $X$ 附近的示值允许误差为：绝对允许误差 $\delta \leqslant 10\times0.4\%$，相对允许误差 $\delta_R \leqslant \dfrac{10}{X}\times0.4\%$。从引用误差的观点看，$X$ 接近满量程 10MPa 时，测量的准确度趋高，而远离满量程时趋低。

因此，以引用误差表示的计量器具，应尽量在其测量范围上限的邻近或者量程的 75% 以上使用。也就是说，在选择这类计量器具时，应兼顾准确度等级及测量范围上限或量程。

**17. 偏移**

仪器偏移是指重复测量示值的平均值减去参考量值。人们在用测量仪器测量时，总希望得到真实的被测得值，但实际上多次测量同一个被测量时，往往得到不同的示值，这说明测量仪器存在着误差，这些误差由系统误差和随机误差组成。将测量仪器示值误差的系统误差分量的估计值称为仪器偏移。造成仪器偏移的原因很多，如仪器设计原理上的缺陷、标尺或度盘安装得不正确、使用时受到测量环境变化的影响、测量或安装方法的不完善、测量人员的因素以及测量标准器的传递误差等。测量仪器示值的系统误差，按其误差出现的规律，除了固定的系统误差外，有的系统误差是按线性变化、周期性变化或复杂规律变化的。

用适当次数重复测量的示值误差的平均值作为仪器偏移，可以减小仪器示值的随机误差对确定仪器偏移的影响。在确定仪器偏移时，应考虑不同的示值上可能偏移不同。

仪器偏移直接影响着测量仪器的准确度。因为在大多数情况下，测量仪器的示值误差主要取决于系统误差，有时系统误差比随机误差往往会大一个数量级，并且不易被发现。测量仪器要定期进行校准，主要就是为了确定测量仪器示值误差的大小，并给予修正值进行修正，控制仪器偏移，以确保测量仪器的准确度。在参考条件下的仪器偏差可以理解为固有误差。所以，定期检定是控制核查仪器在参考条件下的仪器偏差的主要手段。

### 18. 重复性

重复性是指在实际相同测量条件下，对同一被测量进行连续多次测量时，其测量结果之间的一致性。实际相同测量条件下是指下述所有的条件：

（1）相同的测量程序；

（2）相同的观测者；

（3）在相同条件下使用相同的计量器具；

（4）相同的地点；

（5）在短时间内重复测量。